Linux系统应用

（微课版）

盛剑会 苗凤君 主编

董智勇 李晓楠 张茜 副主编

清华大学出版社

北 京

内 容 简 介

本书共 8 个项目，项目 1 为 Linux 操作系统及其安装，以 CentOS 8.1 操作系统为例，详细介绍了 Linux 操作系统的安装步骤及安装后的基本配置；项目 2 为初试 Shell，系统介绍了 Shell 的种类、使用方法、快捷键及常用的命令；项目 3 为文本编辑器 vim，讲述了 vim 的 3 种工作模式及不同模式下的命令和部分高级功能；项目 4 为用户账户及组账户管理，重点介绍了用户账户和组账户的管理文件及管理命令；项目 5 为系统管理，讲解了图形界面管理、进程管理、软件包管理和网络管理的相关知识；项目 6 为文件系统管理，重点讲解了 Linux 系统中支持的文件系统类型、文件的类型和管理，以及文件和目录的权限管理；项目 7 为磁盘管理，重点介绍了 Linux 中的磁盘如何表示、如何分区、如何格式化、如何挂载以及磁盘配额如何设置等内容；项目 8 为 Shell 编程入门，详细介绍了使用 Shell 编程的过程及 Shell 的变量定义、输入输出方法、条件测试、流程控制、函数定义、参数处理、程序调试等。

本书内容全面，理论和实践紧密结合，注重实用性和可操作性。本书中所有的配置和举例都经过了实验验证，以抓图的形式呈现出来，以便于读者亲自动手操作演练，因此读者在使用本书时可以节省大量的调试时间。此外，本书重要的知识点均配有微课视频进行讲解，读者可扫码进行学习。

本书可作为高等学校计算机应用、计算机科学与技术、网络工程、软件工程、信息安全等专业的教材，也可作为网络管理员和系统管理员的参考手册。

图书在版编目（CIP）数据

Linux 系统应用：微课版/盛剑会，苗凤君主编. —北京：清华大学出版社，2021.10（2022.6重印）
ISBN 978-7-302-58687-6

Ⅰ．①L… Ⅱ．①盛… ②苗… Ⅲ．①Linux 操作系统—教材 Ⅳ．①TP316.85

中国版本图书馆 CIP 数据核字（2021）第 142614 号

责任编辑：汪汉友
封面设计：何凤霞
责任校对：郝美丽
责任印制：丛怀宇

出版发行：清华大学出版社
　　　　　网　　　址：http://www.tup.com.cn, http://www.wqbook.com
　　　　　地　　　址：北京清华大学学研大厦 A 座　　　　邮　　编：100084
　　　　　社 总 机：010-83470000　　　　　　　　　　邮　　购：010-62786544
　　　　　投稿与读者服务：010-62776969, c-service@tup.tsinghua.edu.cn
　　　　　质量反馈：010-62772015, zhiliang@tup.tsinghua.edu.cn
　　　　　课件下载：http://www.tup.com.cn,010-83470236
印 装 者：三河市君旺印务有限公司
经　　销：全国新华书店
开　　本：185mm×260mm　　**印　张**：18　　　　　**字　　数**：442 千字
版　　次：2021 年 11 月第 1 版　　　　　　　　　**印　　次**：2022 年 6 月第 3 次印刷
定　　价：59.50 元

产品编号：088897-01

前　言

2019 年 9 月由编者主讲的"Linux 系统应用"课程被评为河南省高等学校精品在线开放课程。同年 10 月,该课程开始在中国大学 MOOC 的平台上进行建设,经过课程组成员半年多的不懈努力,课程已成功发布并运行了 4 个学期,选课人数约两万人。

目前,在中国大学 MOOC 平台上"Linux 系统应用"课程的视频、PPT、小节测验、单元测验、期末考试、讨论答疑和富文本等资源一应俱全,唯一缺少的就是一本配套的教材,应广大课程学习者和高校教师的要求,课程组成员决定编写本教材,以使该课程的学习和复习更加方便。

本书为中原工学院教材建设项目立项教材,以当前流行的 CentOS 8.1 Linux 操作系统为例,讲述了 Linux 操作系统的相关知识。

本书共 8 个项目,项目 1 为 Linux 操作系统及其安装,以 CentOS 8.1 操作系统为例,详细介绍了 Linux 操作系统的安装步骤及安装后的基本配置;项目 2 为初试 Shell,系统介绍了 Shell 的种类、使用方法、快捷键及常用的命令;项目 3 为文本编辑器 vim,讲述了 vim 的3 种工作模式及不同模式下的命令和部分高级功能;项目 4 为用户账户及组账户管理,重点介绍了用户账户和组账户的管理文件及管理命令;项目 5 为系统管理,讲解了图形界面管理、进程管理、软件包管理和网络管理的相关知识;项目 6 为文件系统管理,重点讲解了Linux 系统中支持的文件系统类型、文件的类型和管理,以及文件和目录的权限管理;项目 7为磁盘管理,重点介绍了 Linux 中的磁盘如何表示、如何分区、如何格式化、如何挂载以及磁盘配额如何设置等内容;项目 8 为 Shell 编程入门,详细介绍了使用 Shell 编程的过程及Shell 的变量定义、输入输出方法、条件测试、流程控制、函数定义、参数处理、程序调试等。

本书内容全面,注重实用性和可操作性。书中配有大量实例,所有的配置都经过了验证,以屏幕截图的形式呈现出来,因此读者在使用本书时可以节省大量的调试时间。此外,本书重要的知识点均配有微课视频进行讲解,读者可扫码进行学习。

另外,本书每个项目均配有综合实践和单元测验,综合实践重在增强动手操作能力,单元测验注重考查相关理论知识点的掌握情况,理论与实践有机结合,思想和行为高度统一。

本书由中原工学院盛剑会、苗凤君负责大纲的拟定、统稿和定稿。本书项目 1 和项目 2由盛剑会编写,项目 3 由王佩雪编写,项目 4 由李晓楠编写,项目 5 由张茜编写,项目 6 和项目 7 由董智勇编写,项目 8 由苗凤君编写,其中盛剑会还参与修改和审定了后 6 个项目的内容。

计算机技术发展日新月异,加上编者水平有限,书中难免存在疏漏和不足之处,恳请使用本书的师生和其他读者朋友提出宝贵的意见。

编　者

2021 年 7 月

目　　录

项目 1　Linux 操作系统及其安装

【本章学习目标】

（1）了解操作系统的分类。

（2）了解 Linux 操作系统的发展历史和特点。

（3）掌握 Linux 内核版本的表示方法。

（4）熟悉常用的 Linux 发行版本。

（5）掌握安装 Linux 操作系统的方法。

目前，个人计算机的操作系统大多为美国微软公司的 Windows，其次为美国苹果公司的 Mac OS。很多人连 UNIX 操作系统都不知道，对 Linux 操作系统更是知之甚少。本章介绍的是操作系统的分类、Linux 的发展历史、Linux 的主要特点、Linux 的内核、Linux 的发行版本以及 CentOS 8.1 操作系统的安装。

1.1　操作系统分类

操作系统的分类方式有很多种，可以按照应用领域、支持的用户数、源码开放程度、硬件结构、操作系统环境和存储器寻址宽度的不同进行划分。从应用领域的角度，可以把操作系统分为桌面操作系统、服务器操作系统和嵌入式操作系统三大类。

1.1.1　桌面操作系统

桌面操作系统主要用于个人计算机，主要分为两大类。

（1）类 UNIX 操作系统，包括 Mac OS X 以及 Linux 系列的 Fedora、Debian、Ubuntu 等。

（2）Windows 操作系统，包括 Windows XP、Windows 7、Windows 8、Windows 10 等。

1.1.2　服务器操作系统

服务器操作系统可以用于各种服务器、小型计算机和大型计算机，例如 Web 服务器、应用服务器和数据库服务器等，主要集中在以下 3 个系列。

（1）UNIX 系列。该系列包括 Sun Solaris、IBM-AIX、HP-UX、FreeBSD、OS X Server 等。

（2）Linux 系列。该系列包括 RHEL（Red Hat Enterprise Linux）、CentOS、Ubuntu Server 等。

（3）Windows 系列。该系列包括 Windows Server 2008、Windows Server 2012、Windows Server 2016 等。

1.1.3　嵌入式操作系统

随着智能手机的发展，Android(安卓)和 iOS 已经成为日前最流行的两大手机操作系统。这两种操作系统与 UNIX 和 Linux 有着较深的渊源。而 Linux 因其小巧、高效、消耗资源少等优点，非常适合嵌入式系统，广泛应用于安卓手机、数字照相机、PDA、机顶盒、家电用品等电子产品。

1.2　Linux 的发展历史

Linux 是一种自由和开放源码的类 UNIX 操作系统。虽然 Linux 存在着许多不同的版本，但都使用了 Linux 内核。Linux 可安装在各种计算机及硬件设备中，例如手机、平板计算机、路由器、视频游戏控制台、台式计算机、大型计算机和超级计算机。Linux 的性能领先，世界上运算最快的 10 台超级计算机都使用了 Linux 操作系统。严格地讲，Linux 这个词本身只表示 Linux 内核，但人们已经习惯了用 Linux 来形容整个基于 Linux 内核并且使用 GNU 工具和数据库的操作系统。Linux 因天才程序员 Linus Torvalds(林纳斯·托瓦兹)而得名。

要了解 Linux 的发展历史，首先需要了解 GUN 计划。

1.2.1　GNU 计划

GNU 计划(革奴计划)是由 Richard Stallman 在 1983 年 9 月 27 日公开发起的。它的初衷是创建一套完全自由的操作系统。所谓完全自由，指的是 GNU 计划的加入者拥有以任何目的运行程序的自由、再发行复制件的自由、改进该程序并公开发布改进版的自由。为了规范如何自由使用，发布了著名的 GPL(GNU General Public License，GNU 通用公共许可证)协议。

GNU 是 GNU's Not UNIX 的缩写。UNIX 是一种广泛使用的商业操作系统。由于 GNU 要实现 UNIX 系统的接口标准，因此 GNU 计划可以分别开发不同的操作系统部件。GNU 计划采用了部分当时已经可自由使用的软件，例如 TeX 排版系统和 X Window 系统等。不过 GNU 计划也开发了其他大批的自由软件，例如 vi、Emacs 和 GCC 等。

1.2.2　Linux 的发展

研究 Linux，首先要从 Minix 操作系统说起。Minix 是由荷兰 Vrije 大学的 Andrew S.Tanenbaum 教授编写的一个类 UNIX 操作系统，全部的程序代码约 1.2 万行，主要用于培训学生了解操作系统的运行过程。

1991 年，芬兰赫尔辛基大学的大二学生 Linus Torvalds 发现 Minix 的功能很不完善，于是出于兴趣开发了 Linux 内核，他使用 GNU C 的编译器，在使用 Intel 386 处理器的计算机上编写了一个保护模式下的操作系统，这就是 Linux 的原型。同年 10 月 5 日，Linus 在新闻组上发布消息，正式向外宣布 Linux 内核系统的诞生。从此以后，Linux 开始在世界范围内得到众多志愿者和专业专家的支持，迅速发展起来。

1994 年，Linux 加入 GNU 计划并采用 GPL 协议发布。自此，GNU/Linux 真正实现了构建一套完全自由的操作系统的初衷。

1.3　Linux 的主要特点

Linux 操作系统是广泛应用的计算机操作系统,许多软硬件厂商都设计开发了基于 Linux 的产品。Linux 之所以如此流行,也是因为其具有的优势。下面介绍 Linux 的主要优点。

1. 免费、开放的自由软件

Linux 是通过公共许可协议 GPL 的自由软件,作为开放源码自由软件的代表,主要有以下两个特点。

(1) 开放源代码并对外免费提供。

(2) 任何人都可以按照自己的需要自由修改、复制和发布程序的源代码并公布在互联网上。因此,用户可以从互联网上很方便地下载并使用免费的 Linux 操作系统,不需要担心版权问题。

2. 多用户多任务环境

只有很少的操作系统具有真正的多任务能力。虽然许多操作系统声明支持多任务,但并不完全准确,例如 Windows 等。Linux 充分利用了 x86 处理器的任务切换机制,真正实现了多任务、多用户环境,允许多个用户同时执行不同的程序,可以给紧急任务提供较高的优先级。

3. 良好的用户界面

Linux 向用户提供了字符界面和图形界面这两种界面。在硬件配置较低的计算机中,可优先使用字符界面,而对于硬件配置较高的计算机,则还可以使用图形界面。Linux 的图形界面称为 X Window 系统,它是类似于 Windows 操作系统的图形界面。X Window 是一种起源于 Linux 操作系统的标准图形界面,可以为用户提供具有多种窗口管理功能的对象集成环境。

4. 设备独立性

Linux 是一种具有设备独立性的操作系统,其内核具有高度适应能力,随着更多的程序员进行 Linux 编程,会有更多硬件设备可在各种 Linux 内核和发行版本中使用。这样,用户就可以像使用文件一样控制和使用这些设备。

5. 丰富的网络功能

TCP/IP 是 Linux 的内置协议,支持 Internet 是 Linux 的网络功能之一。另外,Linux 还免费提供了大量支持 Internet 的软件,也就是说,用户能够通过 Linux 与其他人通过 Internet 在世界范围内进行通信。

6. 完全符合 POSIX 标准

POSIX(Portable Operating System Interface,可移植的 Linux 操作系统接口)是由 ANSI(American National Standards Institute,美国国家标准学会)和 ISO(International Standards Organization,国际标准化组织)制定的一种国际标准。它在源代码级别定义了一组最小的 Linux 操作系统接口。由于 Linux 系统遵循了这一标准,所以它和其他类型的 Linux 系统之间可以很方便地移植应用软件。

1.4 Linux 的内核

Linux 的版本号分为两部分：内核版（Kernel）与发行版（Distribution，即发行套件）。

内核版指的是由 Linus Torvalds 领导的开发小组开发出来的系统内核版本。目前最新的内核稳定版的版本号是 5.6.3。

1.4.1 Linux 内核的发展史

Linux 的内核发展很快。1991 年 4 月发布第一个版本 Linux v0.01，1991 年 10 月发布了第二个版本 Linux v0.02，1994 年 3 月发布版本号为 Linux v1.0 的内核，1996 年发布版本号为 Linux v2.0 的内核，之后每半年或一年左右更新一次。

目前，Linux 内核版本发布的频率越来越快，几个月甚至几天就会发布出新的版本。最新的内核版本为 2021 年 10 月 26 日发布的 5.14.14。要了解 Linux 内核的最新信息或下载最新的 Linux 内核版本，可以查看官方网站 https://www.kernel.org/。Linux 内核的官方网站如图 1-1 所示。

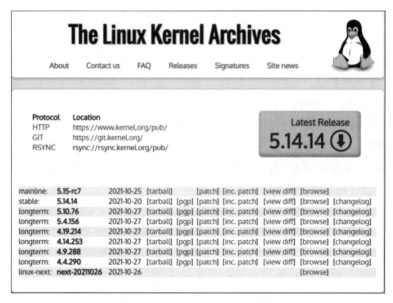

图 1-1　Linux 内核的官方网站

1.4.2 Linux 内核的功能

Linux 内核的功能主要包括进程管理、内存管理、文件系统管理、设备管理和网络管理。

1. 进程管理

进程管理就是对并发程序运行过程的管理，也就是对处理器的管理。其功能是跟踪和控制所有进程的活动，为其分配和调度 CPU，协调进程的运行步调。其目标是最大限度地发挥 CPU 的处理能力，提高进程的运行效率。进程管理的主要内容有进程控制、进程协调、进程通信和进程调度。

2. 内存管理

内存管理是指软件运行时对计算机内存资源的分配和使用的技术。其最主要的目的是如何高效、快速地分配资源以及在适当的时候释放和回收内存资源。计算机的内存是主要的资源,包括物理内存和虚拟内存,因此处理它们所用的策略对系统性能是至关重要的。内存管理的主要内容有内存分配和调用、内存保护、地址映射和内存扩充等。

3. 文件系统管理

Linux 在很大程度上是基于文件系统的概念。Linux 中,几乎任何东西都可以看作一个文件。文件系统是操作系统用于明确磁盘或分区上文件的方法和数据结构,即在磁盘上组织文件的方法。操作系统中负责管理和存储文件信息的软件机构称为文件管理系统,简称文件系统。文件系统由与文件管理有关软件、被管理文件以及实施文件管理所需数据结构 3 部分组成。从系统角度来看,文件系统是对文件存储器空间进行组织和分配,对文件进行存储、保护和检索的系统,也就是负责为用户建立文件,存入、取出、修改、转存文件,控制文件的存取,当用户不再使用时撤销文件,等等。文件系统管理的主要工作有文件存储空间的管理、目录管理、文件的读写管理和存取控制等。

4. 设备管理

设备管理是指对硬件设备进行管理,包括对输入输出设备的分配、启动、完成和回收。几乎每个系统操作最终都会映射到一个物理设备上。设备管理的主要内容有缓冲管理、设备分配、设备处理、设备独立性和虚拟设备等。

5. 网络管理

网络必须由操作系统来管理,因为大部分网络操作不会只执行于某一个进程。进入系统的报文是异步事件,报文在某一个进程接手之前必须被收集、识别、分发。系统负责在程序和网络接口之间传递数据报文,它必须根据程序的网络活动来控制程序的执行。另外,所有的路由和地址解析问题都在内核中实现。

1.4.3 Linux 内核的表示方法

Linux 的内核版本号格式如下:

a.bb.cc

其中,各部分的含义如下:

(1) *a* 是主版本号,取值为 $0\sim9$,目前最高为 5。

(2) *bb* 次版本号,取值为 $00\sim99$。

(3) *cc* 是修订版本号。

Linux 内核的版本有稳定版和开发版两种。

如果 *bb* 为偶数,则表示该内核为可以使用的稳定版。例如,CentOS 7.3 使用的内核版本号 3.10.0 和 CentOS 8.1 使用的内核版本号 4.18.0 都是稳定版。

如果 *bb* 为奇数,则表示该内核有新的内容加入,是测试版本,不一定很稳定。例如 3.1.88。

1.5 Linux 的发行版本

一些组织或厂家将 Linux 系统内核与应用软件和文档包装起来,再提供一些安装界面及系统设定与管理工具,就构成了 Linux 的发行版。Linux 的发行版有很多,常见的有 Red Hat、Ubuntu、Debian、CentOS、红旗 Linux 等。实际上发行版可以看作 Linux 的一个大软件包。

1.5.1 Red Hat

Red Hat 过去只拥有单一版本的 Linux,即 Red Hat Linux 的 7.3、8.0、9.0 等版本,其中最高版本是 9.0。Red Hat 公司的免费发行版到 Red Hat 9.0 就结束了,然而许多人对 Red Hat 的发展策略不了解,误以为目前 Red Hat Linux 9.0 是最新的发行版。实际上,Red Hat 自 2002 年起就已分成两个产品系列,即由 Red Hat 公司提供收费技术支持和更新的 Red Hat Enterprise Linux(RHEL)服务器版和由 Fedora 社区开发的桌面版本 Fedora Core (FC)。这也就意味着用户不可能看到 Red Hat Linux 10.0,取而代之的是 RHEL 服务器版或 FC 桌面版。Red Hat 公司的官方网址为 http://www.redhat.com,产品徽标如图 1-2 所示。

图 1-2　Red Hat 的徽标

目前,Red Hat 公司全面转向 RHEL 的开发,RHEL 面向商业市场,包括大型计算机。和以往不同,新的 RHEL 要求用户先购买许可,Red Hat 承诺保证软件的稳定性、安全性,并且 RHEL 的二进制代码不再提供下载,而是作为 Red Hat 服务的一部分。但依据 GNU 的规定,其源代码依然是开放的。

Red Hat 公司在 2002 年 5 月公开推出了面向企业的 RHEL 2.1,紧接着在 2003 年 9 月推出了 RHEL 3,随后在 2007 年 3 月推出 RHEL 5。目前最新的版本是 2019 年 5 月推出的 RHEL 8。Red Hat 公司对 RHEL 的每个版本提供 7 年的支持,RHEL 每 18～24 个月发布一个新版本。

Fedora Project(由 Red Hat 公司资助,旨在取代 Red Had Linux 在个人领域的应用),是由全球范围的社区志愿者和开发人员构建和维护。相比 Ubuntu、CentOS、RHEL 等发行版,Fedora 最大的特色是追求并吸纳最新的技术,一些前沿技术和最新版本的软件往往是 Fedora 第一个使用起来的,加上开发社区人气兴旺,Fedora 相比其他发行版对编程工作者或者热爱尝鲜的技术爱好者有着更大的魅力。Fedora 大约每半年发行一个新版本,目前 Fedora 的最新版本是 Fedora 30。

1.5.2 Ubuntu

Ubuntu 是一个以桌面应用为主的 Linux 操作系统,也提供服务器版的 Ubuntu Server。Ubuntu 基于 Debian 发行版和 GNOME 桌面环境。与 Debian 不同,它每 6 个月会发布一个新版本。Ubuntu 的目标在于为一般用户提供一个最新的、同时又相当稳定的主要由自由软件构建而成的操作系统。Ubuntu 具有庞大的社区力量,用户可以方便地从社区获得帮助,Ubuntu 的官方网址为 http://www.ubuntu.com/,产品徽标如图 1-3 所示。

Ubuntu 每 6 个月发布一个新版本,而每个版本都有代号和版本号。版本号基于发布日期,例如第一个版本为 4.10,代表是在 2004 年 10 月发行的。最新版本 21.10 发布于 2021 年 10 月。下一个版本号是 22.04。

图 1-3   Ubuntu 的徽标

1.5.3   Debian

Debian 是一款能安装在计算机上自由使用的通用操作系统。由于 Debian 系统目前采用 Linux 或 FreeBSD 内核,但大部分基础的操作系统工具都来自 GNU 工程,因此又称为 GNU/Linux。Debian GNU/Linux 附带了 5.9 万个以上的软件包。这些预先编译好的软件被包裹成一种良好的格式,以便于在个人计算机上安装。让 Debian 支持其他内核的工作也正在进行,最主要的就是 Hurd。Hurd 是一组在微内核(如 Mach)上运行的提供各种不同功能的守护进程。Hurd 是由 GNU 工程所设计的自由软件。Debian 的官方网址为 https://www.debian.org/,产品徽标如图 1-4 所示。

Debian 一直维护着至少 3 个发行版本:稳定(Stable)版、测试(Testing)版和不稳定(Unstable)版。

图 1-4   Debian 的徽标

(1) 稳定版包含了 Debian 官方最近一次发行的软件包。作为 Debian 的正式发行版本,它是优先推荐给用户选用的版本。目前 Debian 的稳定版版本号是 10,开发代号为 buster,于 2019 年 7 月 6 日发布,其更新 10.3 于 2020 年 2 月 8 日发布。

(2) 测试版包含了那些暂时未被收录进稳定版的软件包,但它们已经进入了候选队列。使用这个版本的最大益处在于它拥有更多版本较新的软件。目前测试版的版本代号是 bullseye。

(3) 不稳定版存放了 Debian 现行的开发工作。通常,只有开发者和那些喜欢过惊险刺激生活的人选用该版本。不稳定版的版本代号永远都被称为 sid。

1.5.4   CentOS

CentOS(Community ENTerprise Operating System)是一个企业级的 Linux 发行版本,CentOS 是 RHEL 源代码再编译的产物的免费版,它继承了 Red Hat Linux 的稳定性,而且又提供免费更新。因此,它在服务器提供商、中小型公司中装机量几乎是最大的一个 Linux 发行版,包含了很多错误修正、升级和新功能。两者的不同在于,CentOS 并不包含封闭源代码软件。

CentOS 大约每两年发行一次,而每个版本的 CentOS 会定期(大概每 6 个月)更新一次,以便支持新的硬件。CentOS 的官方网址为 https://www.centos.org/,产品徽标如图 1-5 所示。

CentOS 的最新版本为 CentOS 8.1,发布于 2020 年 1 月 16 日。

图 1-5   CentOS 的徽标

如果说 Ubuntu 是现今最受桌面用户欢迎的 Linux 操作系统,那么 CentOS 就是最受公司、企业、IDC 喜爱的 Linux 发行版,这得益于其极为出色的稳定性。

1.5.5　红旗 Linux

红旗 Linux 是由北京中科红旗软件技术有限公司开发的一系列 Linux 发行版,包括桌面版、工作站版、数据中心服务器版、HA 集群版和红旗嵌入式 Linux 等产品。目前在我国各软件专卖店均可以购买到光盘版,同时官方网站也提供光盘镜像免费下载。红旗 Linux 是中国较大、较成熟的 Linux 发行版本之一。红旗 Linux 的官方网址为 http://www.redflag-linux.com/,产品徽标如图 1-6 所示。

图 1-6　红旗 Linux 的徽标

目前,红旗 Linux 的服务器(Server)版、工作站(Worksta-tion)版、桌面(Desktop)版已进入 10.0 时代。

红旗桌面操作系统是一款非常好用的国产 Linux 操作系统,系统核心组件全部采用最新的稳定版本,保证系统的稳定性,可以非常流畅的使用,不管在软件的兼容性还是稳定性都做了很大的提升,是用户选择操作系统时的最佳选择。

1.5.6　Slackware Linux

Slackware Linux 是由 Patrick Volkerding 开发的 GNU/Linux 发行版。与很多其他发行版不同,它坚持 KISS(Keep It Simple Stupid)的原则,即没有任何配置系统的图形界面工具。一开始,配置系统会有一些困难,但是经验丰富的用户会喜欢这种方式的透明性和灵活性。Slackware Linux 的另一个突出的特性也符合

图 1-7　Slackware Linux 的徽标

KISS 原则:Slackware Linux 没有如 RPM 之类的成熟的软件包管理器。Slackware Linux 的软件包都是通常的 tgz(tar/gzip)格式文件加上安装脚本。tgz 对于有经验的用户来说,比 RPM 更强大,并避免了 RPM 之类管理器的依赖性问题。Slackware Linux 的官方网址为 http://www.slackware.com/,产品徽标如图 1-7 所示。目前 Slackware Linux 的最新稳定版本为 14.2。

1.6　CentOS 8.1 操作系统及安装

2020 年 1 月 16 日,CentOS 社区宣布,基于 RHEL 8.1 操作系统源代码的 CentOS Linux 8.1(1911)已全面上市。在推出 CentOS 8 操作系统系列近 4 个月后,CentOS Linux 8.1(1911)终于问世了,它基于 Red Hat 的 RHEL 8 操作系统系列,在最新的 RHEL 8.1 版本中添加了实现的所有新功能和改进。

1.6.1　CentOS 8.1 的新特性和改进

CentOS 8.1 版本的优点如下。

(1)内核实时修补。

(2)FRR 新路由协议堆栈(支持多种 IPv4 和 IPv6 路由协议)。

(3)伯克利数据包筛选器(eBPF)的扩展版本,可帮助系统管理员解决复杂的网络问题。

（4）支持在使用设备时对 LUKS2 中的块设备进行重新加密。

（5）提供了一种用于为容器生成 SELinux 策略的新工具 udica。借助 udica，可以创建量身定制的安全策略，以更好地控制容器访问主机系统资源（如存储，设备和网络）的方式。这不仅可以加强容器部署以防违反安全性，还可以简化实现和维护法规要求。

CentOS 8.1 版本的主要组件更新如下。

（1）具有附加的 FIPS-140 和 Common Criteria 认证。

（2）XDP（eXpress 数据路径）基于 eBPF 的高性能数据路径，作为技术预览，支持导入 QCOW 虚拟图像称为 Healthcheck 的功能。

（3）身份管理中一个称为 Healthcheck 的新命令行工具，该工具可帮助用户发现可能影响其 IDM（Internet Download Manager，网络下载管理器）环境可靠性的问题。

同时，还有几个软件包和核心组件也已收到新版本。其中包括 Tuned 2.12 系统调整工具，该工具带来了对 CPU 列表求反的支持；chrony 3.5 套件，该套件现在可以更准确地将系统时钟与硬件时间戳进行同步；以及 PHP 7.3、Ruby 2.6、Node.js 12、Nginx 1.16、LLVM 8.0.1、Rust Toolset 1.37 和 Go Toolset 1.12.8。

1.6.2　CentOS 8.1 的安装方式

CentOS 系统的安装方式通常分为以下 3 种。

（1）光盘安装。从 CentOS 官方网站下载安装程序，然后采用 CD 或 DVD 作为载体，通过 CD-ROM 驱动器启动计算机进行安装。这是最常用的一种安装方式。

（2）硬盘安装。将下载好的 ISO 镜像文件解压到硬盘中，然后制作启动盘。通过启动盘启动后进入安装状态，再选择硬盘中的安装文件进行安装。

（3）网络安装。将安装文件保存在网络中的某台服务器中，需要安装 CentOS 的计算机启动后进入安装程序，选择"网络安装"，指定安装镜像文件所在的 URL 地址，然后安装程序将自动从指定的网络位置获取安装文件，并且安装到本地计算机中。CentOS 目前支持的网络安装方式有 NFS Image、FTP 和 HTTP 这 3 种。

为了学习方便，本书的 CentOS 8.1 将在 VMware 虚拟机软件中进行安装。

1.6.3　安装 VMware 虚拟机软件

VMware 公司的虚拟化软件有多种，包括 Workstation for Windows、Workstation for Linux、Fusion for Mac 等。VMware Workstation 是一款桌面虚拟机软件，它可以模拟物理计算机的各种资源（如 CPU、内存和硬盘等），利用它可以非常方便、快捷地在系统上创建多个 Windows、Linux 等虚拟机。下面介绍 Windows 平台下 VMware 虚拟机软件的下载、安装和使用。

1. 下载 VMware Workstation Pro 软件

打开 VMware 的官方网站 https://www.vmware.com/，下载 VMware Workstation Pro 的安装包，这里以免费的 VMware Workstation 15.5 Pro for Windows 为例，下载后的安装包名称为 VMware-workstation-full-15.5.2-15785246.exe，大小为 541MB，如图 1-8 所示。

当然，网上也有很多 VMware 的免费资源可供下载，但这些免费的资源存在版权问题。

图 1-8　下载的 VMware Workstation Pro 安装包

2. 安装 VMware Workstation Pro 软件

安装 VMware Workstation Pro 的具体步骤如下。

（1）双击文件 VMware-workstation-full-15.5.2-15785246.exe，弹出"欢迎使用 VMware Workstation Pro 安装向导"欢迎界面，如图 1-9 所示。

图 1-9　欢迎界面

（2）单击"下一步"按钮，弹出"最终用户许可协议"对话框，选中"我接受许可协议中的条款"复选框，如图 1-10 所示。

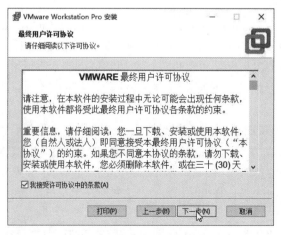

图 1-10　最终用户许可协议

（3）单击"下一步"按钮，在弹出的"自定义安装"对话框中，可以更改 VMware Workstation Pro 的安装位置，此处使用默认设置，将 VMware Workstation 安装在 C:\Program Files(x86)目录下。取消选中"增强型键盘驱动程序"复选框，如图 1-11 所示。

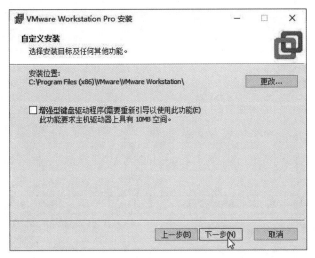

图 1-11　自定义安装

（4）单击"下一步"按钮，在弹出的"用户体验设置"对话框中，取消选中"启动时检查产品更新"和"加入 VMware 客户体验提升计划"复选框，如图 1-12 所示。

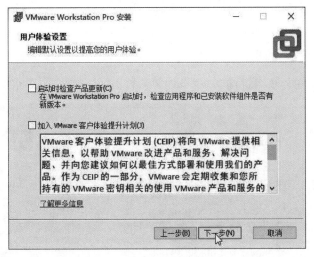

图 1-12　用户体验设置

（5）单击"下一步"按钮，在弹出的"快捷方式"对话框中，选中"桌面"和"开始菜单程序文件夹"复选框，创建 VMware Workstation Pro 的快捷方式，如图 1-13 所示。

（6）单击"下一步"按钮，弹出"已准备好安装 VMware Workstation Pro"对话框中，如果要查看或者更改任何安装设置，可以单击"上一步"按钮。此处单击"安装"按钮，如图 1-14 所示。

（7）在弹出的"正在安装 VMware Workstation Pro"对话框中，可以看到 VMware

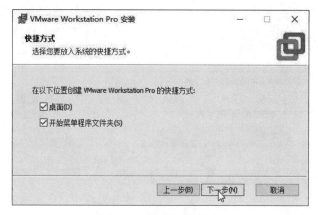

图 1-13　快捷方式创建

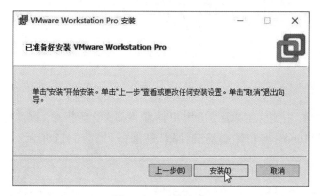

图 1-14　开始安装

Workstation Pro 的安装状态进度条,整个安装过程大约需要 2min,如图 1-15 所示。

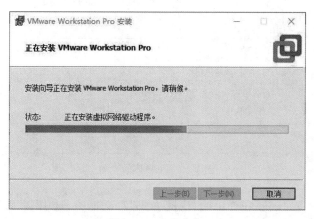

图 1-15　安装状态

(8) 安装完成后,会弹出"VMware Workstation Pro 安装向导已完成"对话框,单击"许可证"按钮,可以输入许可证密钥,此处单击"完成"按钮,如图 1-16 所示。

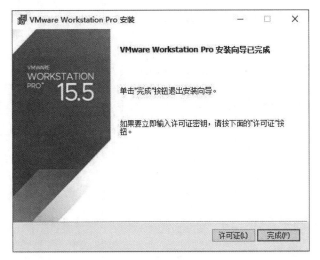

图 1-16　安装完成

3. 使用 VMware Workstation Pro 软件

（1）双击桌面上如图 1-17 所示的 VMware Workstation Pro 图标，弹出如图 1-18 所示的对话框。

图 1-17　VMware Workstation Pro 图标

图 1-18　输入密钥

（2）只有输入正确的许可证密码，才能继续使用 VMware Workstation。此处选中"我希望试用 VMware Workstation 15 30 天"复选框。

（3）单击"继续"按钮，弹出如图 1-19 所示的对话框。

（4）单击"完成"按钮，打开 VMware Workstation 的工作界面。

（5）选中"帮助"|"关于 VMware Workstation"菜单项，可看到 VMware Workstation 15 Pro 的产品信息、许可证信息、附加信息和版权等，如图 1-20 所示。此时，许可证信息显示该版本是试用期的版本，将于 2020 年 5 月 10 日过期。

（6）如果后期获得了许可证密钥，可以选中"帮助"|"输入许可证密钥"菜单项，在弹出的对话框中输入由 25 个字符组成的许可证密钥后单击"确定"按钮，如图 1-21 所示。

（7）选中"帮助"|"关于 VMware Workstation"菜单项，可看到获得了许可的 VMware

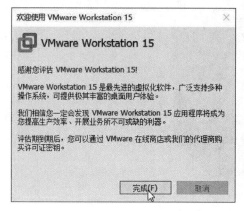

图 1-19　欢迎使用 VMware Workstation 15 对话框

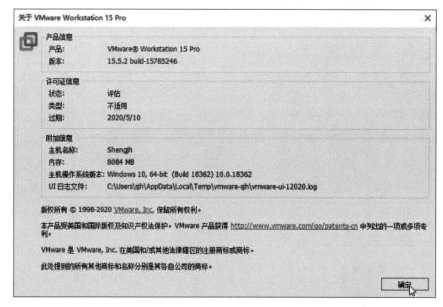

图 1-20　试用期的 VMware Workstation 15 Pro

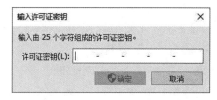

图 1-21　输入许可证密钥

Workstation 15 Pro 的相关信息,如图 1-22 所示。许可证信息显示该版本是已许可的版本,永不过期。

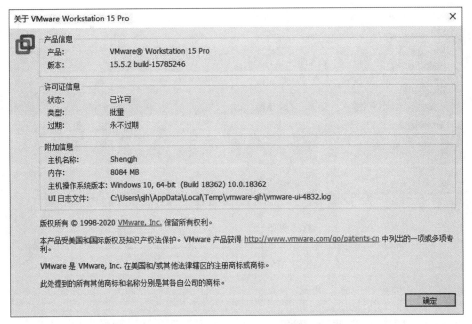

图 1-22　获得许可的 VMware Workstation 15 Pro

1.6.4　安装 CentOS 8.1

在安装 CentOS 8.1 之前,还需要先获得它的光盘安装映像文件。

1. 下载 CentOS 8.1 的安装映像文件

打开 CentOS 的官方网站 https://www.centos.org/,下载 CentOS Linux DVD ISO,本例以下载 CentOS 8.1 为例,由于文件较大,下载时间比较长,所以建议选择速度较快的站点进行下载。下载后的安装映像文件名称为 CentOS-8.1.1911-x86_64-dvd1.iso,大小为7.03GB,如图 1-23 所示。

图 1-23　CentOS 8.1 的安装映像文件

2. 安装过程

CentOS 8.1 的安装过程大部分都是在图形界面中进行的,只需要根据相应的提示就可以逐步完成安装,详细的安装步骤如下。

(1) 打开 VMware Workstation 软件,进入 VMware Workstation 的工作界面,选中"文件"|"新建虚拟机"菜单项,或者单击如图 1-24 所示的"主页"选项卡中的"创建新的虚拟机"按钮,都将打开新建虚拟机向导。

(2) 在弹出的"欢迎使用新建虚拟机向导"对话框中选中"典型(推荐)"单选按钮,如图 1-25 所示。

(3) 单击"下一步"按钮,在弹出的"安装客户机操作系统"对话框中选中"安装程序光盘映像文件(ISO)"单选按钮,如图 1-26 所示。单击"浏览"按钮,选中已经下载好的安装映像

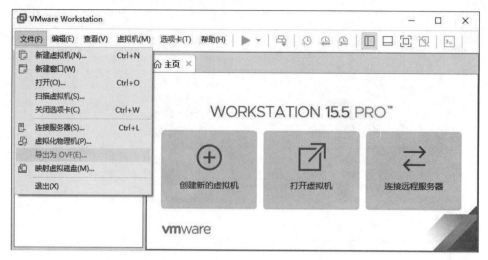

图 1-24　VMware Workstation 的工作界面

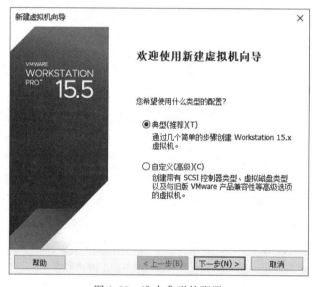

图 1-25　选中典型的配置

文件 CentOS-8.1.1911-x86_64-dvd1.iso，此处提示信息显示已检测到 CentOS 5 和更早版本
64 位，这是由于 CentOS 8.1 版本较新，VMware Workstation 没有识别所致，该提示信息不
影响安装，可以忽略。下面将使用简易安装的方式安装该操作系统。

（4）单击“下一步”按钮，在弹出的“简易安装信息”对话框中填写个性化 Linux 全名为
My Linux 8.1，输入用户名和密码，如图 1-27 所示。

（5）单击“下一步”按钮，在弹出的“命名虚拟机”对话框中将虚拟机的名称修改为
CentOS 8.1。安装完成后，在 VMware Workstation 工作界面左侧的树状目录中将会显示
出该虚拟机的名称。将安装位置设置为 D:\CentOS 8.1 文件夹，这样，本次安装 CentOS 8.1 所
生成的所有文件都将保存在该文件夹中，如图 1-28 所示。

（6）单击“下一步”按钮，在弹出的“指定磁盘容量”对话框中 VMware Workstation 为

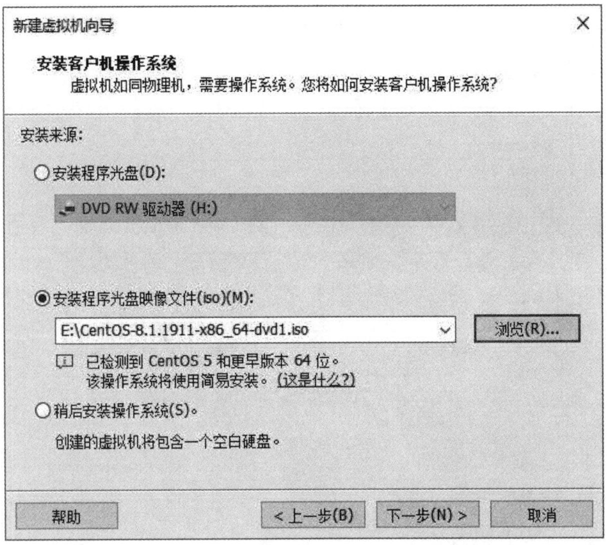

图 1-26　选中安装程序光盘映像文件

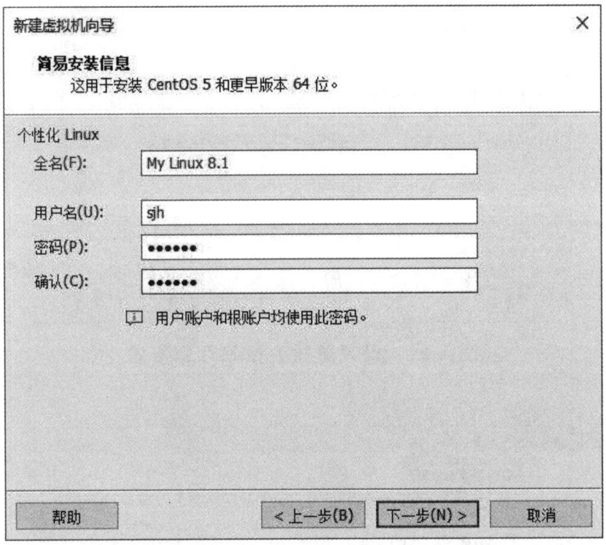

图 1-27　简易安装信息

该虚拟机默认分配的最大磁盘大小为 20.0GB，具体占用硬盘多少空间，视后面安装软件包的多少决定。这 20.0GB 只是 VMware Workstation 预分配给 CentOS 8.1 的最大磁盘使用空间，并不是一下就占用了硬盘 20.0GB 的空间，虚拟磁盘文件存储为单个文件或者拆分成多个文件都可以，此处保持默认，如图 1-29 所示。

（7）单击"下一步"按钮，在弹出的"已准备好创建虚拟机"对话框中显示了本次将要安装的虚拟机的摘要信息，如图 1-30 所示。其他的硬件信息暂不更改，待安装完成后如果需要也可以随时修改。单击"完成"按钮，将开启虚拟机的安装过程。

（8）大约 1min 之后，安装过程会一直停留在如图 1-31 和图 1-32 所示的界面而不继续。

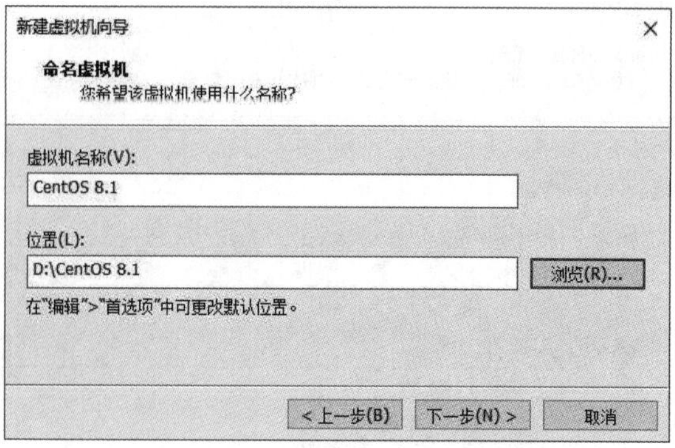

图 1-28　设置虚拟机名称和位置

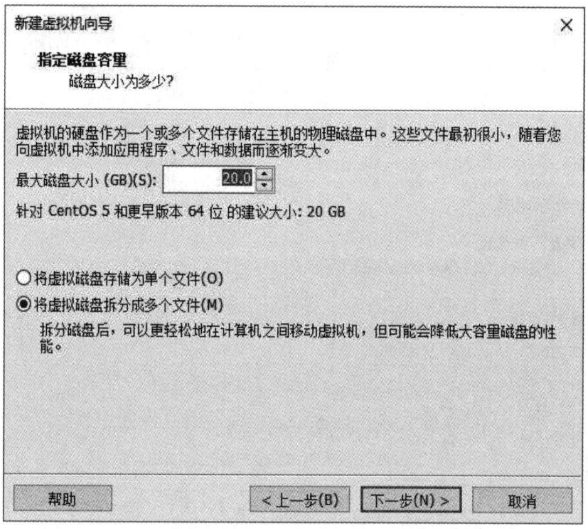

图 1-29　设置磁盘容量和存储方式

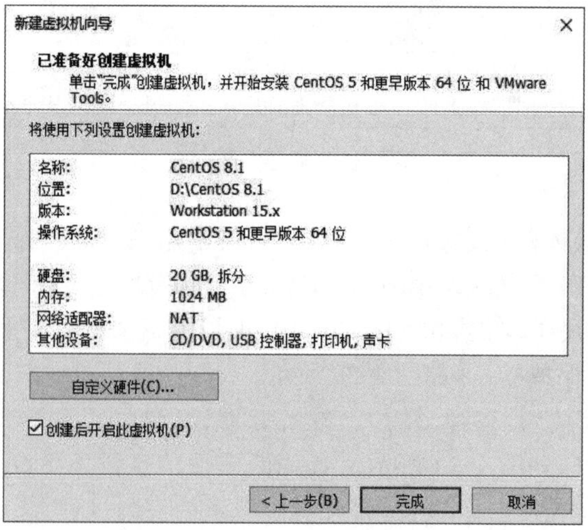

图 1-30　虚拟机信息摘要

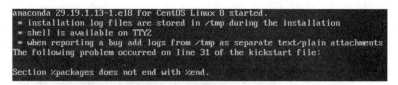

anaconda 29.19.1.13-1.el8 for CentOS Linux 8 started.
 * installation log files are stored in /tmp during the installation
 * shell is available on TTY2
 * when reporting a bug add logs from /tmp as separate text/plain attachments
The following problem occurred on line 31 of the kickstart file:

Section %packages does not end with %end.

图 1-31　安装中提示 Section %packages does not end with %end

Pane is dead (status 1, Fri Apr 10 19:09:27 2020)
[anaconda]1:main* 2:shell 3:log 4:storage-log 5:program-log

图 1-32　安装中提示 Pane is dead

（9）此时，需要在 VMware Workstation 中选中"虚拟机"|"设置"菜单项，在弹出的"虚拟机设置"对话框中的"硬件"选项卡中选中 CD/DVD(IDE)，在右侧的"连接"栏中将使用的 ISO 映像文件 autoinst.iso 替换为之前下载的安装映像文件 CentOS-8.1.1911-x86_64-dvd1.iso，如图 1-33 所示。

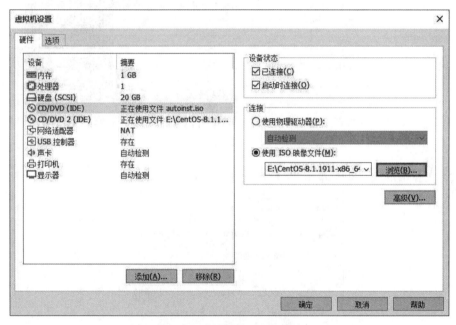

图 1-33　替换 ISO 映像文件

（10）单击"确定"按钮，弹出如图 1-34 所示的对话框。

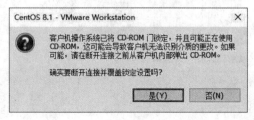

图 1-34　设置 CD-ROM

（11）单击"是"按钮，在 VMware Workstation 工作界面左侧的"我的计算机"目录下，右击 CentOS 8.1，在弹出的快捷菜单中选中"电源"|"重新启动客户机"选项，如图 1-35 所示。

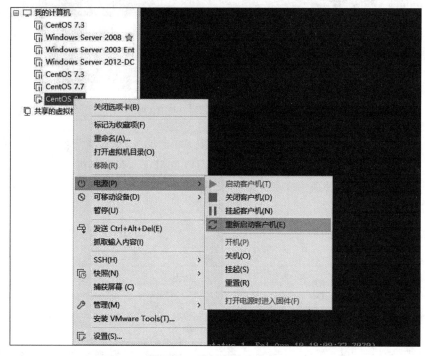

图 1-35　重新启动客户机

（12）在弹出的确认框中单击"重新启动"按钮，如图 1-36 所示。

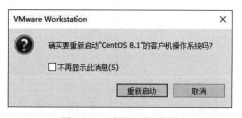

图 1-36　确认重新启动

（13）在如图 1-37 所示的安装方式选择界面，通过向上的方向键，将焦点移至第 1 行

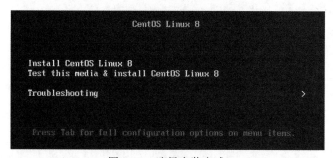

图 1-37　选择安装方式

Install CentOS Linux 8，然后按 Enter 键，将直接安装 CentOS Linux 8。第 2 行 Test this media & install CentOS Linux 8 表示先检测安装光盘映像文件再进行安装，第 3 行 Troubleshooting 用于处理系统故障问题。

（14）在语言选择界面选中"中文"，右边的列表中默认选中"简体中文（中国）"，如图 1-38 所示。

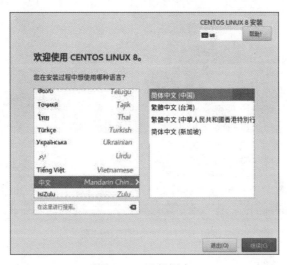

图 1-38　选择语言

（15）单击"继续"按钮，出现如图 1-39 所示的安装信息摘要。"本地化"栏中的"键盘"和"语言支持"不用修改，单击"时间和日期"按钮，弹出如图 1-40 所示的窗口，修改地区为亚洲，城市为上海。在修改好时间后，单击左上方的"完成"按钮，返回安装信息摘要窗口。

图 1-39　安装信息摘要

（16）"软件"栏中的"安装源"和"软件选择"保持默认即可。单击"系统"栏中的"安装目

图 1-40　修改时间和日期

的地",弹出如图 1-41 所示的安装目标位置窗口。选中"自定义"单选按钮后单击"完成"按钮。

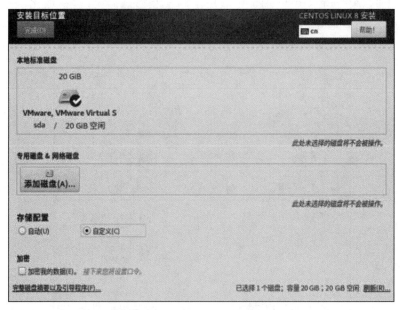

图 1-41　自定义安装目标位置

（17）在弹出的如图 1-42 所示的手动分区界面单击"单击这里自动创建它们"超链接，出现如图 1-43 所示的自动分区情况界面,可以看出系统自动分了 3 个区,根分区(/)、启动分区(/boot)和交换分区(swap),其中 swap 分区的大小为物理内存的两倍。

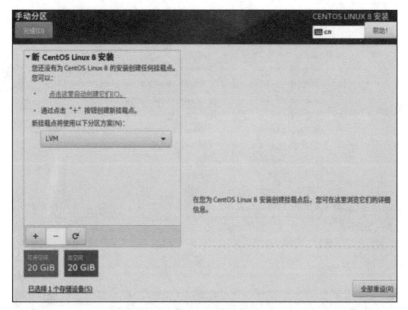

图 1-42　手动分区

图 1-43　系统自动分区

（18）单击"完成"按钮，在如图 1-44 所示的更改摘要中，单击"接受更改"按钮，返回到安装信息摘要界面。

（19）单击"系统"栏中的 KDUMP，在弹出的界面中取消选中"启用 kdump"复选框，如图 1-45 所示。Kdump 是一个内核崩溃转储机制，开启它将会额外消耗一部分系统内存。

（20）单击"系统"栏中的"网络和主机名"，在弹出的界面中修改主机名为 sjh.com，以太网保持默认的关闭状态，如图 1-46 所示。

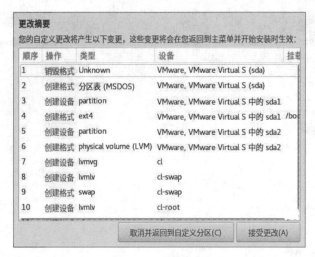

图 1-44　更改摘要

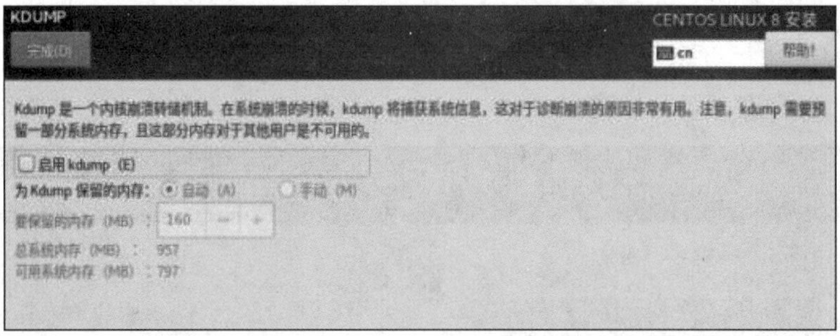

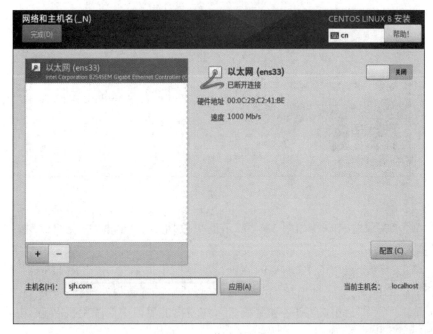

图 1-45　禁用 Kdump

图 1-46　修改主机名

（21）单击"完成"按钮，在如图 1-47 所示的"配置"界面中，系统将自动创建文件系统，格式化分区，安装 1330 个软件包，界面上会显示安装进度条。

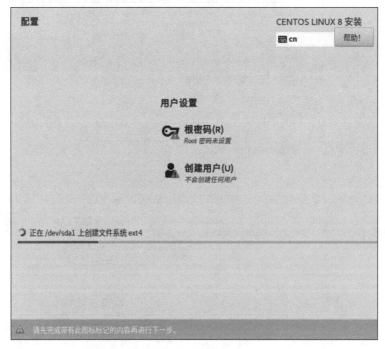

图 1-47　配置界面

（22）单击"根密码"按钮，弹出如图 1-48 所示的界面，设置 root 账户的密码，输入两遍并保持一致即可。如果密码强度较弱，需要单击两次"完成"按钮。

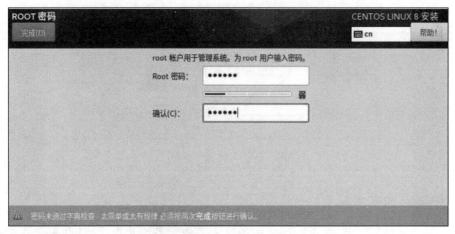

图 1-48　设置 root 账户的密码

（23）在如图 1-47 所示的"配置"界面中单击"创建用户"按钮，弹出如图 1-49 所示的界面，输入全名和用户名，并设置好密码。如果密码强度较弱，需要单击两次"完成"按钮。

（24）等待一段时间，将会出现如图 1-50 所示的系统安装完成界面，单击"重启"按钮重新启动操作系统。

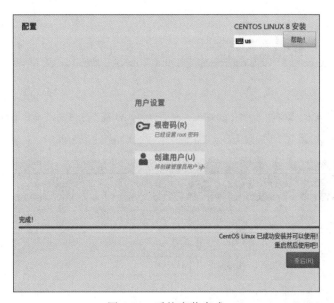

图 1-49　创建用户

图 1-50　系统安装完成

1.6.5　安装后的基本配置

CentOS 8.1 安装好后,单击"重启"按钮进入系统。系统重启之后,并不能立刻投入使用,还必须进行必要的设置,详细的设置过程如下。

(1) 系统重启之后,首先是许可协议的设置。在如图 1-51 所示的窗口中单击 License Information 按钮,弹出如图 1-52 所示的窗口,选中"我同意许可协议"复选框,再单击左上角的"完成"按钮,弹出如图 1-53 所示的窗口。

图 1-51　未接受许可证

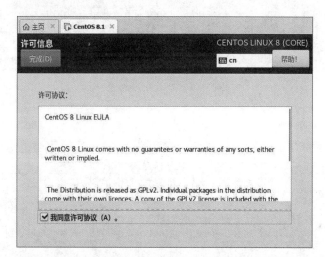

图 1-52　同意许可协议

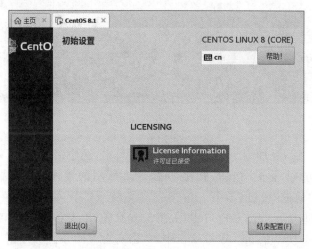

图 1-53　许可证已接受

（2）单击"结束配置"按钮，即可进行用户登录，在如图 1-54 所示的窗口中，单击"未列出"按钮，弹出如图 1-55 所示的窗口，输入用户名 root，再单击"下一步"按钮，弹出如图 1-56所示的窗口，输入正确的密码，然后单击"登录"按钮。

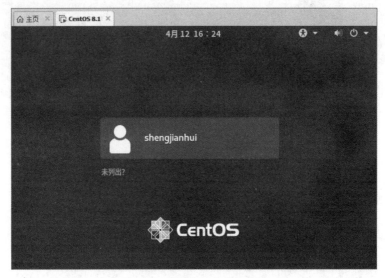

图 1-54　登录用户列表

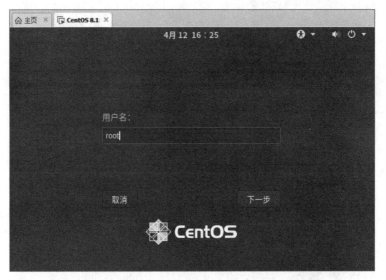

图 1-55　输入用户名

（3）用户登录之后，在如图 1-57 所示的欢迎窗口中，选中语言为"汉语"。

（4）单击右上方的"前进"按钮，弹出如图 1-58 所示的输入窗口，选中键盘布局为"汉语"，单击右上方的"前进"按钮。

（5）在如图 1-59 所示的隐私窗口中，关闭位置服务，单击右上方的"前进"按钮。

（6）在如图 1-60 所示的在线账号窗口中，单击右上方的"跳过"按钮。

图 1-56　输入密码

图 1-57　选择语言

图 1-58　选择键盘布局

图 1-59　隐私设置

图 1-60　在线账号设置

（7）在如图 1-61 所示的"准备好了"窗口中，单击下方的"开始使用 CentOS Linux"按钮，弹出如图 1-62 所示的 Getting Started 窗口，单击里面的视频播放按钮，可以了解 GNOME 桌面中各部分功能的使用方法，单击右上方的"关闭"按钮，出现如图 1-63 所示的 CentOS 8.1 的主界面。

（8）在 CentOS 8.1 的主界面中，单击左上方的"活动"菜单，在弹出的图标列表中，单击第 5 个图标，打开终端窗口，在命令提示符后面输入命令"cat /etc/redhat-release"后，按 Enter 键，可以看到安装的 Linux 发行版的版本为 CentOS Linux 8.1。输入命令"uname -r"，按 Enter 键，可以看到 CentOS 8.1 的内核版本号为 4.18.0，如图 1-64 所示。

图 1-61　准备好了

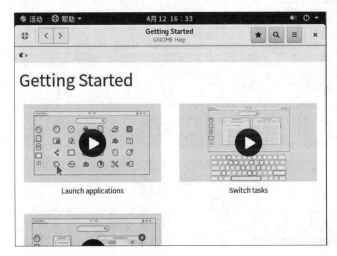

图 1-62　Getting Started

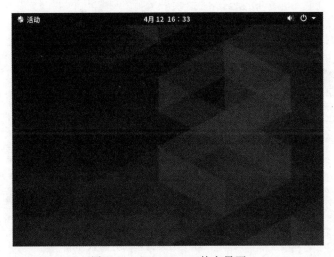

图 1-63　CentOS 8.1 的主界面

图 1-64　使用终端执行命令

（9）系统默认的终端窗口是黑底白字的，如果要修改为白底黑字，选中"编辑"|"首选项"菜单项，打开如图 1-65 所示的窗口，单击左侧的"常规"按钮，在右侧的"主题类型"中选中"默认"或者"亮色"，如图 1-66 所示，终端窗口将变为如图 1-67 所示的白底黑字样式。

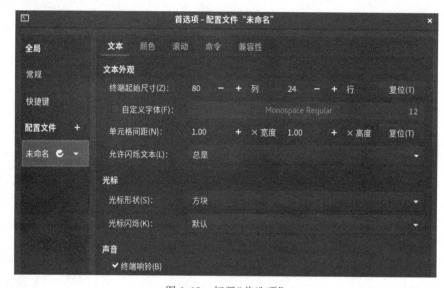

图 1-65　打开"首选项"

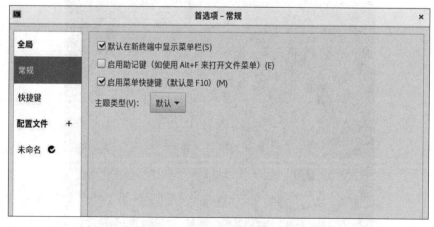

图 1-66　将主题类型修改为默认

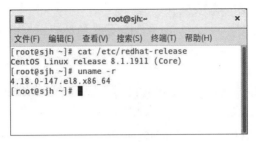

图 1-67　修改主题类型后的终端窗口

综合实践 1

1. 下载并安装虚拟机软件 VMware Workstation, 熟悉其界面及使用方法。

2. 在虚拟机软件 VMware Workstation 中使用 CentOS 8.1 的安装镜像安装 Linux 操作系统: 第一次使用 Easy Install 模式安装, 第二次使用自定义模式安装, 比较二者在安装过程中的差异。

3. 熟练掌握 Linux 系统分区的方法(思考: /、/boot、/home 和/swap 如何划分, 多少空间为宜)。

4. Linux 操作系统安装完毕后, 熟悉系统界面及基本操作。

5. 配置网络并测试网络环境, 让虚拟机中的 Linux 能上 Internet。

单元测验 1

一、单选题

1. Linux 的原型是(　　)开发的。

    A. Bill Gates(比尔·盖茨)　　　　　　B. Linus Torvalds(林纳斯·托瓦兹)

    C. Steve Jobs(史蒂夫·乔布斯)　　　　D. Mark Elliot Zuckerberg(马克·扎克伯格)

2. Linux 操作系统中内核文件的名字是(　　)。

    A. vmlinuz+版本号　　　　　　　　B. initrd+版本号

    C. grub　　　　　　　　　　　　　D. kernel

3. Linux 是一种(　　)操作系统。

    A. 单用户多任务　　　　　　　　　B. 多用户单任务

    C. 单用户单任务　　　　　　　　　D. 多用户多任务

4. Linux 操作系统内核版的表示方法是(　　)。

    A. a-b-c　　　　　　　　　　　　B. a.b.c

    C. a-b-c.d　　　　　　　　　　　D. abc

5. 下列选项中, (　　)是 Linux 内核的稳定版。

    A. 5.2.20　　　　　　　　　　　　B. 3.1.12

    C. 4.5.30　　　　　　　　　　　　D. 3.3.10

6. Linux 引导装载程序一般安装在(　　　)。

　　A. 硬盘的任何位置　　　　　　　　B. 硬盘的最后一个扇区

　　C. MBR　　　　　　　　　　　　　D. bootloader

二、判断题

1. Linux 的版本号分为两种类型：内核版(Kernel)与发行版(发行套件,Distribution)。

(　　　)

2. hostname 命令可以用来修改主机名。 (　　　)

3. Linux 系统中的命令是不区分大小写的。 (　　　)

4. uname -r 命令可以用来查看 Linux 系统的内核版本号。 (　　　)

5. 一些组织或厂家将 Linux 系统内核与应用软件和文档包装起来,并提供一些安装界面和系统设定与管理工具,这样就构成了发行版。 (　　　)

6. 在 Linux 中,swap 分区是交换分区,作为虚拟内存使用,等于 1 倍或者两倍的物理内存。 (　　　)

三、简答题

1. 常用的 Linux 发行版有哪些以及它们各自的优势是什么？

2. 如何安装 Linux 操作系统？

3. 提供一种 Linux 操作系统的分区方案。

项目 2 初试 Shell

【本章学习目标】

（1）了解 Shell 的分类。

（2）掌握打开 Shell 的方式。

（3）掌握文件和目录管理命令。

（4）了解 Linux 的运行级别。

（5）掌握 Linux 系统的关机和重启命令。

（6）熟悉 Linux 中常用的快捷键。

（7）掌握查看文本文件的命令和其他命令。

操作系统的核心功能就是管理和控制计算机硬件、软件资源，以尽量合理、有效的方法组织多个用户共享各种资源，而 Shell 则是使用者和操作系统核心程序（Kernel）之间的一个接口。虽然目前各种 Linux 发行版本都提供了丰富的图形化接口，但是通过 Shell 进行操作仍然是一种非常方便、灵活的途径。本章将介绍 Shell 的种类、使用 Shell 的方法、文件和目录的管理命令、Linux 的运行级别、Linux 系统中的关机和重启命令、Linux 中常用的快捷键、查看文本文件的命令和其他命令等内容。

2.1 Shell 概述

Linux 中的 Shell 又被称为命令行，在这个命令行窗口中，用户输入指令，操作系统执行指令并将结果回显在屏幕上。

2.1.1 Shell 的启动

在 Linux 操作系统中，如果安装有图形界面，用户可以在图形界面中通过打开终端窗口或者虚拟终端的方式使用 Shell；如果没有安装图形界面，可以直接在纯命令行界面（即文字界面）中使用 Shell。

1. 使用终端窗口

打开终端窗口的步骤如下。

（1）单击 CentOS 8.1 主界面左上角的"活动"菜单，弹出如图 2-1 所示的界面。

（2）光标移到左边的小图标上，会显出图标名称，将光标移到第 5 个图标上，显示"终端"字样，单击该图标，就会弹出终端窗口，如图 2-2 所示。

在终端窗口中，有一串命令行提示符［root@sjh ～］♯，其中，root 是当前在终端中登录的用户名称，sjh 是本计算机的名称，"～"是当前的工作目录。这里的"～"只是一个代名词，代表登录用户的主目录，如果登录的用户是超级用户 root，因为 root 的主目录是/root，所以此处的～就指的是/root 这个目录。如果登录的用户是普通用户 zhangsan，因为普通用户 zhangsan 的主目录位于/home/zhangsan，所以"～"就指的是目录/home/zhangsan。另外，

图 2-1　打开"活动"菜单的界面

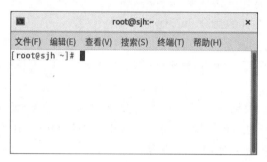

图 2-2　终端窗口

普通用户的命令行提示符以"＄"结尾,超级用户则以"＃"结尾,使用 su 命令可以在终端窗口中切换账户。

su 命令的格式如下：

```
su  [-] 用户名
```

其中,"-"表示在切换账户的同时,把用户主目录和相应的环境变量一起切换。

例如：

```
su - zhangsan
```

表示用户 zhangsan 已经由 root 账户创建成功,如何创建账户请参见项目 4,此处使用命令 useradd zhangsan 新建账户 zhangsan。

注意：由超级用户切换到普通用户时,不需要输入密码,由普通用户切换到超级用户或另一个普通用户时,需要输入密码。

执行命令 su - zhangsan 后,如图 2-3 所示。由图可以看出用户为 root 时,"～"代表/root,用户为 zhangsan 时,"～"代表/home/zhangsan,由超级用户 root 切换到普通用户 zhangsan 时,并不需要输入用户 zhangsan 的密码。此处,pwd 命令的作用是显示当前的工作目录。

2. 使用虚拟终端

在 Linux 操作系统启动的最后定义了 5 个虚拟终端,可以供用户随时切换,切换时按

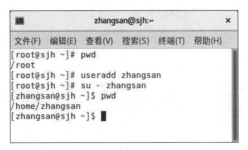

图 2-3　使用 su 切换账户

Ctrl＋Alt＋F2 键～ Ctrl＋Alt＋F6 键可以打开其中任意一个。不过，此时需要重新登录。

返回原来的图形桌面环境需要按 Ctrl＋Alt＋F1 键。

在图形界面按 Ctrl＋Alt＋F4 键，弹出如图 2-4 所示的虚拟终端界面，在"sjh login："后面输入用户名 root，在"Password："后面输入密码，此处输入的密码既不显示"·"也不显示"＊"，就像没有任何反应一样，只要密码输入正确，直接按 Enter 键，就可以成功登录，出现命令行提示符。

```
CentOS Linux 8 (Core)
Kernel 4.18.0-147.el8.x86_64 on an x86_64

Activate the web console with: systemctl enable --now cockpit.socket

sjh login: root
Password:
Last login: Tue Apr 28 09:25:49 on tty2
[root@sjh ~]#
```

图 2-4　虚拟终端界面

3. 文字界面

如果 Linux 操作系统中没有安装图形界面，那么系统启动后将接入文字界面中，在文字界面下输入正确的用户名和密码就可以登录系统，直接使用 Shell 执行命令。

2.1.2　Shell 的种类

各种操作系统都有自己的 Shell，在早期的 DOS、Windows 95 和 Windows 98 系统中使用的 Shell 是 Command.com，目前流行的 Windows 7、Windows 8 和 Windows 10 系统中使用的 Shell 是 cmd.exe。在 Linux 操作系统中 Shell 种类比较多，有 sh、bash、csh 和 tcsh 等，不同的 Linux 发行版本所支持的 Shell 种类并不相同。

1. Linux Shell 大家族

目前，在主要的 Linux 和 UNIX 系统中，有 3 种最有名且被广泛支持的 Shell。

（1）Bourne Shell：AT&T 实验室研发的 Shell，又被简称为 sh，Linux 下有增强版的 bash。

（2）C Shell：Berkeley 大学研发的 Shell，Linux 下有增强版的 tcsh。

（3）Korn Shell：Bourne Shell 的超集。

如果想查看安装的 Linux 操作系统中内置了哪些 Shell，可以输入命令：

```
cat /etc/shells
```

或

```
chsh -l
```

后,CentOS 8.1 系统中内置的 Shell 如图 2-5 所示。可以看出,CentOS 8.1 系统中支持的 Shell 只有 sh 和 bash 两种。

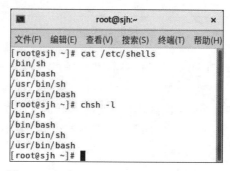

图 2-5　查看 CentOS 8.1 支持的 Shell 种类

2. 查看默认 Shell

Bash 是 Bourne Again Shell 的缩写。Bash 包括了早期的 Bourne Shell 和 Korn Shell 的所有功能,并且加入了 C Shell 的某些功能。

现在无论使用哪种 Linux 操作系统,用户默认的 Shell 总是 Bash。如果要查看系统中,SHELL 变量的值,可以使用命令 echo $SHELL。在 CentOS 8.1 系统中,root 账户默认使用的 Shell 是/bin/bash,如图 2-6 所示。

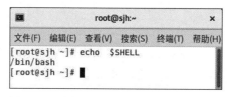

图 2-6　查看 CentOS 8.1 默认使用的 Shell

3. 使用其他 Shell

1) 暂时使用其他 Shell

如果只是暂时想使用其他的 Shell,只需要在命令行下输入相应 Shell 的名字并执行即可。如图 2-7 所示,在命令行中直接输入命令 sh,然后按 Enter 键,Shell 将从 bash 切换为

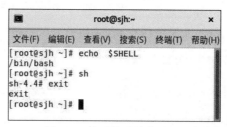

图 2-7　暂时使用其他 Shell

sh,命令行的提示符显示为 sh-4.4♯,说明 Shell 已经临时切换为 sh,输入命令 exit,按 Enter 键,将退出 sh,返回到原来的 bash。

2)永久使用其他 Shell

如果想把 Shell 永久切换,需要使用 chsh 命令的-s 选项。

例如:

```
chsh  -s  /bin/sh  sjh
```

命令将用户 sjh 的登录 Shell 永久修改为/bin/sh,如图 2-8 所示。注意,计算机重启后,本次修改才会生效。

图 2-8   永久改变 Shell

2.1.3   如何使用帮助

Linux 操作系统中支持的命令众多,有的命令还有很多选项和参数,如果记不清楚命令的作用或者使用方法,可以使用 man 或者--help 来获取命令的帮助信息。

1. 使用 man 命令

man 命令的格式如下:

```
man 命令名称
```

说明:在 man 的工作环境下,可通过↑键和↓键上、下逐行翻动或通过 J 键逐行向下翻,K 键逐行向上翻,空格键向下翻页,B 键往上翻页,Q 键退出 man 命令。

例如:执行

```
man ls
```

后,弹出如图 2-9 所示的工作界面,可以看出,ls 命令的作用、用法和每个选项的使用说明,按 h 键会显示帮助,按 q 键可以退出 man 的工作界面。

2.使用--help 命令

--help 命令的作用是显示帮助信息后直接退出,返回命令行提示符。

--help 命令的格式如下:

```
命令名称  --help
```

例如:

```
ls --help
```

执行后的界面如图 2-10 所示,帮助信息中有 ls 命令的用法和参数的详细说明,信息显示完毕会直接返回到命令行。

图 2-9　man ls 的工作界面

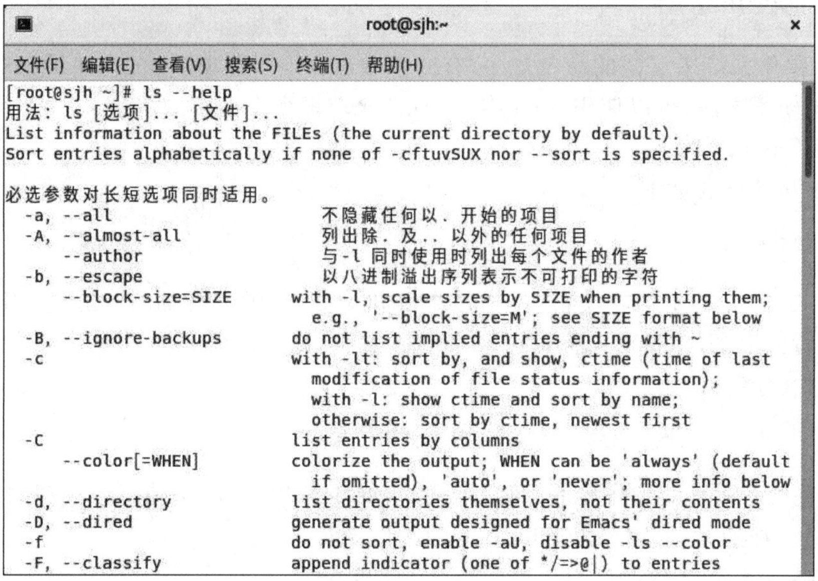

图 2-10　ls --help 的工作界面

2.2　文件及目录管理

对文件和目录进行管理是 Linux 系统管理日常工作中的重要内容。对文件和目录进行操作的常用命令有复制文件的 cp 命令、移动文件的 mv 命令、删除文件的 rm 命令、列出文件和目录的 ls 命令、创建目录的 mkdir 命令、删除目录的 rmdir 命令、查看当前工作目录的pwd 命令、切换目录的 cd 命令、查看文件类型的 file 命令。此外,还有新建文件、查找文件的命令等。其中，有的命令选项比较多，在这里只介绍这些命令的常用选项。

2.2.1　cp 命令

cp 是 copy 的简写，该命令的作用是复制文件和目录，实现的是复制加粘贴的功能。

cp 命令的格式如下：

cp [选项] <源文件或目录> <目标文件或目录>

其中，常用的选项如下。

（1）-i：如果目标位置存在同名的文件或目录，在覆盖目标前给用户以提示，需要用户输入 y 或者 n，做出覆盖或者不覆盖的选择。

（2）-n：不覆盖现有文件。

（3）-f：如果无法打开现有目标文件，则将其删除，然后重试。如果同时使用-n 选项，则忽略此选项。

（4）-r：如果复制的是整个目录，需要加上-r 选项。r(recursive)表示递归复制目录，会复制该目录及其下面所有的子目录和文件。

例如：

```
cp /etc/passwd /tmp
cp -i //etc/passwd /tmp
cp -n /etc/passwd /tmp
cp -r /etc/yum /tmp
cp *.c /tmp
```

第 4 条命令因为复制的是/etc 下的 yum 目录，所以加上了-r 选项。

第 5 条命令使用了通配符“*”。“*”代表任何个数的任何字符，该命令将当前工作目录下所有扩展名为.c 的文件全部复制到/tmp 目录下。

命令执行后的效果如图 2-11 所示。

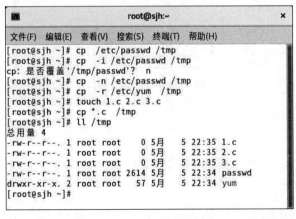

图 2-11　cp 命令示例

2.2.2　mv 命令

mv 命令的作用是移动文件，mv 是 move 的简写，它的用法和 cp 基本相同，只不过实现的是剪切加粘贴的功能，使用 mv 命令还能实现给文件改名的功能。

mv 命令的格式如下：

mv　［选项］<源文件或目录><目标文件或目录>

其中，常用的选项如下。

（1）-i：在覆盖目标前给用户以提示，需要用户输入 y 或者 n，做出覆盖或者不覆盖的选择。

（2）-n：不覆盖目标文件。

（3）-f：覆盖文件前不提示用户，即直接覆盖目标文件。

例如：

mv -i /tmp/passwd /etc
mv -f /tmp/passwd /etc
mv /tmp/yum /etc/yum2
mv /tmp/1.c /tmp/111.c

第 3 条命令将/tmp 下的 yum 目录移动到/etc 下，并改名为 yum2。

第 4 条命令将文件 1.c 改名为 111.c。

命令执行后的效果如图 2-12 所示。

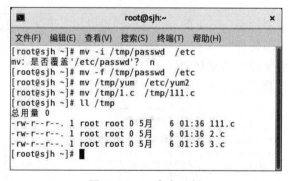

图 2-12　mv 命令示例

2.2.3　ls 命令

ls 是 list 的简写，ls 命令的作用是列出目录内容。

ls 命令的格式如下：

ls［选项］［文件或目录］

其中，常用的选项如下。

（1）-a：列出所有文件，包括以.开头的隐藏文件。

（2）-d：列出目录自身的信息，而不是它所包含内容的信息。

（3）-l：以长格式显示信息，即列出信息的详细内容。

（4）-i：列出每个文件的索引号。

（5）-Z：列出每个文件的安全上下文信息，即与 SELinux 有关的信息。

例如：

```
ls
ls -a /root
ls -l /root
ls -dil /root
```

第 1 行命令没有任何选项和参数，列出当前工作目录下的文件和目录名称。

第 2 行命令列出/root 目录下所有的文件和目录，包括隐藏文件和目录。

第 3 行命令等价于 ll /root，列出/root 目录下文件和目录的详细信息。

第 4 行命令列出/root 目录自身的详细信息，并列出 i-node 索引号。

命令执行后的效果如图 2-13 所示。

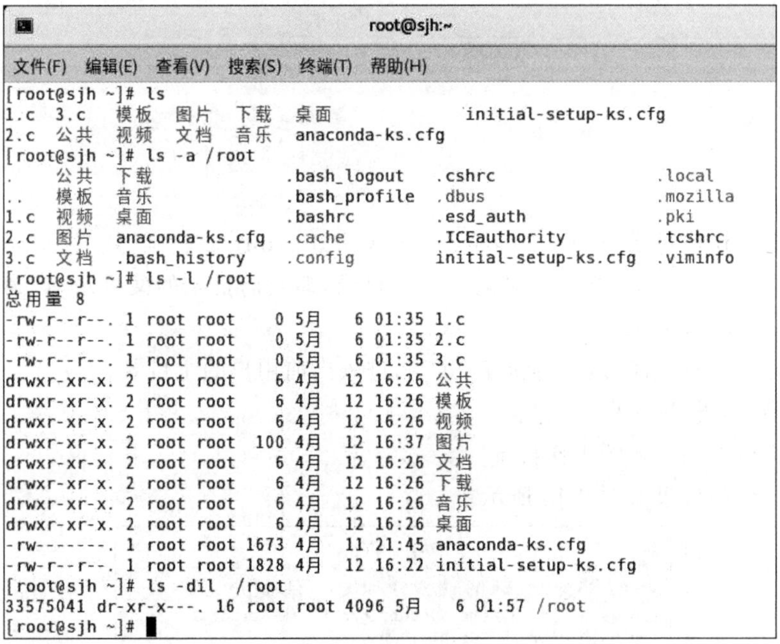

图 2-13 ls 命令示例

2.2.4 pwd 命令

pwd 是 print working directory 的简写，该命令的作用是显示当前工作目录的名称。

pwd 命令的格式如下：

```
pwd
```

pwd 命令的用法比较简单，不需要选项和参数。pwd 命令执行后的效果如图 2-14
所示。

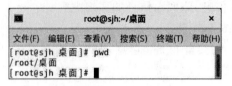

图 2-14　pwd 命令示例

2.2.5　cd 命令

cd 是 change directory 的简写,cd 命令是 bash 的内嵌命令。该命令的作用是改变 shell 的当前工作目录。

cd 命令的格式如下:

cd　[目录]

例如:

cd /etc/sysconfig/network-scripts/
cd ..
cd
cd /
cd -

第 1 条命令切换目录到/etc/sysconfig/network-scripts/。

第 2 条命令中的..表示当前目录的上一级目录,即当前目录的父目录,该命令执行后将切换目录到/etc/sysconfig/。

第 3 条命令没有任何参数,等价于 cd ～,进入当前用户的主目录。

第 4 条命令直接进入根目录/。

第 5 条命令返回刚才的工作目录。

命令执行后的效果如图 2-15 所示。

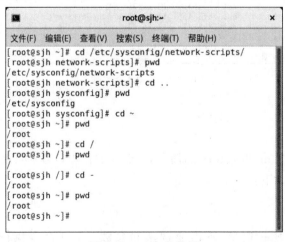

图 2-15　cd 命令示例

2.2.6 mkdir 命令

mkdir 是 make directory 的简写,该命令的作用是创建目录,如果创建的是多级空目录,需要加上-p 选项。

mkdir 命令的格式如下:

```
mkdir [选项] <目录名>
```

例如:

```
mkdir dir1
mkdir -p zzti/soft/dashuju19
```

第 1 条命令直接创建了一个空目录 dir1。

第 2 条命令则创建了空目录 zzti、二级空目录 soft 和三级空目录 dashuju19,类似于执行了命令 mkdir zzti zzti/soft zzti/soft/dashuju19。

命令执行后的效果如图 2-16 所示。

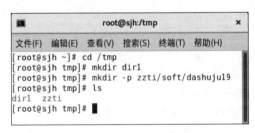

图 2-16 mkdir 命令示例

2.2.7 rmdir 命令

rmdir 是 remove directory 的简写,该命令的作用是删除空目录,如果删除的是多级空目录,必须加上-p 选项。

rmdir 命令的格式如下:

```
rmdir [选项] <目录名>
```

例如:

```
rmdir dir1
rmdir -p zzti/soft/dashuju19
```

第 1 条命令将空目录 dir1 直接删除。

第 2 条命令将空目录 zzti、二级空目录 soft 和三级空目录 dashuju19 一并删除,类似于执行了命令

```
rmdir zzti/soft/dashuju19  zzti/soft  zzti
```

命令执行后的效果如图 2-17 所示。

图 2-17　rmdir 命令示例

2.2.8　touch 命令

touch 命令的作用是修改文件的时间戳。在不加任何选项时,如果文件不存在,则新建文件;如果文件已存在,则可以修改文件的时间标记。touch 可同时创建多个文件,多个文件名之间以空格隔开。

touch 命令的格式如下:

```
touch [选项] <文件名>
```

其中,常用的选项如下。

(1) -a：只修改文件的访问时间。

(2) -m：只修改文件的更改时间。

(3) -r：touch A -r B,把 A 的访问时间和更改时间设成和 B 的一致。

(4) -c：不建立任何新文件,但修改了已存在文件的访问、更改和改动时间。

(5) -t：使用指定的时间戳(YYMMDDHHMM.SS)创建新文件。

(6) -d：使用指定字符串表示文件的访问、更改时间(从当前时间算起),字符串可以为"3 days ago"或"10 hours"。

例如:

```
touch 1 2 3 4
touch -a 1
touch -m 1
touch 2 -r 1
touch -c 3
touch -t "2004062020.20" 5
touch -d "3 days ago" 6
```

第 1 条命令新建了 1、2、3 和 4 共 4 个文件,使用 stat 1 命令查看文件 1 的时间戳标记,发现它的访问时间、更改时间和改动时间是一致的。

第 2 条命令修改了文件 1 的访问时间,它的改动时间也跟着变化。这两条命令的执行效果如图 2-18 所示。

第 3 条命令修改了文件 1 的更改时间,它的改动时间也随着变化。

第 4 条命令将文件 2 的访问时间和更改时间设的和文件 1 一样。这两条命令的执行效果如图 2-19 所示。

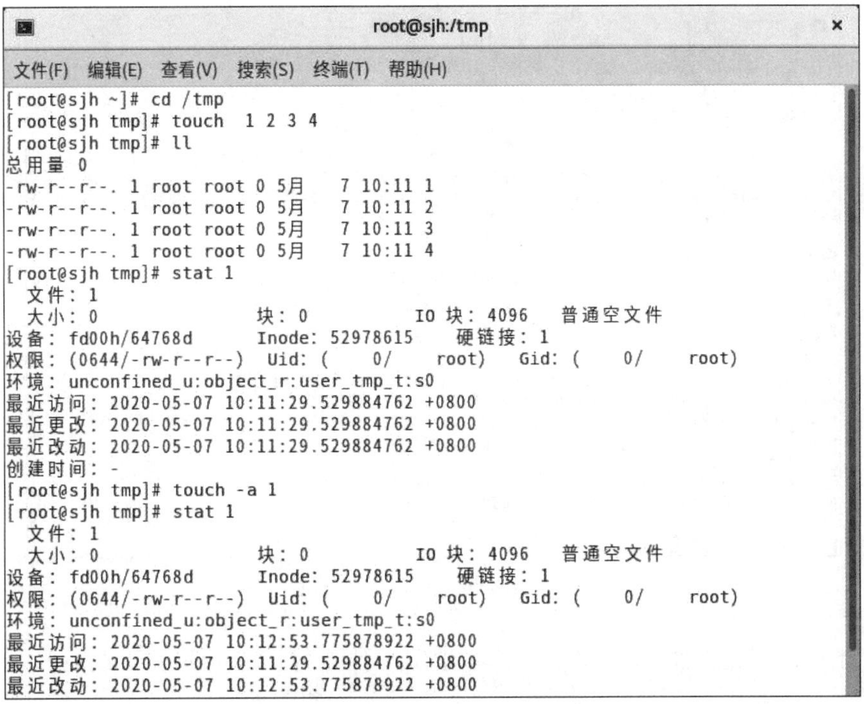

图 2-18 touch 命令示例一

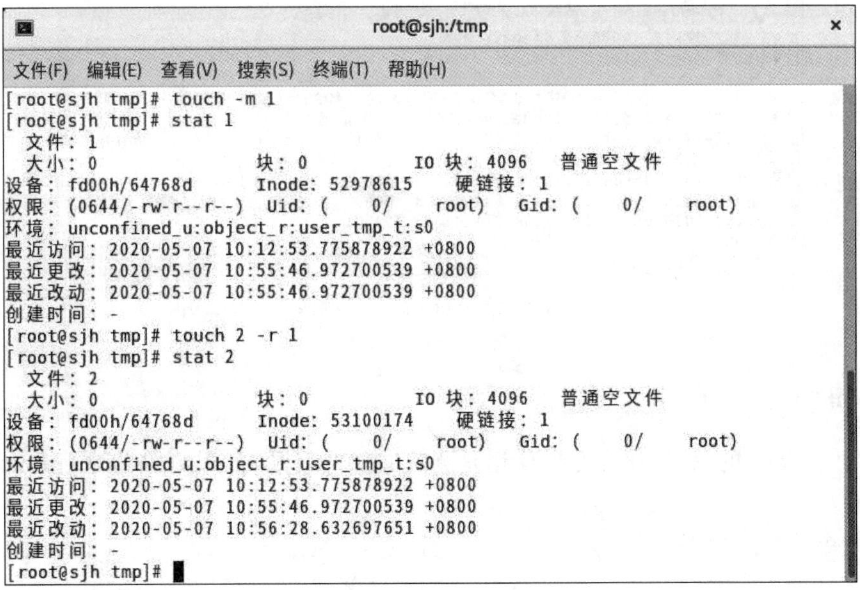

图 2-19 touch 命令示例二

第 5 条命令把已存在的文件 3 的访问时间、更改时间和改动时间重置为系统的当前时间。

第 6 条命令以指定的时间戳新建文件 5,将文件 5 的访问时间和更改时间设置为 2020 年 4 月 6 日 20：20：20。这两条命令的执行效果如图 2-20 所示。

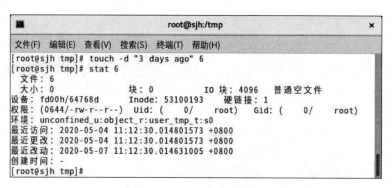

图 2-20 touch 命令示例三

第 7 条命令新建文件 6,并使用字符串指定文件 6 的访问时间和更改时间,如图 2-21 所示。

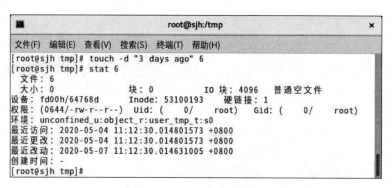

图 2-21 touch 命令示例四

2.2.9 rm 命令

rm 是 remove 的简写,该命令的作用是删除文件或目录,如果删除的是目录,必须加上 -r 选项。

rm 命令的格式如下:

```
rm [选项] <文件或目录>
```

其中,常用的选项如下。

(1) -i:删除文件之前给用户以提示,需要用户做出选择。

(2) -f:忽略不存在的文件和参数,不给用户提示,直接强行删除。

(3) -r:递归地删除目录和目录中包含的内容。

例如：

```
rm - i /tmp/ *
rm - rf /tmp/ *
```

执行后的效果如图 2-22 所示。

图 2-22　rm 命令示例

【**想一想**】　使用 rmdir 命令只能删除空的目录，那么非空的目录使用什么命令才能删除呢？

2.2.10　find 命令

find 是最常见和最强大的查找命令，可以使用它找到任何想要的文件。

find 命令的格式如下：

```
find[指定目录] [指定条件] [指定动作]
```

其中参数说明如下。

（1）指定目录：所要搜索的目录及其所有子目录，默认为当前目录。

（2）指定条件：所要搜索的文件的特征。

（3）指定动作：对搜索结果进行特定的处理。

如果什么参数也不加，find 默认搜索当前目录及其子目录，并且不过滤任何结果（也就是返回所有文件），将它们全部显示在屏幕上。

例如：

```
find / - name hostname
find . - name 'my*' - ls
find / - user sjh
find / - perm - 4000
find / - type   p
```

```
find /etc -newer /etc/passwd
```

第 1 条命令在根目录中查找名称为 hostname 的文件。

第 2 条命令搜索当前目录（含子目录）中所有文件名以 my 开头的文件，并列出详细信息。这两条命令的执行效果如图 2-23 所示。

第 3 条命令在根目录中查找所有者为 sjh 的文件。

第 4 条命令在根目录中查找带有特殊权限 SUID 的命令。

第 5 条命令在根目录中查找类型为 p 的文件。

第 6 条命令在/etc 目录下查找比/etc/passwd 文件更新的文件。

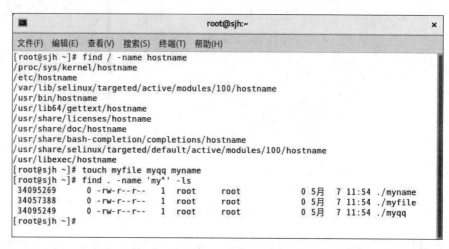

图 2-23　find 命令示例

2.2.11　locate 命令

locate 命令其实是 find -name 的另一种写法，但是要比后者快得多，原因在于它不搜索具体目录，而是搜索一个数据库（/var/lib/mlocate/mlocate.db），这个数据库中含有本地所有文件信息。Linux 系统自动创建这个数据库，并且每天自动更新一次，所以使用 locate 命令查不到最新变动过的文件。为了避免这种情况，可以在使用 locate 之前，先使用 updatedb 命令手动更新数据库。

例如：

```
locate /etc/sh
locate ~/m
locate -i ~/m
```

第 1 条命令搜索/etc 目录下所有以 sh 开头的文件。

第 2 条命令搜索用户主目录下所有以 m 开头的文件。

第 3 条命令搜索用户主目录下所有以 m 开头的文件，并且忽略大小写。

命令的执行情况如图 2-24 所示。

2.2.12　which 命令

which 命令会根据 PATH 环境变量所规范的路径去查询"可执行文件"的绝对路径。

加-a 选项会显示所有的绝对路径,不加-a 只显示找到的第一个路径。

例如:

```
which ls
which -a ls
which ll
```

命令的执行情况如图 2-25 所示。

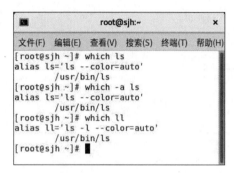

图 2-24　locate 命令示例　　　　　　　图 2-25　which 命令示例

2.2.13　whereis 命令

whereis 命令的作用是定位一个命令的二进制文件、源文件和帮助文件的位置。

whereis 命令的格式如下:

```
whereis [选项] <命令名>
```

其中,常用的选项如下。

(1) -b:只找二进制格式的文件。

(2) -m:只找在说明文件 manual 路径下的文件。

(3) -s:只找 source 源文件。

例如:

```
whereis ifconfig
whereis passwd
whereis -b passwd
```

命令的执行情况如图 2-26 所示。

2.2.14　whatis 命令

whatis 命令的作用是显示一个命令的概述信息,等价于 man -f 命令名称。

whatis 命令的格式如下:

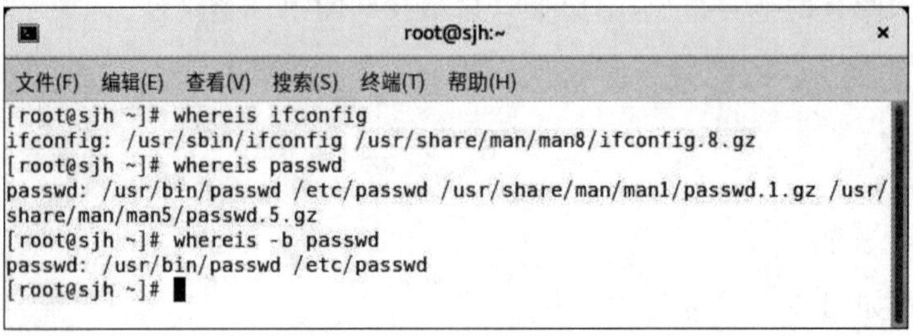

图 2-26　whereis 命令示例

whatis [选项] <命令名称>

例如：

whatis ls

等价于

man - f ls

语句

whatis pwd

等价于

man - f pwd

命令的执行情况如图 2-27 所示。

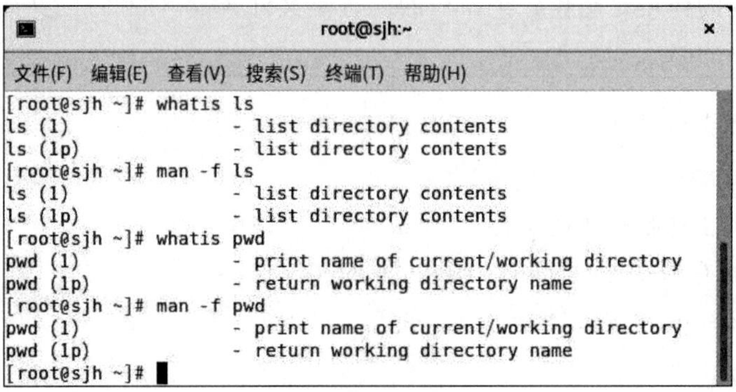

图 2-27　whatis 命令示例

2.2.15　file 命令

file 命令可以用来检测并显示文件的类型。

file 命令的格式如下：

file <文件的绝对路径>

例如：

```
file /bin/ls
file /etc/passwd
file /dev/sda
file /proc/cpuinfo
```

命令的执行情况如图 2-28 所示。

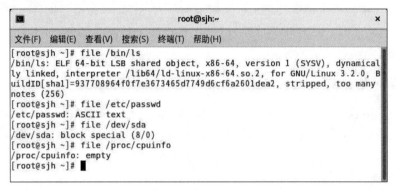

图 2-28 file 命令示例

2.3 系统的运行级别

所谓运行级别(runlevel),指的是操作系统当前正在运行的功能级别。

2.3.1 7 种运行级别

Linux 操作系统中共定义了 7 种运行级别,代号为 0～6,这些运行级别定义在 /etc/inittab 文件中。这 7 种运行级别的详细信息如表 2-1 所示。

表 2-1 Linux 操作系统中的 7 种运行级别

运行级别的代号	运行级别的名称	运行级别的说明
0	halt	关机,代表系统停机状态
1	Single user mode	单用户模式,只支持 root 账户
2	Multiuser,without NFS	不支持网络文件系统的多用户模式
3	Full Multiuser mode	完全多用户模式,支持网络文件系统
4	unused	系统未使用,用作保留
5	X11	图形界面的多用户模式
6	Reboot	重启

2.3.2 运行级别的原理

运行级别的原理可以概括如下。

(1) 在目录/etc/rc.d/init.d 下有许多服务器脚本程序,一般称为服务(service)。

（2）在/etc/rc.d下有7个名为rcN.d（N的取值为0～6的整数）的目录，对应系统的7个运行级别。

（3）rcN.d目录下都是一些符号链接文件，这些链接文件都指向init.d目录下的service脚本文件，这些链接文件的命名规则为K＋nn＋服务名或S＋nn＋服务名，其中nn为两位数字。

（4）系统会根据指定的运行级别进入对应的rcN.d目录，并按照文件名顺序检索目录下的链接文件。对于以K（Kill）开头的文件，系统将终止对应的服务；对于以S（Start）开头的文件，系统将启动对应的服务。

2.3.3 与运行级别有关的命令

虽然从CentOS 7.0版本开始，系统使用systemd后不再继续使用inittab文件，用targets代替了runlevel，但是了解runlevel的相关概念对理解和掌握下面的命令仍然是有帮助的。

与运行级别有关的命令如下。

（1）进入其他运行级别的init N（N的取值为0～6的整数）命令。

（2）查看系统运行级别的runlevel命令。

执行init 1命令，系统将进入单用户模式；执行init 3命令，系统将进入多用户模式；执行init 5命令，系统将进入图形界面。

执行runlevel命令时，会显示出两个数字，第一个数字表示系统前一次的运行级别，第二个数字表示系统本次的运行级别，如果第一个数字为N，表示系统不存在前一次运行级别，即系统刚开机，不是从其他运行级别切换过来的。

本例中系统开机后直接进入图形界面，runlevel命令显示的数字为"N 5"，如图2-29所示。执行命令init 3进入多用户模式，runlevel显示的数字为"5 3"，如图2-30所示。再执行init 5命令，runlevel显示的数字为"3 5"，如图2-31所示。

图 2-29　刚开机时的runlevel值

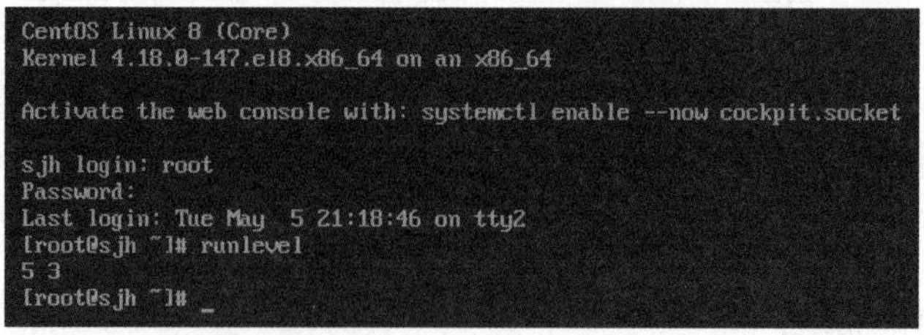

图 2-30　执行init 3后的runlevel值

图 2-31 执行 init 5 后的 runlevel 值

在 CentOS 8.1 中使用 systemd 的 targets 代替 runlevels 之后,默认情况下,系统有两个主要的 targets。

（1）multi-user.target：类似于 runlevel 3。

（2）graphical.target：类似于 runlevel 5。

要查看系统当前的运行级别,可以使用 systemctl 和 get-default 命令。

要将系统的运行级别永久修改为 3,需要执行命令:

```
systemctl set-default multi-user.target
```

要将系统的运行级别永久修改为 5,需要执行命令:

```
systemctl set-default graphical.target
```

本例中系统进入图形界面后,执行命令

```
systemctl get-default
```

查看当前的 target 为 graphical.target。将系统默认的 target 修改为 multi-user.target 后,使用 reboot 命令重启系统,如图 2-32 所示。

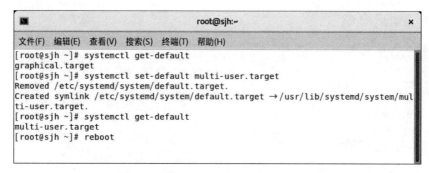

图 2-32 修改 target 为 multi-user.target

系统重启后,将直接进入 runlevel 3,执行命令

```
systemctl get-default
```

查看当前的 target 为 multi-user.target,如图 2-33 所示。

注意：以后每次计算机重启都会进入 runlevel 3,如果需要计算机重启后直接进入图形界面,还需要使用 systemctl set-default graphical.target 命令将运行级别改回图形界面。

```
CentOS Linux 8 (Core)
Kernel 4.18.0-147.el8.x86_64 on an x86_64

Activate the web console with: systemctl enable --now cockpit.socket

sjh login: root
Password:
Last login: Fri May  8 17:42:07 on tty2
[root@sjh ~]# systemctl get-default
multi-user.target
[root@sjh ~]# _
```

图 2-33   系统重启后进入 runlevel 3

2.4   系统的关机和重启

在 Linux 系统中可以使用的关机和重启命令比较多,下面分别进行介绍。

2.4.1   系统关机命令

以下几条命令都可以将计算机立即关机。

(1) init 0。

(2) halt。

(3) poweroff。

(4) shutdown -h 0 等同于 shutdown -h now。

shutdown 命令以一种安全的方式关闭系统,所有登录用户都可以看到关机信息提示,并且 login 将被阻塞。可以指定立刻关机,也可以指定系统在一定的延时后关机。

2.4.2   系统重启命令

以下几条命令都可以将计算机立即重启。

(1) init 6。

(2) reboot。

(3) shutdown -r 0 等同于 shutdown -r now。

2.4.3   shutdown 命令

shutdown 命令既可以关机,也可以重启,它的功能比较多。shutdown 命令通过通知 init 进程,要求它改换运行级别来实现。运行级别 0 用来关闭系统,运行级别 6 用来重启系统,运行级别 1 用来使系统进入执行系统管理任务状态,如果没有给出-h 或-r 标志,这是 shutdown 命令的默认工作状态。

shutdown 命令的格式如下:

shutdown [选项] 时间 [警告信息]

其中,常用的选项如下。

(1) -h:关闭计算机。

(2) -r:重新启动计算机。

（3）-k：只发警告信息，并不真的关机或重启。

（4）-c：取消挂起的关机命令。

例如：

```
shutdown -h  +30
shutdown -r  11:00
shutdown -c
shutdown
```

第 1 条命令让计算机在 30min 后关机并向所有登录用户发警告。

第 2 条命令让计算机在 11:00 重启并发警告。

第 3 条命令取消已经挂起的 shutdown 命令。

第 4 条命令是什么选项和参数都不加的 shutdown 命令，将在 1min 后关闭计算机。

命令的执行情况如图 2-34 所示。

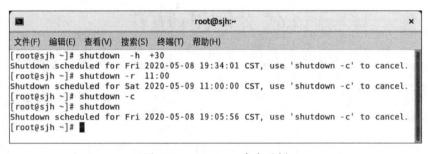

图 2-34　shutdown 命令示例

2.5　Shell 中常用的快捷键

Linux Shell 中提供了很多的快捷键，掌握这些快捷键可以有效提高工作效率。表 2-2 列出了 Shell 中常用的一些快捷键及其作用。

表 2-2　Shell 中常用快捷键的使用

快捷键	作　　　用
Tab	（1）命令补全。 （2）文件名或者路径补全。 （3）连续按两次 Tab 键，显示以已输入字符开头的所有命令、文件名或路径
Ctrl+D	（1）退出终端，相当于输入了 exit 命令。 （2）结束键盘输入。 （3）在命令行中从光标处向右删除，相当于按 Delete 键
Ctrl+C	（1）结束当前正在运行的程序。 （2）取消当前命令行的编辑
Ctrl+L	终端清屏，相当于执行 clear 命令
Ctrl+Z	将终端中正在运行的程序送到后台

快捷键	作　　　用
Ctrl+R	搜索历史命令
Ctrl+A	移动光标到所在行的行首
Ctrl+E	移动光标到所在行的行尾
Ctrl+U	擦除从当前光标位置到行首的全部内容
Ctrl+K	擦除从当前光标位置到行尾的全部内容
Ctrl+W	擦除光标位置前的单词(以空格划分);如果光标在一个单词本身上,它将擦除从光标位置到该单词词首的全部字母
Ctrl+Y	粘贴使用 Ctrl+W 键、Ctrl+U 键和 Ctrl+K 键擦除的文本

2.6　文本文件的查看

在 Linux 操作系统中可以使用 head、tail、more、less 和 cat 命令来查看文本文件的内容,下面一一进行介绍。

2.6.1　head 命令

head 命令可以从文件第一行开始,显示文件前面的内容,如果不加任何选项,默认情况下显示文件的前 10 行。head 显示完毕内容后直接退出,返回到命令行提示符。

head 命令的格式如下:

```
head  [选项]  [文件名]
```

其中,常用的选项如下。

(1) -c NUM:显示文件的前 NUM 字节。

(2) -n NUM:显示文件的前 NUM 行。

例如:

```
head /etc/passwd
head -n 5 /etc/passwd
```

等价于

```
head -5 /etc/passwd
```

第 1 条命令没使用选项,显示 passwd 文件的前 10 行。

第 2 条命令显示 passwd 文件的前 5 行。

命令的执行情况如图 2-35 所示。

2.6.2　tail 命令

tail 命令可以显示文件后面的内容,如果不加任何选项,默认情况下显示文件的后 10

图 2-35　head 命令示例

行。tail 显示完毕内容后直接退出,返回到命令行提示符。

tail 命令的格式如下:

```
tail [选项] [文件名]
```

其中,常用的选项如下。

(1) -c NUM:显示文件的后 NUM 字节。

(2) -n NUM:显示文件的后 NUM 行。

例如:

```
tail /etc/passwd
tail -n 3 /etc/passwd
```

等价于

```
tail -3 /etc/passwd
```

第 1 条命令没使用选项,显示 passwd 文件的后 10 行;第 2 条的命令显示 passwd 文件的后 3 行。

命令的执行情况如图 2-36 所示。

2.6.3　more 命令

more 命令可以分屏查看文件的内容,查看内容时,在屏幕的下方会显示出当前已阅读内容所占整个文件的百分比。

more 命令的格式如下:

```
more <文件名>
```

在 more 命令的工作界面中,可以使用以下按键进行滚动查看。

(1) Space(空格)键向前翻页。

(2) Enter 键向前翻行。

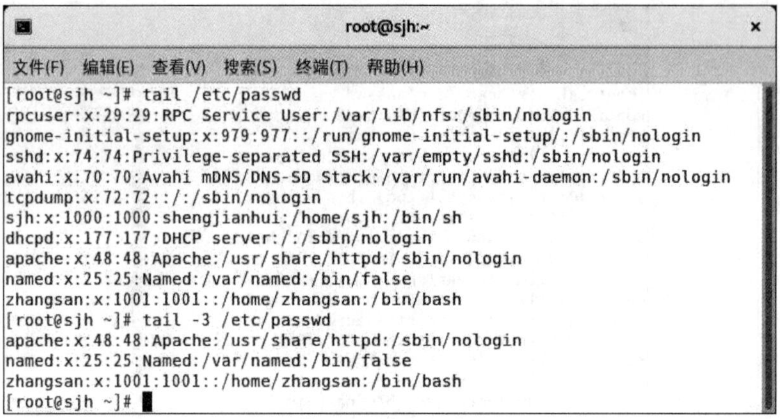

图 2-36 tail 命令示例

（3）b 键向后翻页。

（4）q 键退出。

例如：

```
more /var/log/messages
```

命令的执行情况如图 2-37 所示。

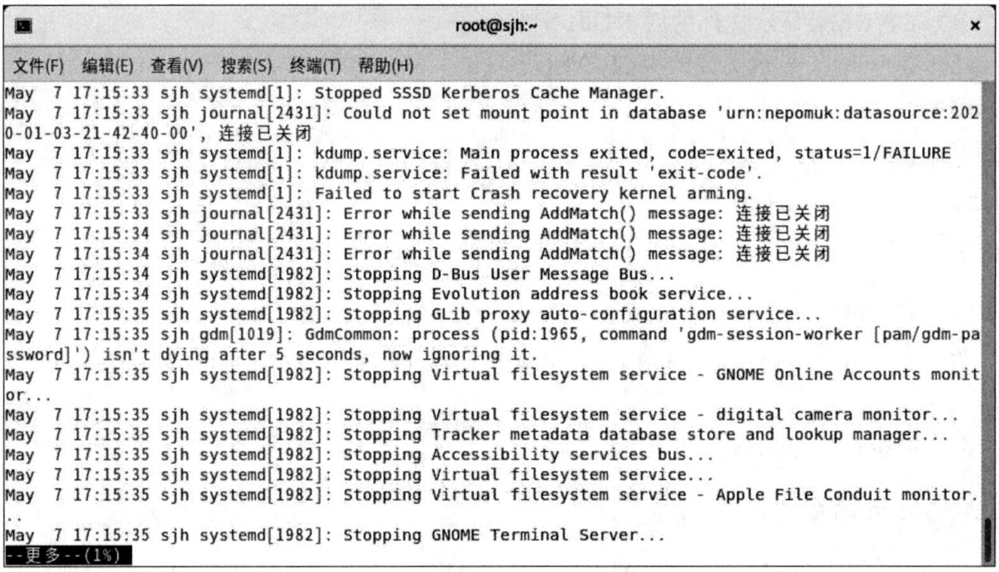

图 2-37 more 命令示例

2.6.4 less 命令

less 命令可以分屏查看文件的内容，在查看内容的同时还可以搜索某些关键字。

less 命令的格式如下：

```
less <文件名>
```

在 less 命令的工作界面中,除了 more 命令中的按键外,还支持 ↑ 键、↓ 键、← 键、→ 键、PgUp 键和 PgDn 键等。

另外,在 less 命令的工作界面中,输入"/",然后输入需要查询的字符串并按 Enter 键,可以从光标所在位置开始向文件尾部查询文本中包含的字符串,按 n 键查找下一个,按 N 键反方向查找。

输入"?",然后输入需要查询的字符串并按 Enter 键,可以从光标所在位置开始向文件头部查询文本中包含的字符串,按 n 键查找下一个,按 N 键反方向查找。

例如:

```
less /var/log/messages
```

在 less 命令的工作界面中输入"/",然后输入字符串 systemd 并按 Enter 键,发现找到的 systemd 字符串被高亮显示,命令的执行情况如图 2-38 所示。

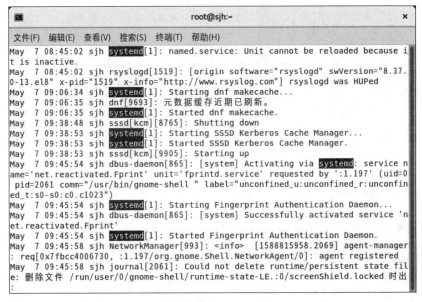

图 2-38　less 命令示例

2.6.5　cat 命令

cat 命令的功能比较多,它既可以用来显示文本文件的内容,也可以生成新文件、合并已存在的文件或者在文件内容后面追加新的内容。

1. 显示文件内容

cat 命令的格式如下:

```
cat [选项] [文件名]
```

其中,常用的选项如下。

(1)-n:在显示的每一行前加上行号。

(2)-b:在显示的非空行前加上行号。

例如：

```
cat -n /etc/profile
cat -b /etc/profile
```

第 1 条命令的执行结果如图 2-39 所示。

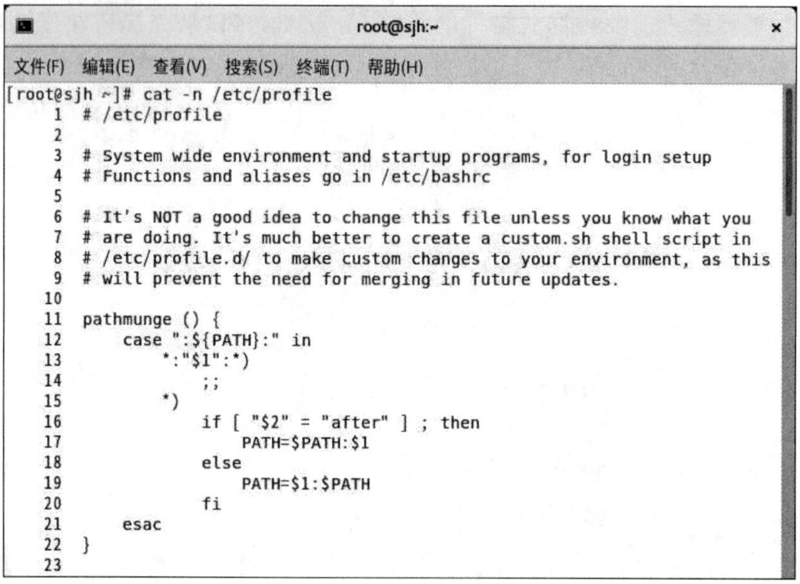

图 2-39　cat 命令的 -n 选项

第 2 条命令的执行结果如图 2-40 所示。

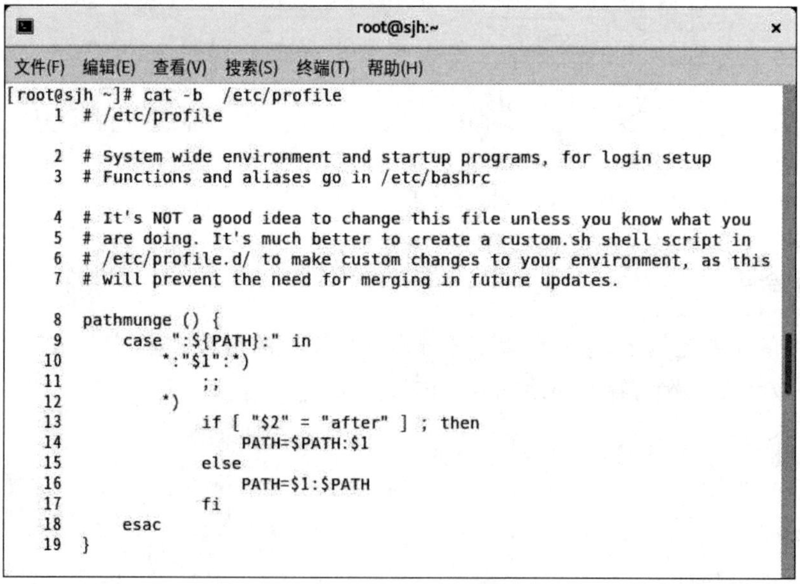

图 2-40　cat 命令的 -b 选项

2．新建文件并添加内容

cat 命令的格式如下：

cat >文件名

如果文件不存在，则新建文件并等待输入内容；如果文件已经存在，则修改文件内容为新输入的文本。注意，输入完毕，需要按 Ctrl＋D 键结束。

例如：

cat >1.txt
cat >2.txt

命令的执行情况如图 2-41 所示。

3．合并源文件生成新文件

cat 命令的格式如下：

cat 源文件>文件名

例如：

cat 1.txt 2.txt >new.txt

该命令将 1.txt 和 2.txt 的内容合并到 new.txt 文件中，如果 new.txt 不存在则新建该文件，如果 new.txt 已存在则修改该文件的内容。命令的执行情况如图 2-42 所示，可以看出，new.txt 的内容正是 1.txt 和 2.txt 的内容的合并。

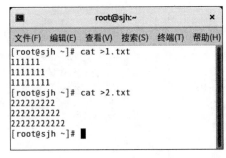

图 2-41　cat 命令新建文件

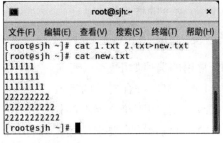

图 2-42　cat 命令合并文件

4．向目标文件中追加内容

cat 命令的格式如下：

cat 源文件>>目标文件

例如：

cat 1.txt >>new.txt

该命令将文件 1.txt 的内容追加到文件 new.txt 的内容之后，如果目标文件 new.txt 不存在则会新建该文件，并将 1.txt 的内容追加进来。命令的执行情况如图 2-43 所示，可以看出 new.txt 的内容后面多出了 1.txt 的内容。

2.6.6 tac 命令

tac 命令也可以用来显示文本文件的内容,只不过是从最后一行反向显示的。
例如:

```
tac new.txt
```

命令的执行情况如图 2-44 所示。

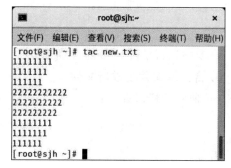

图 2-43　cat 命令向文件中追加内容　　　　　　图 2-44　tac 命令示例

2.6.7 grep 命令

grep 命令默认情况下将从文件中找到匹配某些要求的行并显示在标准输出设备上,也可以加上选项实现其他相关的功能。

grep 命令的格式如下:

```
grep [选项] 匹配模式 [文件]
```

其中,常用的选项如下。

(1) -c,打印符合要求的行数。

(2) -v,打印不符合要求的行。

(3) -n,输出符合要求的行及其行号。

例如:

```
grep - n "root" /etc/passwd
grep - c "root" /etc/passwd
grep - vn "nologin" /etc/passwd
grep - vc "nologin" /etc/passwd
```

第 1 条命令显示出/etc/passwd 文件里包含"root"的行及行号,"root"用红色显示,行号用绿色显示。

第 2 条命令显示出符合要求的行数。这两条命令的执行情况如图 2-45 所示,可以看出,/etc/passwd 文件里只有 2 行符合要求,分别是第 1 行和第 10 行。

第 3 条命令显示出/etc/passwd 文件里不包含"nologin"的行及行号。

第 4 条命令显示出不包含"nologin"的行数。第 3、4 条命令的执行情况如图 2-46 所示。

```
                    root@sjh:~                    ×
文件(F)  编辑(E)  查看(V)  搜索(S)  终端(T)  帮助(H)
[root@sjh ~]# grep  -n "root" /etc/passwd
1:root:x:0:0:root:/root:/bin/bash
10:operator:x:11:0:operator:/root:/sbin/nologin
[root@sjh ~]# grep  -c  "root" /etc/passwd
2
[root@sjh ~]# ▊
```

图 2-45　grep 命令显示匹配的行及行数

```
                    root@sjh:~                    ×
文件(F)  编辑(E)  查看(V)  搜索(S)  终端(T)  帮助(H)
[root@sjh ~]# grep -vn "nologin" /etc/passwd
1:root:x:0:0:root:/root:/bin/bash
6:sync:x:5:0:sync:/sbin:/bin/sync
7:shutdown:x:6:0:shutdown:/sbin:/sbin/shutdown
8:halt:x:7:0:halt:/sbin:/sbin/halt
44:sjh:x:1000:1000:shengjianhui:/home/sjh:/bin/sh
47:named:x:25:25:Named:/var/named:/bin/false
48:zhangsan:x:1001:1001::/home/zhangsan:/bin/bash
[root@sjh ~]# grep -vc  "nologin" /etc/passwd
7
[root@sjh ~]# ▊
```

图 2-46　grep 命令显示不匹配的行及行数

2.6.8　od 命令

od 命令可以以八进制和其他格式转存可执行文件,默认显示八进制。执行 od /bin/pwd 命令的结果如图 2-47 所示。

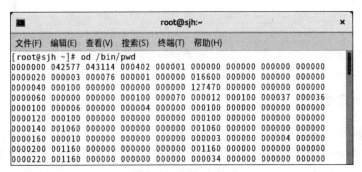

图 2-47　od 命令示例

2.7　其 他 管 理

Linux 操作系统中支持的命令众多,本节将会介绍一些使用较多的其他命令,每个命令不再做详细说明,只介绍其常用功能或常用选项。

2.7.1　clear 命令

clear 命令用来清除终端屏幕上的内容,不加任何选项即可使用,等同于 Ctrl＋L 键,大写的 L 或者小写的 l 均可以。使用 clear 命令清屏前和清屏后的效果如图 2-48 和图 2-49 所示。

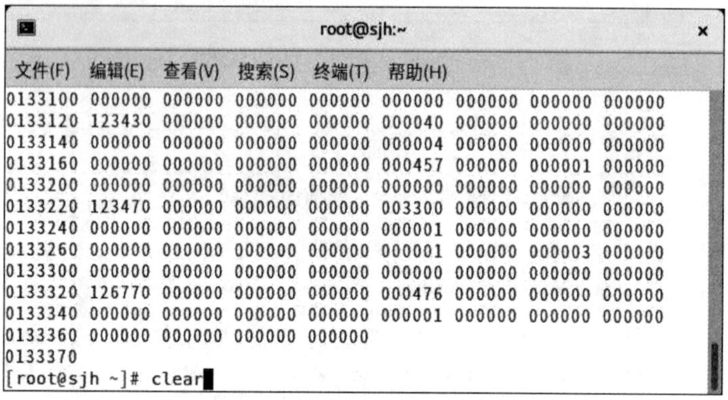

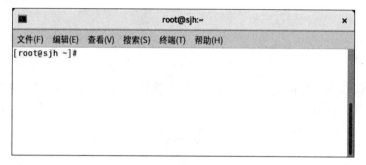

图 2-48　clear 命令执行前的屏幕

图 2-49　clear 命令执行后的屏幕

2.7.2　history 命令

history 命令可以在终端屏幕上显示出所有在终端中执行过的历史命令,不管是正确的还是错误的。history 命令默认记录 1000 条历史命令,文件/etc/profile 中的参数 HISTSIZE 可以设置记录的命令条数。history 命令执行的效果如图 2-50 所示。

2.7.3　date 命令

使用 date 命令可以显示或者设置系统的时间和日期。加上选项或者参数可以以特定的格式显示日期或时间。注意,格式前需要添加"＋"。

例如:

```
date
date +%Y-%m-%d
date +%H:%M:%S
```

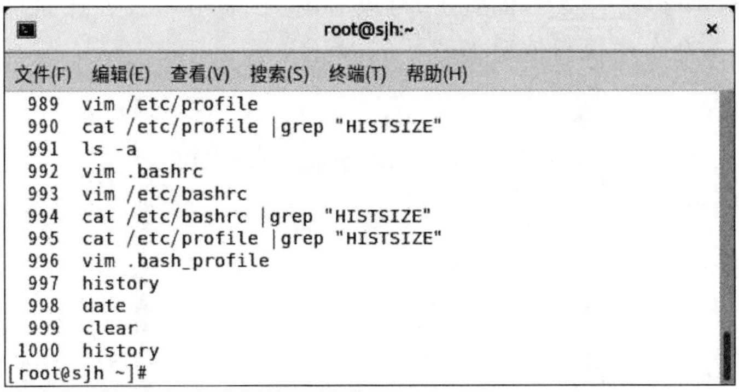

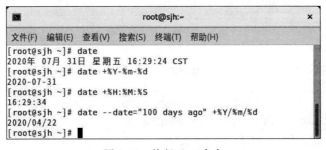

图 2-50　执行 history 命令

date --date="100 days ago" +%Y/%m/%d

第 1 条命令没使用选项,显示系统当前的日期、星期几和时间等。

第 2 条命令显示当前的年月日,中间以"-"隔开。

第 3 条命令显示当前的时分秒,中间以":"隔开。

第 4 条命令显示 100 天之前的日期,中间以"/"隔开。

命令的执行情况如图 2-51 所示。

图 2-51　执行 date 命令

2.7.4　cal 命令

cal 是 calendar 的简写,该命令用来显示系统的日历,只显示阳历。

cal 命令的格式如下:

cal[选项] [[[日]月]年]

例如:

cal
cal 20 5 2021
cal 8 2008
cal 2022

第 1 条命令没使用选项,默认显示当前月份的日历。

第 2 条命令显示 2021 年 5 月 20 日的日历。

第 3 条命令显示 2008 年 8 月的日历,可以看出 2008 年 8 月 8 日北京奥运会开幕式那天是星期五,前 3 条命令的执行情况如图 2-52 所示。

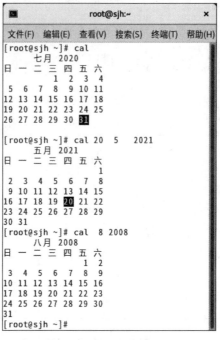

图 2-52　执行 cal 命令(1)

第 4 条命令显示 2022 年全年的日历,命令的执行情况如图 2-53 所示。

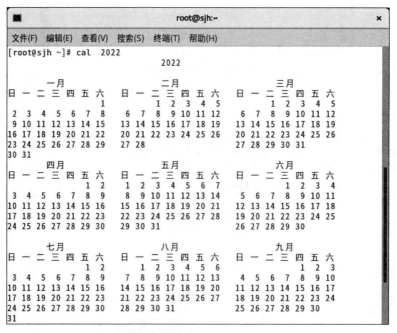

图 2-53　执行 cal 命令(2)

2.7.5　wc 命令

wc 命令可以统计文件或用户在终端中输入文本的行数、字符数、单词数和字节数等信息。

wc 命令的格式如下：

```
wc [选项] … [文件名]
```

其中，常用的选项如下。

(1) -l：显示文件中的行数。

(2) -w：显示文件中的单词数。

(3) -m：显示文件中的字符数。

(4) -c：显示文件中的字节数。

例如：

```
wc -l
wc -w
wc -c
```

以上 3 条命令分别显示用户在终端中输入文本的行数、单词数和字节数，命令的执行效果如图 2-54 所示。需要注意的是，用户在终端中输入信息完毕后需要先按 Enter 键，然后再按 Ctrl＋D 键结束键盘输入。

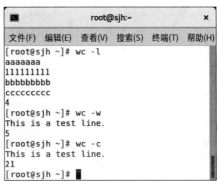

图 2-54　执行 wc 命令

2.7.6　＞命令

Linux 操作系统中有一些符号可以当作命令来使用，例如"＞""＞＞""＜"和"|"等。

"＞"的含义为输出重定向。在计算机中常用的输出设备有显示器、打印机等，Linux 操作系统默认的标准输出设备为显示器，所以执行命令后的结果默认会输出在显示器上。但是，通过输出重定向的功能，可以将命令的执行结果重新定义输出位置。例如，将命令的输出结果保存到一个文件中，而不再在显示器上显示。

＞命令的格式如下：

```
[命令] ＞文件名
```

如果"＞"前面没有命令，则直接新建后面的文件。

例如：

```
>/root/newfile
ll /root >output
```

第 1 条命令在/root 目录下生成新文件 newfile。

第 2 条命令将/root 目录下包含的子目录和文件的详细信息保存到文件 output 中，如果 output 文件已经存在，则覆盖其中的内容；如果不存在，则在当前工作目录下新建 output 文件后将 ll /root 命令的输出写入该文件。

命令的执行效果如图 2-55 所示。

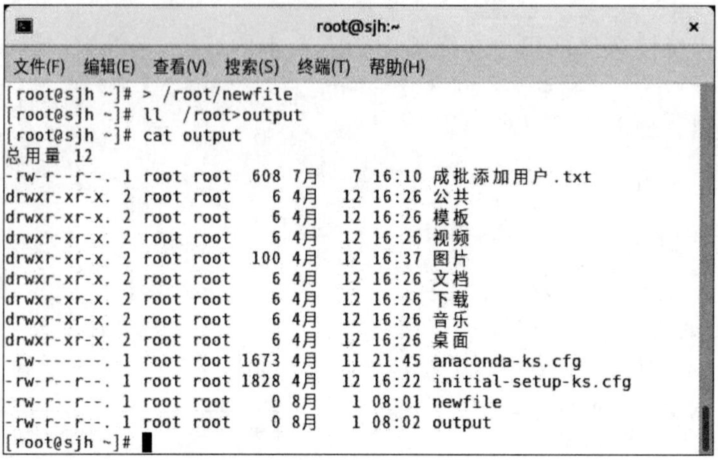

```
                            root@sjh:~                              ✕

文件(F)  编辑(E)  查看(V)  搜索(S)  终端(T)  帮助(H)

[root@sjh ~]# > /root/newfile
[root@sjh ~]# ll  /root>output
[root@sjh ~]# cat output
总用量 12
-rw-r--r--. 1 root root  608 7月   7 16:10 成批添加用户.txt
drwxr-xr-x. 2 root root    6 4月  12 16:26 公共
drwxr-xr-x. 2 root root    6 4月  12 16:26 模板
drwxr-xr-x. 2 root root    6 4月  12 16:26 视频
drwxr-xr-x. 2 root root  100 4月  12 16:37 图片
drwxr-xr-x. 2 root root    6 4月  12 16:26 文档
drwxr-xr-x. 2 root root    6 4月  12 16:26 下载
drwxr-xr-x. 2 root root    6 4月  12 16:26 音乐
drwxr-xr-x. 2 root root    6 4月  12 16:26 桌面
-rw-------. 1 root root 1673 4月  11 21:45 anaconda-ks.cfg
-rw-r--r--. 1 root root 1828 4月  12 16:22 initial-setup-ks.cfg
-rw-r--r--. 1 root root    0 8月   1 08:01 newfile
-rw-r--r--. 1 root root    0 8月   1 08:02 output
[root@sjh ~]#
```

图 2-55　执行＞命令

2.7.7　＞＞命令

＞＞命令称为输出附加重定向,会将"＞＞"前面的命令的输出结果追加在一个指定文件的末尾,而不是覆盖指定文件的内容。

＞＞命令的格式如下:

[命令]>>文件名

如果＞＞前面没有命令,则直接新建后面的文件。

例如:

>>/root/newfile2
date >>output

第 1 条命令在/root 下新建文件 newfile2。

第 2 条命令将 date 显示的结果追加在 output 文件后面。

命令的执行情况如图 2-56 所示。

2.7.8　＜命令

＜命令称为输入重定向。通常情况下,计算机的输入设备有键盘、鼠标和扫描仪等,Linux 操作系统中默认的标准输入设备是键盘。＜命令可以重新定义输入的方向,例如从文件输入,而不是从键盘输入。

＜命令的格式如下:

[命令]<文件名

例如:

wc -l </var/log/messages
wc -l </etc/passwd

```
                                    root@sjh:~                          ×
文件(F)  编辑(E)  查看(V)  搜索(S)  终端(T)  帮助(H)
[root@sjh ~]# >>/root/newfile2
[root@sjh ~]# date>>output
[root@sjh ~]# cat output
总用量 12
-rw-r--r--. 1 root root   608 7月    7 16:10 成批添加用户.txt
drwxr-xr-x. 2 root root     6 4月   12 16:26 公共
drwxr-xr-x. 2 root root     6 4月   12 16:26 模板
drwxr-xr-x. 2 root root     6 4月   12 16:26 视频
drwxr-xr-x. 2 root root   100 4月   12 16:37 图片
drwxr-xr-x. 2 root root     6 4月   12 16:26 文档
drwxr-xr-x. 2 root root     6 4月   12 16:26 下载
drwxr-xr-x. 2 root root     6 4月   12 16:26 音乐
drwxr-xr-x. 2 root root     6 4月   12 16:26 桌面
-rw-------. 1 root root  1673 4月   11 21:45 anaconda-ks.cfg
-rw-r--r--. 1 root root  1828 4月   12 16:22 initial-setup-ks.cfg
-rw-r--r--. 1 root root     0 8月    1 08:01 newfile
-rw-r--r--. 1 root root     0 8月    1 08:02 output
2020年 08月 01日 星期六 08:17:54 CST
[root@sjh ~]#
```

图 2-56　执行>>命令

```
wc -w</etc/hostname
```

第 1 条命令统计/var/log/messages 文件
的行数。

第 2 条命令统计/etc/passwd 文件的行数。

第 3 条命令统计/etc/hostname 文件中单
词的个数。

命令的执行效果如图 2-57 所示。

注意：<前后可以要空格，也可以不要
空格。

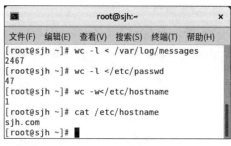

图 2-57　执行<命令

2.7.9　|命令

|命令称为管道命令，它可以把两条命令连接起来，把前一条命令的输出作为后一条命
令的输入。

例如：

```
grep "root" /etc/passwd|wc -l
cat -n /etc/passwd | head -30 | tail -10
```

第 1 条命令先找出/etc/passwd 中包含 root 的行，然后通过管道命令，统计出总的
行数。

第 2 条命令先使用 cat -n 将/etc/passwd 文件的内容带上行号显示出来，然后通过管道
命令取出整个文件前 30 行的内容，再通过管道命令，取出前 30 行中的后 10 行内容显示出
来，即显示的是第 21~30 行的内容。命令的执行效果如图 2-58 所示。

注意：|命令前后可以不要空格。

2.7.10　free 命令

free 命令可以查看系统中内存的信息。查看内存信息时通过设置选项可以以不同的单

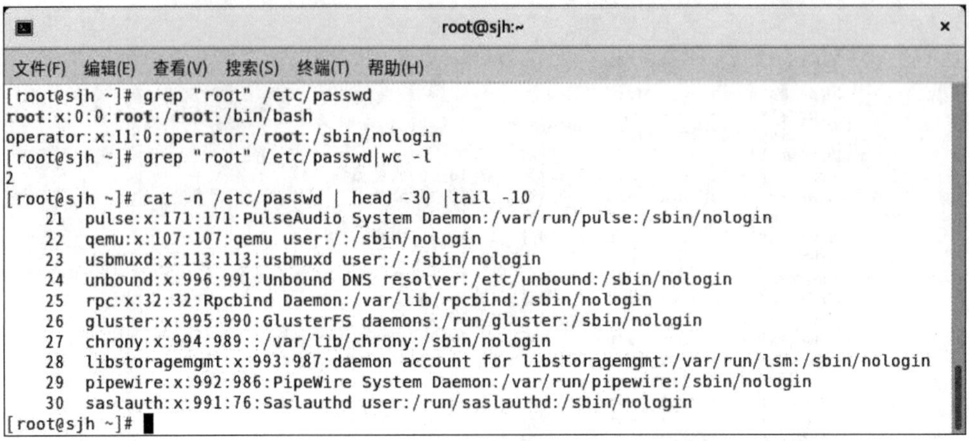

```
root@sjh:~                                                    ×
文件(F)  编辑(E)  查看(V)  搜索(S)  终端(T)  帮助(H)
[root@sjh ~]# grep "root" /etc/passwd
root:x:0:0:root:/root:/bin/bash
operator:x:11:0:operator:/root:/sbin/nologin
[root@sjh ~]# grep "root" /etc/passwd|wc -l
2
[root@sjh ~]# cat -n /etc/passwd | head -30 |tail -10
    21  pulse:x:171:171:PulseAudio System Daemon:/var/run/pulse:/sbin/nologin
    22  qemu:x:107:107:qemu user:/:/sbin/nologin
    23  usbmuxd:x:113:113:usbmuxd user:/:/sbin/nologin
    24  unbound:x:996:991:Unbound DNS resolver:/etc/unbound:/sbin/nologin
    25  rpc:x:32:32:Rpcbind Daemon:/var/lib/rpcbind:/sbin/nologin
    26  gluster:x:995:990:GlusterFS daemons:/run/gluster:/sbin/nologin
    27  chrony:x:994:989::/var/lib/chrony:/sbin/nologin
    28  libstoragemgmt:x:993:987:daemon account for libstoragemgmt:/var/run/lsm:/sbin/nologin
    29  pipewire:x:992:986:PipeWire System Daemon:/var/run/pipewire:/sbin/nologin
    30  saslauth:x:991:76:Saslauthd user:/run/saslauthd:/sbin/nologin
[root@sjh ~]#
```

图 2-58　执行 | 命令

位进行显示。

free 命令的格式如下：

```
free [选项]
```

其中，常用选项如下。

（1）-k：显示内存信息时以 K 为单位，K 不显示，这也是 du 命令的默认选项。

（2）-m：显示内存信息时以 M 为单位，M 不显示。

（3）-g：显示内存信息时以 G 为单位，G 不显示。

（4）-h：显示内存信息时自动选择合适的单位并显示出单位。

（5）-s：显示内存信息时，设置每隔多少秒动态更新。

（6）-t：显示内存信息的总量，包括物理内存和交换内存。

free 命令示例如下：

```
free
free -m
free -g
free -h
free -t
free -ms 2
```

第 1 条命令使用默认选项，以千字节为单位显示内存的大小。

第 2 条命令以兆字节为单位显示内存的大小。

第 3 条命令以吉字节为单位显示内存的大小，这 3 条命令执行时单位都不显示出来。

第 4 条命令自动选择单位并显示。

第 5 条命令显示内存的总数。前 5 条命令的执行效果如图 2-59 所示。

第 6 条命令每隔 2s 以兆字节为单位动态刷新内存信息，退出需要按 Ctrl＋C 键，执行
效果如图 2-60 所示。

图 2-59　使用 free 命令静态显示内存信息

图 2-60　使用 free 命令动态刷新内存信息

2.7.11　du 命令

du 命令可以查看文件或者目录等已经使用磁盘空间的情况。

du 命令的格式如下：

du [选项] [路径]

其中，常用选项如下。

（1）-k：显示使用的磁盘空间时以千字节为单位，省略 K。

（2）-m：显示使用的磁盘空间时以兆字节为单位，省略 M。

（3）-h：显示使用的磁盘空间时自动选择合适的单位，并添加上相应的单位。

（4）-s：显示指定路径下使用的磁盘空间总量，不显示路径中每一项的磁盘空间用量。例如：

```
du -k /home
du -sk /home
du -sh /home
du -sh /usr
```

第 1 条命令显示/home 目录下包含的所有文件和文件夹所占用磁盘空间的大小，以千字节为单位，K 不显示。

第 2 条命令只显示/home 目录使用磁盘空间的总量，以千字节（KB）为单位，K 不显示。

第 3 条命令也是只显示/home 目录使用磁盘空间的总量，但是单位是自动选择并添加的。

第 4 条命令显示/usr 目录使用磁盘空间的总量，单位也是自动选择并添加的。命令的执行情况如图 2-61 所示。

图 2-61　使用 du 命令查看已经使用的磁盘空间

2.7.12　df 命令

df 命令可以查看磁盘中未使用的空间情况。注意，df 命令显示未使用磁盘空间的容量时是以分区或者文件系统为单位来显示的。

df 命令的格式如下：

```
df [选项] [路径]
```

其中，常用选项如下。

（1）-k：显示磁盘空间时块的单位为千字节，这也是 df 命令的默认选项。

（2）-m：显示磁盘空间时块的单位为兆字节。

（3）-h：显示磁盘空间时块的单位自动选择并添加上相应的单位。

例如：

```
df /boot
```

```
df -m /boot
df -h /boot
df -h /home
df -h /usr
df -h /
```

第 1 条命令显示/boot 分区中磁盘空间的使用情况,使用默认选项,块的单位为千字节。

第 2、3 条命令分别以兆字节为单位且自适应大小显示/boot 分区的空间情况。

第 4～6 条命令显示的结果相同,说明/home 和/usr 不是独立的分区,/才是独立的分区。命令的执行情况如图 2-62 所示。

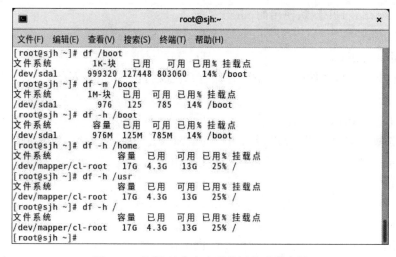

图 2-62　使用 df 命令查看分区的磁盘空间

综合实践 2

1. Linux 操作系统中支持的 Shell 写在哪一个文件中? 查看 Linux 操作系统中支持的 Shell 有几种? 目前使用的 Shell 是什么?

2. 打开终端命令窗口,完成下列操作。

(1) 进入桌面。

(2) 在桌面上新建三级空目录 zzti/jsj/wl18。

(3) 在上面新建的三级空目录中新建空白文件:学号.txt。

(4) 在学号.txt 文件中随便写入一行文字。

(5) 将 zzti 文件夹复制至用户的家目录下。

(6) 删除桌面上的 zzti 文件夹。

3. 熟练使用系统关机和重启命令从文件/etc/profile 中取出第 11～53 行的数据,带上行号,并把结果保存在/tmp/result2.txt 中。

关机命令:init 0、halt、poweroff、shutdown -h 0。

重启命令:init 6、reboot、shutdown -r +15。

单元测验 2

一、单选题

1. 可以用来删除非空目录 dir1 的命令有(　　)。

    A. mkdir dir1　　　　　　　　　　B. rm -rf dir1

    C. mv dir1　　　　　　　　　　　D. rmdir dir1

2. 下列命令中,可以用来修改文本文件的内容的是(　　)。

    A. head　　　　　　　　　　　　B. tail

    C. more　　　　　　　　　　　　D. vim

3. 在 CentOS 8.1 中默认使用的 Shell 是(　　)。

    A. /bin/sh　　　　　　　　　　　B. /bin/bash

    C. /sbin/nologin　　　　　　　　D. /bin/tcsh

4. CentOS 8.1 中,文件(　　)里面存储有系统支持的 Shell 种类。

    A. /etc/shells　　　　　　　　　B. /etc/inittab

    C. /etc/hostname　　　　　　　　D. /etc/passwd

5. 下面选项中,(　　)键可以帮助用户补全命令。

    A. Tab　　　　　　　　　　　　　B. Alt

    C. Shift　　　　　　　　　　　　D. Ctrl

6. 下面选项,(　　)键可以中断正在执行的程序或命令。

    A. Ctrl＋D　　　　　　　　　　　B. Ctrl＋A

    C. Ctrl＋C　　　　　　　　　　　D. Ctrl＋E

7. 命令 mv /home/sjh/test.txt /home/sjh/test2.txt 实现的是(　　)功能。

    A. 剪切文件 test.txt　　　　　　B. 复制文件 test.txt

    C. 删除文件 test.txt　　　　　　D. 将文件 test.txt 改名为 test2.txt

8. 在当前工作目录下创建三级空目录 a/b/c 用下列(　　)命令。

    A. rmdir -p a/b/c　　　　　　　B. mkdir a/b/c

    C. mkdir -p a/b/c　　　　　　　D. mkdir -P a/b/c

9. 当前登录用户是 root,下面命令中,(　　)可以直接进入用户 sjh 的主目录。

    A. cd ～　　　　　　　　　　　　B. cd

    C. cd ..　　　　　　　　　　　　D. cd ～sjh

10. 想精确查找系统中有没有名称为 sjh.txt 的文件,可以使用下面的(　　)命令。

    A. find / -name sjh.txt　　　　B. locate sjh.txt

    C. find / -user sjh.txt　　　　　D. grep sjh.txt

11. 找出/etc/passwd 文件里带"root"的行,使用(　　)命令。

    A. find root /etc/passwd　　　　B. grep "root" /etc/passwd

    C. locate root /etc/passwd　　　D. locate /etc/passwd root

12. 下面命令(　　)不能用来新建文件。

    A. touch　　　　　　　　　　　　B. ＞

C. vim   D. mkdir

13. 下面命令中,(   )不能用来查看文本文件的内容。

A. od   B. less

C. cat   D. more

14. 下面命令中,(   )不能立即关闭计算机。

A. init 0   B. halt

C. shutdown   D. poweroff

15. 下面命令中,(   )不能立即重启计算机。

A. reboot   B. init 6

C. shutdown   D. shutdown -r 0

二、判断题

1. 在 CentOS 8.1 中,graphical.target 类似于 runlevel 5。   (   )

2. CentOS 8.1 在默认情况下有两种主要的 targets,它们是 multi-user.target 和 graphical.target。   (   )

3. 查看当前默认的 target 可以使用命令 systemctl set-default。   (   )

4. 使用 runlevel 命令时显示两个数字,前一个数字表示本次的运行级别,后一个数字表示上次的运行级别。   (   )

5. date 命令可以查看系统当前的日期和时间。   (   )

6. 使用 locate 命令查找之前应该首先使用 updatedb 命令更新数据库文件/var/lib/mlocate/mlocate.db。   (   )

三、简答题

1. 在 Linux 操作系统中,如何使用 Shell?

2. 在 Linux 操作系统中,不知道一个命令如何使用时,该怎么使用帮助?

3. Linux 操作系统中支持的运行级别有几种? 分别是什么?

4. Linux 操作系统中的关机和重启命令分别有哪些?

5. Tab 键在 Linux 操作系统中有哪些功能?

项目 3　文本编辑器 vim

【本章学习目标】

(1) 了解 vim 和 vi 的区别。

(2) 掌握 vim 的 3 种工作模式。

(3) 掌握一般模式下的快捷键。

(4) 掌握命令行模式下的快捷键。

(5) 熟悉 Linux 的文件救援和高级功能。

vi 编辑器(Visual Editor)通常简称为 vi,是一种命令行界面下的文本编辑器。在早期的 UNIX 操作系统中都是使用 vi 作为系统默认的编辑器的。vim(Vi IMproved)就是 vi 的升级版,vim 和 vi 最大的区别在于,在编辑一个文本的时候,vi 不会显示颜色,而 vim 会显示颜色。此外,vim 还能够进行 Shell 脚本、C 语言源程序、Java 等程序的编辑,使用 vim 能帮助程序员更容易找出源程序中的语法错误,因此可以将 vim 视为一种程序编辑器。

在 CentOS 8.1 系统中,已经默认安装有 vim 文本编辑器,所以不需要安装。如果目前 Linux 系统中没有 vim 命令,可在计算机连网后使用命令 yum install -y vim-enhanced 自行进行安装。

3.1　vim 的工作模式

vim 是怎么工作的呢? 首先来了解一下 vim 的工作模式。vim 的工作模式有一般模式(也称指令模式)、编辑模式和命令行模式 3 种。

3.1.1　vim 的 3 种工作模式

1. 一般模式

一般模式有时也称为指令模式。当使用命令 vim filename 打开一个文件时,一进入该文件,就是一般模式了。在这种模式下,可以上、下、左、右移动光标,直接删除某个字符或删除某些行,复制一行或者多行,进行粘贴,以及查找并替换字符或字符串。因此,一般模式下的功能键主要有 3 类:移动光标类,删除、复制和粘贴类,查找替换类。

2. 编辑模式

在一般模式下,是不可以修改某一个字符的,要想修改,只能进入编辑模式。要想从一般模式切换到编辑模式,只需要按 i、I、a、A、o、O、r 和 R 这 8 个键中的任意一个即可。这 8 个键的意义是不一样的,后面的表格中会有详细的解释。这 8 个键中必须记住的是 i 键。

当进入编辑模式后,屏幕的最后一行会出现"-- 插入 --"或者"-- 替换 --"的字样。

如果想从编辑模式返回到一般模式,按 Esc 键即可。

在编辑模式下,主要是编辑文档内容,进行文本的插入或者替换等修改操作。

3. 命令行模式

在一般模式下,当输入":",就进入了命令行模式。在命令行模式下,可以进行的操作有保存文件、退出 vim、读入外部文件、设置行号和取消行号等。

通常情况下,可以将这 3 种模式想象成一幅图。图 3-1 就是 vim 3 种模式之间的转换关系图。认真看上面的图标,会发现一般模式可以与编辑模式和命令行模式相互切换,但是编辑模式与命令行模式之间是不可以互相切换的,这一点非常重要。

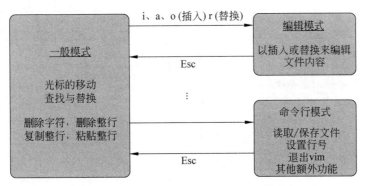

图 3-1　vim 3 种模式之间的转换关系图

3.1.2　运行 vim

在终端中输入 vim filename 命令,然后按 Enter 键,就进入 vim 的一般模式了。如果当前目录中存在这个文件,则打开该文件;如果不存在这个文件,则新建文件,因此,该命令无论什么时候都不会报错。

上面已经讲解了 vim 的 3 种工作模式以及它们之间的转换关系。下面举个简单的例子让大家加深印象,要求使用 vim 命令创建一个文本文件 test.txt,并在其中写入一段文字,然后进行保存,最后退出 vim。具体步骤如下。

(1) 打开终端,在命令行提示符后输入命令"vim test.txt",然后按 Enter 键,这样就进入了 vim 的工作界面。此时,光标在第一行的行首闪烁,对话框的最下面显示出文件名"text.txt"。"[ ]"中的"新文件"3 个字表示这是一个新的文件。现在处于 vim 的一般模式,如图 3-2 所示。

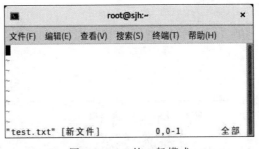

图 3-2　vim 的一般模式

(2) 按 i 键,屏幕的最后一行会出现"-- 插入 --"字样,此时处于 vim 的编辑模式,随便输入一些字符,如图 3-3 所示。

（3）输入完毕后,按 Esc 键,屏幕下方的"-- 插入 --"消失,返回到一般模式下。

（4）输入":",进入命令行模式,接着输入"w",此时":w"会显示在窗口的最后一行,如图 3-4 所示,然后按 Enter 键,文件内容将会被写入,也即文件内容已保存。此时,窗口的最后一行会显示"已写入"并显示出文件的总行数和总字符数,当前文件的总行数为 11 行,总字符数为 504,写入后的文件如图 3-5 所示。

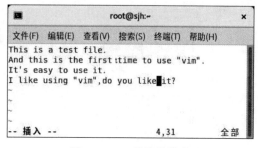

图 3-3　vim 的编辑模式

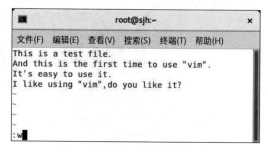

图 3-4　输入"w"将会写入文件

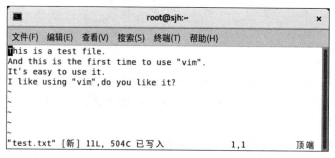

图 3-5　写入后的文件

（5）输入":",再输入"q",此时":q"会显示在窗口的最后一行,如图 3-6 所示,按 Enter 键,退出 vim。

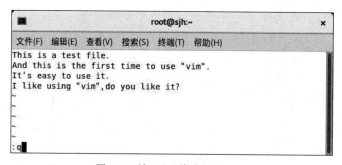

图 3-6　输入"q"将会退出 vim

至此,文件 test.txt 已经生成。使用 ll 命令进行查看,如图 3-7 所示。

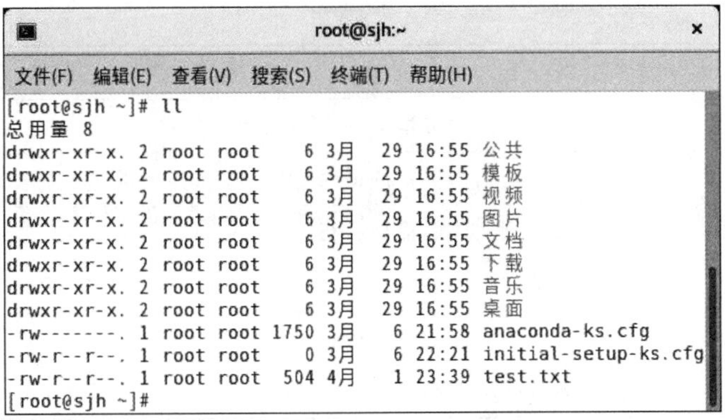

图 3-7　查看 test.txt 文件信息

3.2　vim 常见命令

通过 3.1 节中的例子,相信大家都已经学会怎么使用 vim 来进行简单的文本编辑了。但其实 vim 是全键盘式操作的编辑器,所以在各个模式下都有很多的功能键,只有掌握好了这些功能键,才能成为真正的 vim 高手。下面将对 3 种模式下的功能键进行详细的讲解。

3.2.1　一般模式下的功能键

在一般模式下可以使用的功能键最多,大致可以分为 3 类:第一类是移动光标类,第二类是删除、复制和粘贴类,第三类是查找和替换类。

1. 移动光标类

一般模式下的移动光标类快捷键如表 3-1 所示。

表 3-1　一般模式下的移动光标类快捷键

按　键　名　称	按键的效果
h 或者 ← 键	光标向左移动一个字符
j 或者 ↓ 键	光标向下移动一个字符
k 或者 ↑ 键	光标向上移动一个字符
l 或者 → 键	光标向右移动一个字符
Ctrl+f 键或者 PgDn 键	屏幕向文件尾部移动一页
Ctrl+b 键或者 PgUp 键	屏幕向文件头部移动一页
n 空格(n 是数字)	按下数字 n 然后按空格,则光标向右移动 n 个字符,如果该行字符数小于 n,则光标继续从下一行开始向右移动,一直到 n
0(数字 0)或者 Home	移动到本行行首
$ 或者 End	移动到本行行尾
H	光标移动到当前屏幕的最顶行

按 键 名 称	按键的效果
M	光标移动到当前屏幕的中央那一行
L	光标移动到当前屏幕的最底行
G	光标移动到文件的最后一行
nG(n 是数字)	光标移动到文件的第 n 行
gg	光标移动到文件的第一行
n 回车(n 是数字)	光标向下移动 n 行

使用键盘上的 ↑、↓、←、→键,可以将光标移动一个字符,也可以使用键盘上的 h、j、k、l 来实现同样的功能。如果要移动多个字符,可以按 n＋方向键,这里,n 代表一个数字。例如,如果想将光标向左移动 8 个字符,先按 8 键,再按 h 键,就可以了。或者也可以先按 8,再按←键,光标也会向左移动 8 个字符。空格代表向右移动一个字符,如果想将光标向右移动 20 个字符,可以按 20l(小写的英文),20→,或者 20 空格,都可以。

一个大写的 G 可以将光标移动到文件的最后一行。nG 将光标移动到文件的第 n 行,例如,想移动光标到第 101 行,按 101G 就可以。要把光标移动到文件的第 1 行,可以使用 1G 或者 gg。

nEnter,表示将光标从当前行开始向下移动 n 行。如果当前光标位于第 10 行,按 5Enter 后,光标将会移动到第 15 行。

2. 删除、复制和粘贴类

除了移动光标,还经常进行删除、复制和粘贴的操作。一般模式下的删除、复制和粘贴类快捷键如表 3-2 所示。

表 3-2　一般模式下的删除、复制和粘贴类快捷键

按 键 名 称	按键的效果
x,X	x 表示向后删除一个字符,X 表示向前删除一个字符
nx(n 是数字)	向后删除 n 个字符
dd	删除光标所在的那一行
$n$dd(n 是数字)	删除光标所在的向下 n 行
d1G	删除光标所在行到第 1 行的所有数据
dG	删除光标所在行到末行的所有数据
yy	复制光标所在的那一行
$n$yy	复制从光标所在行开始的向下 n 行
p,P	p 将复制的数据从光标下一行粘贴,P 则从光标上一行粘贴
y1G	复制光标所在行到第 1 行的所有数据
yG	复制光标所在行到末行的所有数据

按 键 名 称	按键的效果
J	将光标所在行与下一行的数据结合成一行
u	还原过去的操作
Ctrl+r	重做上一个操作
.	重复前一个操作

如果想将光标之后的 15 个字符删除,按 15x 即可。如果要删除光标之前的 20 个字符,按 20X 即可。

按 dd 将删除光标所在的那一行,按 ndd 将删除包括光标所在行开始的向下 n 行。如果光标位于第 11 行,想将第 11～22 行之间(包括第 11 行和第 22 行)的文本删除,只需按下 12dd 即可。

3. 查找和替换类

最后一类为查找和替换类。一般模式下的查找和替换类快捷键如表 3-3 所示。

表 3-3　一般模式下的查找和替换类快捷键

按 键 名 称	按键的效果
/keyword	向光标之后查找名为 keyword 的字符串,当找到第一个 keyword 后,该单词高亮显示,按 n 键继续查找下一个,按 N 键,反方向查找下一个
? keyword	向光标之前查找名为 keyword 的字符串,当找到第一个 keyword 后,该单词高亮显示,按 n 键继续查找下一个,按 N 键,反方向查找下一个
:n1,n2s/word1/word2/g	在 n1 和 n2 行之间查找 word1 字符串并替换为 word2
:1,$ s/word1/word2/g	从第一行到最末行,查找 word1 并替换成 word2
:1,$ s/word1/word2/gc	在第一行和最末行之间查找 word1,替换为 word2 之前需要用户确认

3.2.2　从一般模式进入编辑模式

从一般模式进入编辑模式,需要按 i、I、a、A、o、O、r、R 这 8 个键中的任意一个,这 8 个键的意义是不一样的。其中,按 i、I、a、A、o、O 时,窗口最下方将会出现"-- 插入 --"字样,按 R 键时,窗口最下方将会出现"-- 替换 --"字样。

从一般模式进入编辑模式的 8 个键如表 3-4 所示。

表 3-4　从一般模式进入编辑模式的 8 个键

按 键 名 称	按键的效果
i	在光标前插入字符
I	在光标所在行的行首插入字符
a	在光标后插入字符
A	在光标所在行的行末插入字符

按 键 名 称	按键的效果
o	在光标所在行的下面插入新的一行
O	在光标所在行的上面插入新的一行
r	替换光标所在的字符,只替换一次
R	一直替换光标所在的字符,直到按 Esc 键

3.2.3 命令行模式下的功能键

在一般模式下,输入":"将进入命令行模式。命令行模式下支持的功能有保存文件、退出 vim、读入外部文件、设置行号等。命令行模式下的功能键如表 3-5 所示。

表 3-5 命令行模式下的功能键

按 键 名 称	按键的效果
:w	保存文件内容
:w!	如果文件属性为只读时,强制保存
:q	退出 vim
:q!	强制退出 vim,不管编辑还是未编辑都不保存内容直接退出
:wq	保存文件内容之后立即退出
:e!	将文档还原成最原始状态
ZZ	等价于 :wq
:w [filename]	将文档另存为 filename
:r [filename]	在光标所在行的下面读入 filename 文档的内容
:set nu	在文件中每行的行首设置行号
:set nonu	取消已经设置的行号
$:n_1,n_2$ w [filename]	将 $n_1 \sim n_2$ 行的内容另存为 filename 文件中
:! command	暂时离开 vim,执行某个 Linux 命令,例如: :! ls /home 暂时列出/home 下的文件,然后会提示按 Enter 键返回 vim

【想一想】 在 vim 中,将打开的文件另存之后并没有退出 vim,接着继续编辑文件时,必须知道继续编辑的是原来的文件还是另存后的文件。

3.3 vim 的其他事项

本节将介绍文件救援、多窗口编辑、多文件编辑和块选择等 vim 的其他事项。

3.3.1 文件救援

在使用 vim 的过程中可能会出现文件还没来得及保存,计算机突然断电或者不小心关闭了终端的情况,这时候要挽救没有保存的文件,就要使用 vim 的救援功能了。

在使用 vim 编辑文件时,vim 会在被编辑的文件的目录下,再建立一个名为.filename.swp 的文件。如果系统因为某些原因突然断线了,导致编辑的文件还没有及时保存,这个时候. filename.swp 就能够发挥救援的功能了。当再次使用命令 vim filename 打开文件时,将会弹出发现交换文件.filename.swp 的警告信息。

本例在使用 vim test.txt 命令编辑文件后没有保存就退出了终端,再次使用 vim test.txt 命令时就弹出了如图 3-8 所示的警告信息。

图 3-8　发现交换文件的警告信息

在警告信息的画面中,有 6 个可用选项。

(1) [O]pen Read-Only:以只读方式打开。

(2) (E)dit anyway:直接编辑。

(3) (R)ecover:恢复,即加载暂存盘的内容,用来挽救之前未保存的工作。

(4) (D)elete it:删除文件,如果确定那个暂存文件是无用的,那么可以先将这个暂存文件删除。有时候如果不确定这个暂存文件是怎么来的,也可以删除它。

(5) (Q)uit:退出,按 q 键就可离开 vim,不会进行任何动作,返回到命令行提示符。

(6) (A)bort:终止,与 quit 差不多,也会返回到命令行提示符。在这里,先按 R 键,再按 Enter 键,test.txt 文件就显示出来了,恢复之后的文件如图 3-9 所示。

需要注意的是,除非选择(D)elete it 删除了该交换文件,否则当离开 vim 后,还需要在终端中执行命令

```
rm  .test.txt.swp
```

自行删除该交换文件,不然,以后每次使用命令

```
vim test.txt
```

都会出现同样的警告信息。

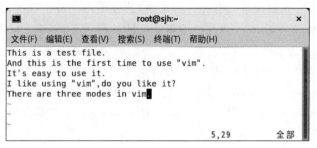

图 3-9　恢复之后的文件

3.3.2　多窗口编辑

当使用 vim 编辑文件时,还可以将不同的文件同时显示在屏幕的不同窗口中,也可以将同一个文件同时显示在屏幕的不同窗口中,实现文件的多窗口编辑,也即常说的分屏功能。

1. 多个文件分屏编辑

命令格式如下:

vim -On [FILE_1] [FILE_2] …

或者

vim -on [FILE_1] [FILE_2] …

其中参数说明如下。

(1) -O(大写的 O):垂直分割(vertical),不同窗口切换用 Ctrl＋W＋←键或者 Ctrl＋W＋→键。

(2) -o(小写的 o):水平分割(horizontal,默认值),不同窗口切换用 Ctrl＋W＋↑键或者 Ctrl＋W＋↓键。

(3) n:表示分几个屏,可省略,默认按后面要分割的文件数来决定分几个屏。

(4) [FILE_1] [FILE_2] …:需要分屏打开的文件。需要注意的是,如果只打开了两个文件,则重复按两次 Ctrl＋W 键即可切换窗口。

图 3-10 所示为使用 vim -O test.txt /etc/passwd /etc/profile 命令所打开的不同文件垂直分屏的界面。

2. 单个文件分屏编辑

在使用 vim test.txt 编辑文件时,在一般模式下,输入":sp",然后按 Enter 键,会将该文件显示在两个窗口中,实现水平分屏的功能,如图 3-11 所示。

在使用 vim test.txt 编辑文件时,在一般模式下,输入":sp /etc/profile",然后按 Enter 键,会将文件 profile 显示在第一个窗口中,test.txt 显示在第二个窗口中,实现不同文件水平分屏的功能。如图 3-12 所示。

可以使用 Ctrl＋W＋↑键或者 Ctrl＋W＋↓键在上下两个窗口中切换。

图 3-10　多个文件垂直分屏

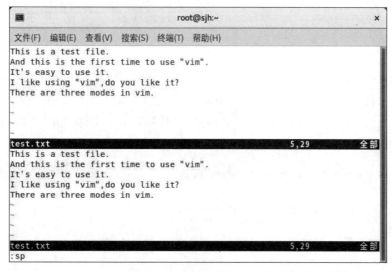

图 3-11　单个文件水平分屏

3. 关闭分屏

要取消其他分屏,保留当前分屏,只需要输入":only",然后按 Enter 键即可;或者按 Ctrl＋W＋o 键也可以关闭其他分屏。

如果要退出当前所在的分屏,输入":q",然后按 Enter 键就可以了。

3.3.3　多文件编辑

可以使用 vim file1 file2 file3 …的方式在 vim 后面同时接好几个文件来开启多文件同

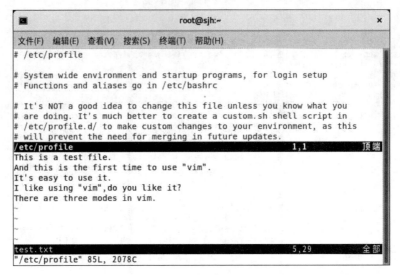

图 3-12　不同文件水平分屏

时编辑的功能。在进行多文件编辑时,可以使用的命令如下。

(1) :n 编辑下一个文件。

(2) :N 编辑上一个文件。

(3) :files 列出目前 vim 开启的所有文件。当执行命令

```
vim test.txt /etc/passwd /etc/profile
```

时,屏幕中出现的是第一个文件 test.txt,输入":n",然后按 Enter 键,屏幕上出现 /etc/passwd 文件,再输入":n",然后按 Enter 键,屏幕上出现/etc/profile 文件。此时,再输入":n",屏幕最后一行将会报错,提示无法切换,已是最后一个文件,如图 3-13 所示。

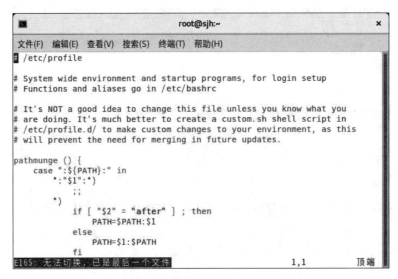

图 3-13　切换到最后一个文件

此时，如果要切换回第一个文件 test.txt，只能输入":N"，然后按 Enter 键，先切换到 /etc/passwd，再输入":N"，按 Enter 键，才能切换回 test.txt。

3.3.4 块选择

在使用 vim 编辑一个文件的时候，还可以选择某些字符、某些行或者以长方形的方式选择资料，然后将选中的文本删除或者复制。此时，可以使用的按键如下。

（1）v：字符选择，会将光标经过的地方反白选择。按 v 键后，窗口最下方显示出"-- 可视 --"标记。

（2）V：行选择，会将光标经过的行反白选择。按 V 键后，窗口最下方显示出"-- 可视行 --"标记。

（3）Ctrl＋v：区块选择，可以用长方形的方式选择资料。按 Ctrl＋v 键后，窗口最下方显示出"-- 可视 块 --"标记。

（4）y：将反白的地方复制起来。

（5）d：将反白的地方删除。

（6）p：将复制的内容粘贴。

下面举例说明区块选择的用法，具体步骤如下：

（1）打开终端，输入命令"vim /etc/netconfig"，按 Enter 键。在打开的 vim 中输入":set nu"，按 Enter 键，设置好行号，如图 3-14 所示。

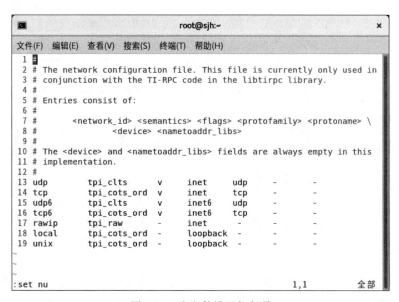

图 3-14　为文件设置好行号

（2）按 13G 键，将光标移至第 13 行行首，然后按 11→键，将光标移至"tpi_clts"的第一个"t"上，然后按 Ctrl＋v 键，此时窗口最下方显示出"-- 可视 块 --"标记，如图 3-15 所示。

（3）连续按→键 11 次，再按 ↓ 键 6 次，将会选择一个如图 3-16 所示的区块。

（4）按 y 键，窗口最下方显示 7 行的区块内容被复制，如图 3-17 所示。

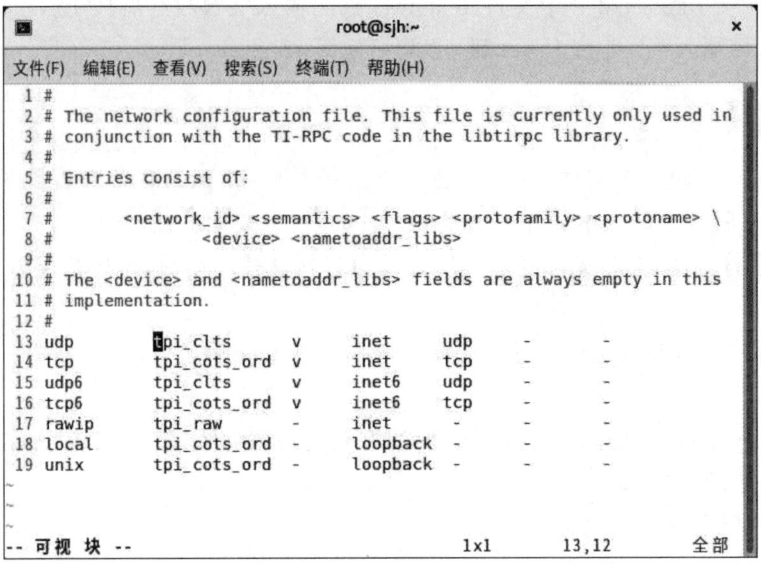

图 3-15　窗口最下方出现"-- 可视 块 --"标记

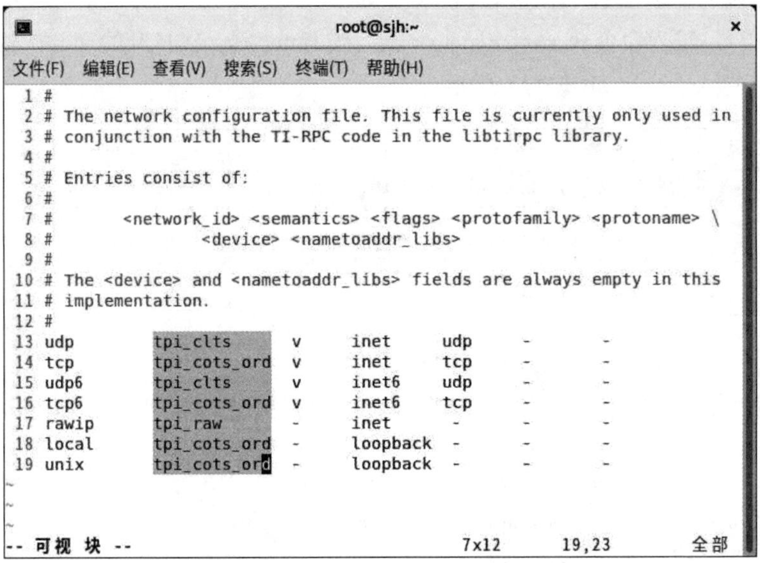

图 3-16　选中区块

（5）按 G 键,将光标移至文件最后一行,按 o 键,在最后一行的下方新增一行,再按 Esc
键,最后按 p 键,复制的内容将会粘贴在文件的最后一行,如图 3-18 所示。

（6）由于本例只是演示,所以退出时请输入":q!",按 Enter 键不保存退出。

【试一试】　如果不小心按错了键,只是想让"-- 可视 块 --"标记消失,需要怎么操作?
答案是,按两次 Esc 键。

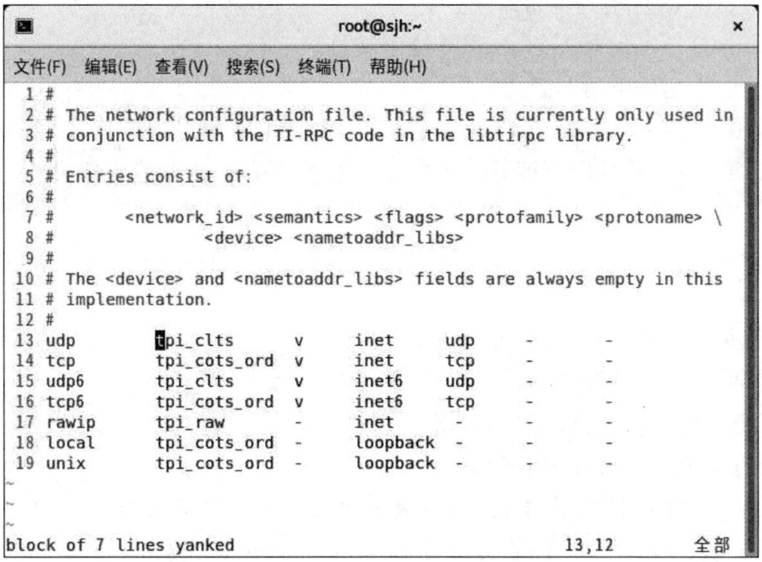

图 3-17　复制区块内容

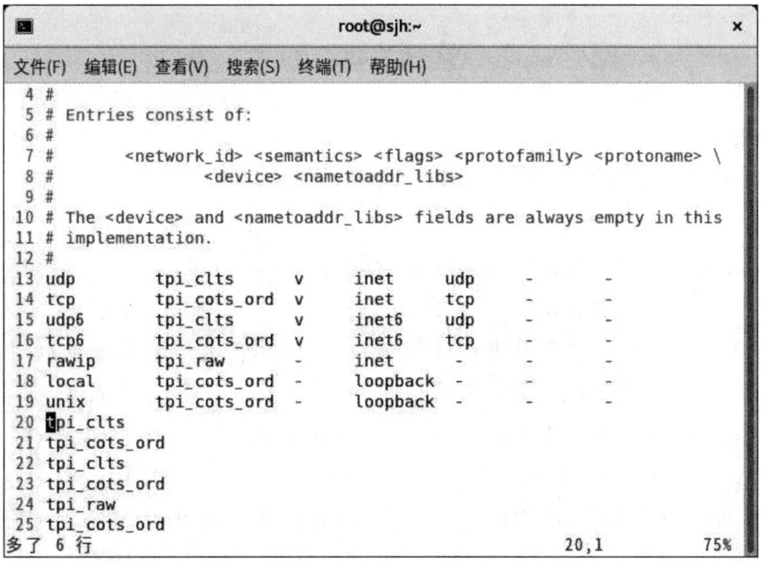

图 3-18　粘贴区块内容

综合实践 3

本章的综合实践以 CentOS 8.1 中的/etc/profile 为例。具体内容包括 15 个步骤，如下所示。

1. 在/tmp 这个目录下建立一个名为 vimtest 的目录。

2. 进入 vimtest 这个目录当中。

3. 将/etc/profile 复制到本目录下。

4. 使用 vim 打开本目录下的 profile 这个文件。

5. 在 vim 中设定一下行号。

6. 移动到第 37 行,向右移动 15 个字符,观察看到的双引号内是什么数字。

7. 移动到第一行,并且向下搜寻一下"else"这个字符串,观察它在第几行。

8. 将 11~50 行的小写"bin"字符串改为大写"BIN"字符串,并且一个一个挑选是否需要修改,如何下达指令? 如果在挑选过程中一直按 y,观察结果会在最后一行出现改变了几个"bin"。

9. 若修改完后要全部复原,有哪些方法?

10. 复制第 11~22 行的内容,并且粘贴到最后一行之后。

11. 如何删除第 2~10 行的注释数据?

12. 将当前这个文件另存为 profile.test。

13. 删除第 18 行的第 11 个字符,观察结果出现的第一个单词是什么。

14. 在第一行上面新增一行,该行内容输入"My name is Sheng Jianhui and my number is 2019001001."。

15. 保存后离开 vim。

单元测验 3

一、单选题

1. 在 vim 中实现文件多窗口编辑的命令是(　　　　)。

　　A. :sp 　　　　　　B. :set nu 　　　　　C. :set nonu 　　　　D. :N

2. 在 vim 的指令模式中,删除光标所在行的命令是(　　　　)。

　　A. yy 　　　　　　B. dd 　　　　　　　C. p 　　　　　　　　D. x

3. 在 vim 中,可以按(　　　　)键进行区块选择,可以用长方形的方式选择资料。

　　A. v 　　　　　　　B. V 　　　　　　　　C. p 　　　　　　　　D. Ctrl+v

4. 在 vim 的指令模式中,使用(　　　　),会将光标所在位置后的 10 个字符删除。

　　A. 10yy 　　　　　B. 10dd 　　　　　　C. 10X 　　　　　　　D. 10x

5. 在 vim 的指令模式中,使用(　　　　),会将从光标所在行开始的 10 行复制。

　　A. 10yy 　　　　　B. 10dd 　　　　　　C. 10G 　　　　　　　D. 10X

二、判断题

1. 在 vim 中,从编辑模式可以直接进入命令行模式。　　　　　　　　　　　　(　　　　)

2. 在 vim 中,从一般模式可以进入编辑模式,也可以进入命令行模式。　　　　(　　　　)

3. 在 vim 中,使用":"可以从一般模式进入命令行模式。　　　　　　　　　　(　　　　)

4. 在 vim 中可以对文件进行多屏幕编辑。　　　　　　　　　　　　　　　　　(　　　　)

5. 可以使用 vim 后面同时接好几个文件来开启多文件同时编辑的功能。　　　(　　　　)

6. vim 和 vi 都是文本编辑器,它们没有任何区别。　　　　　　　　　　　　　(　　　　)

7. 使用 vim filename 命令时,无论什么时候都不会报错。　　　　　　　　　　(　　　　)

8. vim 是 vi 的增强版,可以用彩色显示文字,还可以对 Shell 脚本、C 语言程序进行简

单的语法检查。 （　　）

9. 离开 vim 后还得要自行删除.filename.swp 才能避免每次打开文件 filename 都会出现警告。 （　　）

10. 在 vim 的一般模式下,使用 1G 或者 gg 都可以将光标移至第 1 行。 （　　）

三、简答题

1. vim 的工作模式有几种？ 如何进行不同模式之间的切换？

2. vim 的 3 种模式下分别有哪些功能？

3. vim 意外关闭,如何恢复没有保存的文档？

4. vim 的高级功能有哪些？

项目4 用户账户及组账户管理

【本章学习目标】

(1) 熟悉 passwd 文件和 shadow 文件的组成。

(2) 掌握用户账户管理命令。

(3) 掌握组账户管理命令。

(4) 了解图形界面下的用户账户管理程序。

(5) 了解 root 密码的重置方法。

Linux 使用用户权限机制对系统进行管理,这种管理主要是包括创建或删除用户、修改用户属性、添加或删除组、修改组成员和设置登录属性等,它的主要功能在于提供不同用户使用本系统的权限分配。通过这种管理来保证用户数据与文件的安全。

4.1 用户账户和组账户

Linux 系统中每个登录的成员都要有一个用户账号。用户登录时必须输入用户名和密码,只有用户名、密码验证正确,用户才能进入 Linux 系统。账户实质上就是一个用户在系统上的标识,系统依据账户来区分每个用户的文件、进程、任务,给每个用户提供特定的工作环境。与用户账户管理有关的/etc/passwd 文件和/etc/shadow 文件是 Linux 系统中非常重要的文件,对用户账户的设置和修改会直接改变这两个文件的内容,如果这两个文件出了问题则无法正常登录系统。

组是具有相同特性的用户集合,设置组的主要目的是便于权限的统一组织和分配。对组操作等价于对组中每个成员进行操作,组中的每个用户可共享组中的资源。在组上设置对资源的访问权限,可以避免对每个成员单独设置对某个资源的访问权限。组账号不能登录计算机,其设置的目的主要是便于权限的统一组织和分配。与用户账户管理类似,组账户管理也有两个相关文件:组账户文件/etc/group 和组影子文件/etc/gshadow,对组账户的设置和修改会改变这两个文件的内容。

4.1.1 用户分类

Linux 中用户分成以下 3 类。

(1) 超级用户(root 用户)。超级用户每个 Linux 系统都必须有,并且只有一个。它拥有最高的权限,可以删除、终止任何程序。在安装时必须为 root 用户设置密码。另外,通常为减少风险要避免普通用户得到 root 用户权限。UID(用户 ID)值为 0。

(2) 系统用户。系统用户是与系统运行和系统提供的服务密切相关的用户,通常在安装相关的软件包时自动创建并保持默认状态,系统用户不能登录计算机。在 CentOS 8.1 中系统的用户 ID(UID)满足 $1 \leqslant UID \leqslant 999$。

(3) 普通用户。普通用户是在系统安装后由超级用户创建的,普通用户完成指定权限的操作,只能操作自己拥有权限的文件和目录,管理自己启动的进程。在 CentOS 8.1 中普通用户的 UID≥1000。

不管是哪一类用户,当账户被创建后,都会在/etc/passwd 文件和/etc/shadow 文件中增加相应账户的记录。

4.1.2　用户账户文件

用户账户文件 passwd 位于/etc 目录下,文件中每一行对应一个用户账户,每个用户账户的信息包含 7 个字段,字段之间用“:”隔开,文件内容如图 4-1 所示。

```
[root@sjh ~]# cat -n /etc/passwd
     1  root:x:0:0:root:/root:/bin/bash
     2  bin:x:1:1:bin:/bin:/sbin/nologin
     3  daemon:x:2:2:daemon:/sbin:/sbin/nologin
     4  adm:x:3:4:adm:/var/adm:/sbin/nologin
     5  lp:x:4:7:lp:/var/spool/lpd:/sbin/nologin
     ......中间行省略......
    41  sshd:x:74:74:Privilege-separated SSH:/var/empty/sshd:/sbin/nologin
    42  avahi:x:70:70:Avahi mDNS/DNS-SD Stack:/var/run/avahi-daemon:/sbin/nologin
    43  tcpdump:x:72:72::/:/sbin/nologin
    44  zzti:x:1000:1000:zzti:/home/zzti:/bin/bash
    45  sjh:x:1001:1001::/home/sjh:/bin/bash
```

图 4-1　/etc/passwd 文件的内容

账户信息的每个字段的含义如下。

(1) 用户名。用户名是代表用户账户的字符串,在系统中是唯一的。用户名的长度不超过 32 个字符,可由大小写字母、数字、下画线、减号(不能出现在首位)和 $(只能出现在结尾)组成。虽然用户名中可以出现“.”,但不允许出现在首位,因为以“.”开头的用户主目录会成为隐藏目录。纯数字、“.”或者“..”都不允许作为用户名使用。

(2) 账户密码。基于安全因素,此字段用“x”代替,密码保存在/etc/shadow 文件中。

(3) 用户 ID(UID)。该字段是代表用户标识号的数字,也称为 UID,在系统内是唯一的,系统通过 UID 来标识用户身份。从图 4-1 中可以看到,第 1 行 root 账户,UID 是 0;第 2、3、4 行 bin、daemon、adm 的 UID 分别是 1、2、3,它们是系统用户;第 44 行 zzti 和第 45 行 sjh 是由超级用户创建的普通用户,UID 大于或者等于 1000。

(4) 组 ID(GID)。该字段是代表组标识号的数字,也称为 GID。GID 是 Linux 系统中每个组都拥有的唯一的数字标识,每个 GID 都对应着/etc/group 文件和/etc/gshadow 文件中的一条记录。

(5) 用户相关信息。该字段没有实际意义,通常记录该用户的一些属性,例如用户全名、电话、地址等。

(6) 用户主目录。用户主目录是用户登录系统后所进入的目录。在大多数系统中,各用户的主目录都被组织在同一个特定的目录下,而用户主目录的名称就是该用户的登录名。各用户对自己的主目录有读、写、执行(搜索)权限,其他用户对此目录的访问权限则根据具体情况设置。从图 4-1 可以看出,root 的主目录是/root,普通用户 sjh 的主目录是/home/sjh,当然也可以根据需要修改该项信息从而改变用户主目录。

(7) 用户登录环境。用户登录环境即用户登录后启动的 Shell 进程。CentOS 的默认 Shell 是 bash,因此 root 账户和 sjh 账户的该字段为/bin/bash;若该字段为/sbin/nologin,

表示不允许该账号登录。

4.1.3 用户影子文件

账户影子文件 shadow 位于/etc 目录下，用来存储关于账户密码的相关设置。文件中每一行对应一个用户账户的密码设置，每个账户密码信息包含 9 个字段，字段之间用"："隔开，文件内容如图 4-2 所示。

```
[root@sjh ~]# cat -n /etc/shadow
     1    root:$6$PezU5wO.9CTFHBWy$tmbO8SgLl1UHeQPh3wMhpaI/ANUP2z39nzfX/zBabkr2
iOZpy19KIv.Ank1j4MCW8U8wwrz8S9Y0NmM6SZjqV/::0:99999:7:::
     2    bin:*:18078:0:99999:7:::
     3    daemon:*:18078:0:99999:7:::
     4    adm:*:18078:0:99999:7:::
     ……中间行省略……
    41    sshd:!!:18355:::::::
    42    avahi:!!:18355:::::::
    43    tcpdump:!!:18355:::::::
    44    zzti:$6$pzYO1KccJK4yJMso$Xm7t/LkY/6t5faiClibPOAAk/eHI3DQcrOvRuT9ZKUgnSan
cV.M8pZdTQcAOb5O6Y8eO/puH7Q.gPOIaVhzjb/::0:99999:7:::
    45    sjh:!!:18385:0:99999:7:3:18414:
```

图 4-2　/etc/shadow 文件的内容

文件中每个字段的含义如下。

（1）用户名。用户登录到系统时使用的名字，与/etc/passwd 文件对应。

（2）密码。存放的是加密过的密码。若该字段为空，表示该用户不需要密码即可登录；若为"!!"，表示该用户从来没有设置过密码，不能登录系统；若为"＊"，表示该账号被禁用；若为以"!"开头的密码，表示密码被锁定。已加密密码，分为 3 个部分用"＄"分隔，第一部分表示用哪种哈希算法；第二部分是用于加密哈希的 salt（即使用哈希算法对密码进行加密的一个干扰值：1 表示 MD5，6 表示 SHA-512，5 表示 SHA-256）；第三部分是已加密的哈希值。

（3）最近更改密码的日期。该字段的数字是从 1970 年 1 月 1 日到用户最近一次修改密码所经过的天数。例如，如果上次更改密码的日期是 2020 年 1 月 1 日，闰年有 366 天，这个值就是 365×（2020－1970）＋（2020－1970）/4＋1＝18263。

（4）密码不可被更改的天数。该字段表示密码在最近一次更改后至可再次修改的天数。如果该字段设为 7，表示用户在设置密码后，7 天内都不能更改密码；该字段默认是 0，表示随时可以更改密码。

（5）密码需要在多少天内更改。该字段表示最近一次更改密码后，至必须再次更改密码的天数。如果字段设为 30，表示 30 天内必须更改密码，30 天后密码变为过期状态，用户将不能登录；该字段默认是 99999，可以理解为不需要强制更改密码。

（6）密码到期前多少天给用户发出警告。该字段表示至密码到期的天数。根据字段 5 设置的密码到期时间，系统会依据本字段的设置，如果本字段设置为 7，则系统会在密码到期前 7 天给用户发出警告，提醒用户密码再有 7 天过期。

（7）密码到期后多少天失效。该字段表示密码到期后失效的天数。若该字段设为 3，则表示密码到期后再宽限 3 天，3 天内该账号还可以登录系统，但系统会强制要求重新设置密码，如果仍然不更改密码，3 天后这个账户的密码会失效，账户被锁定。

（8）账号失效日期。该字段表示该账号在此字段规定的日期之后，不论密码是否过期，账号将无法再使用。与字段 3 一样，该字段的数字也使用 1970 年 1 月 1 日以来的总天数。

（9）保留域。该字段留作以后加入新功能。

注意：只有 root 用户才有权限修改/etc/shadow 文件，普通用户不能读写该文件。

4.1.4 组账户管理文件

组账户按性质可分为系统组和私有组。系统组是安装 Linux 及部分服务型程序时，系统自动设置的组。私有组是系统安装完成后，由超级用户新建的组。超级用户可以根据需要，建立组账户，向组中添加成员；另外，每当新建用户时，系统默认会创建一个和用户名完全相同的私有组。

组账户文件 group 位于/etc 目录下，文件中每一行对应一个组账户，每个组账户的信息包含 4 个字段，字段之间用":"隔开，文件内容如图 4-3 所示。

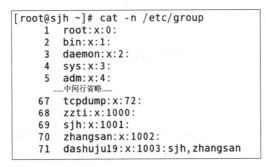

```
[root@sjh ~]# cat -n /etc/group
     1  root:x:0:
     2  bin:x:1:
     3  daemon:x:2:
     4  sys:x:3:
     5  adm:x:4:
  ......中间行省略......
    67  tcpdump:x:72:
    68  zzti:x:1000:
    69  sjh:x:1001:
    70  zhangsan:x:1002:
    71  dashuju19:x:1003:sjh,zhangsan
```

图 4-3　/etc/group 文件的内容

文件中每个字段的含义如下。

（1）组名称。该字段是用户登录时所在的组名称环境。第 68～70 行都是创建用户时，系统默认创建的私有组；第 71 行是新建的组账户。

（2）组密码。该字段是通常是给"组管理员"使用的，默认情况下不使用。真正的密码记录在/etc/gshadow 文件中，因此这个字段用"x"代替。

（3）组 ID（GID）。该字段是识别不同组的唯一标识。组 ID 的取值范围与用户 ID 一致。

（4）组内用户列表。该字段是属于该附加组的所有用户名列表，用户名之间用","间隔。一个账号可以加入多个附加组，只需将账号的用户名填入该字段即可。

组影子文件/etc/gshadow 与/etc/group 文件对应，每一行也包含 4 个字段，字段之间用":"隔开，文件内容如图 4-4 所示。

```
[root@sjh ~]# cat -n /etc/gshadow
     1  root:::
     2  bin:::
     3  daemon:::
     4  sys:::
     5  adm:::
  ......中间行省略......
    67  tcpdump:!::
    68  zzti:!::
    69  sjh:!::
    70  zhangsan:!::
    71  dashuju19:$6$XK8i1/NluzPduCy$Q86FWWk615VtPbFCqRWWUGY69m1k/q6otoD
JgV7Fv5DORPCCs7.GlEVyVkCjYFpt5K24/pMDhrkNFQs2e/zxU1:zzti:sjh,zhangsan
```

图 4-4　/etc/gshadow 文件的内容

文件中每一行的 4 个字段分别是组名、组密码、组管理员和组内用户列表。组密码字段是加密过的密码;若为"!"或者为空表示该组没有密码。设置组管理员的作用是避免 root 太忙碌,可以由组管理员对组内成员进行添加和删除。组密码通常是给组管理员和非组群成员使用组群用户身份使用的,有了 sudo 命令之后很少使用组管理员的功能,所以通常不需要设置组密码。组名称和组内用户列表与/etc/group 文件内容相同。

4.2　用户账户和组账户管理命令

上面介绍了用户账户和组账户信息的组成和含义,本节将介绍常用的用户账户管理命令和组账户管理命令,对账户进行设置和修改。

4.2.1　用户账户管理命令

Linux 管理员管理用户账户主要用于合理、有效、安全地完成新建、删除和修改账户这 3 个基本工作。基本的用户管理命令有新增用户命令 useradd、设置密码命令 passwd、修改属性命令 usermod、删除用户命令 userdel 等。

1. 新增用户命令 useradd

使用 useradd 命令可以新建用户账号,但只有超级用户有权限使用该命令。

注意:由于使用 useradd 命令新增加的用户还未设置密码,因此设置密码前还不能使用该用户的账号登录系统。

useradd 命令的格式如下:

```
useradd [选项] <用户名>
```

useradd 命令的选项比较多,如表 4-1 所示。

表 4-1　useradd 命令的选项

选　项	参　数	功　能
-u	用户 ID	指定用户 ID,不使用默认值
-g	组 ID 或组名	指定新用户的主组
-G	组 ID 或组名	指定新用户的附加组
-d	主目录	指定新用户的主目录,而不使用默认值,要用绝对路径
-s	Shell 名称	指定新用户使用的 shell,若未指定则默认是/bin/bash
-e	失效日期	指定用户账户的失效时间,对应/etc/shadow 的字段 8,格式为"YYYY-MM-DD",例如:2020-06-01
-f	缓冲天数	设置在密码过期后多少天锁定该账号,对应/etc/shadow 的字段 7
-c	备注	为账户加上备注信息,对应/etc/passwd 的字段 5
-M		强制不要创建主目录(系统用户默认值)
-m		创建与用户名同名的主目录(普通用户默认值)
-n		取消建立以用户名称为名的组
-r		建立系统账号

例如：

useradd zhangsan
useradd -u 1006 -g 1003 -G zhangsan -e 2020-06-01 lisi
(3) useradd -r -s/sbin/nologin weichat

第 1 条 useradd 命令未使用任何选项，仅给出账户名即可创建账户。通过查看 /etc/passwd 文件和/etc/shadow 文件的最后一行可以看出：创建的账户 zhangsan 为普通用户，生成的 UID 为 1002；同时系统还为 zhangsan 生成一个私有组 zhangsan，GID 为 1002；用户主目录为默认值/home/zhangsan；用户登录的 Shell 是系统默认值/bin/bash；新建的用户还没有设置密码；但最近一次更改密码的日期却是 18385，该值实际上是创建账户的日期 2020 年 5 月 3 日距 1970 年 1 月 1 日的天数；密码没有过期时间，并且可以随时更改，但不强制更改密码，系统会在密码到期前 7 天给予提醒；如图 4-5 所示。如果不想使用这些默认设置，后续可以使用 passwd 和 usermod 命令对账户和密码的相关属性进行修改。

图 4-5　第 1 条 useradd 命令执行结果

第 2 条 useradd 命令在创建 lisi 账户时，u 选项指定 UID 为 1006；g 选项指定 GID 为 1003，1003 是一个已经存在的组账户 dashuju19 的 ID，即 lisi 的主组为 dashuju19；G 选项指定附加组为 zhangsan 的私有组；e 选项指定了 lisi 账户的失效日期为 2020 年 6 月 1 日，/etc/shadow文件最后一行第 8 项 18414 是 2020 年 6 月 1 日距 1970 年 1 月 1 日的天数，如图 4-6 所示。

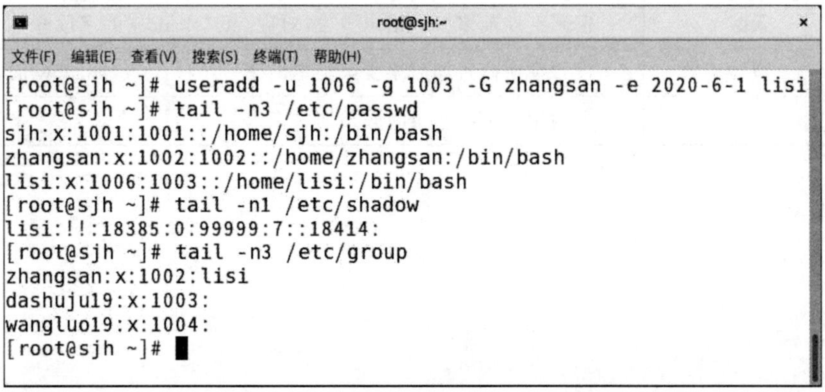

图 4-6　第 2 条 useradd 命令执行结果

第 3 条 useradd 命令使用 r 选项创建了系统账户 weichat，其 UID 和 GID 都小于 1000；

s 选项将 Shell 字段设置为/sbin/nologin,表示该用户不能登录系统。系统账户默认是不创建主目录的,但是通过查看/etc/passwd 文件,发现 weichat 的该字段为/home/weichat,但真的创建主目录了吗?通过 ls 命令可以看到,/etc/weichat 目录并不存在,如图 4-7 所示。

图 4-7　第 3 条 useradd 命令执行结果

2. 修改用户密码命令 passwd

使用 passwd 命令可以设置、修改用户的密码以及密码的属性。

注意:超级用户可以设置所有用户的密码,普通用户只能修改自己的密码。

passwd 命令的格式如下:

```
passwd [选项] [用户名]
```

passwd 命令的选项比较多,如表 4-2 所示。

表 4-2　passwd 命令的选项

选　项	参　数	功　　能
-d		删除用户密码,则该账号无需密码即可登录,仅 root 可以使用
-l		锁住账户密码,仅 root 可以使用
-u		解锁账户密码,是 l 选项的反操作,仅 root 可以使用
-S		显示指定用户账号的状态
-x	天数	指定多少天内必须修改密码,对应/etc/shadow 的字段 5
-w	天数	密码到期前多少天给出警告,对应/etc/shadow 的字段 6
-i	缓冲天数	设置在密码过期后多少天锁定该账号,对应/etc/shadow 的字段 7
-e		强制用户下次登录时必须修改密码

例如:

```
passwd sjh
passwd
passwd -S sjh
passwd -l sjh
passwd -u sjh
passwd -x 30 sjh
passwd -d sjh
```

第 1 条 passwd 命令由超级用户执行,设置 sjh 用户的密码;根据提示,通过键盘输入密码,但终端不会有任何显示,密码输入完毕按 Enter 键,若密码少于 8 个字符会有提示,如图 4-8 所示,但因为是超级用户,可以设置少于 8 个字符的密码;根据提示重复输入刚才的密码,按 Enter 键,完成密码设置。

第 2 条 passwd 命令是在切换到普通用户 sjh 之后,普通用户 sjh 只能修改自己的密码,因此不需要带用户名,普通用户必须按照系统规定输入不少于 8 个字符的密码,密码还必须通过字典检查才能设置成功。通常,密码不能与账号相同;要超过 8 个字符;不要选择字典里面出现的字串;不要使用个人信息;尽量使用大小写字符、数字、特殊字符(_、-、$ 等)的组合。

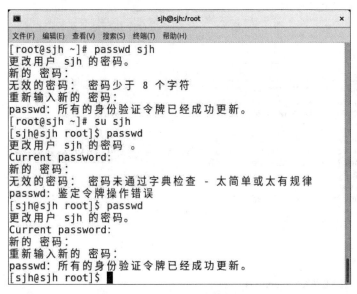

图 4-8　第 1、2 条 passwd 命令执行结果

第 3 条 passwd 命令使用 S 选项查看 sjh 账户密码的状态,如图 4-9 所示,这组信息由 7 个字段组成,第 1 个字段是用户名;第 2 个字段表示密码是否被锁定,LK 表示密码已被锁定,NP 表示没有密码,PS 表示有可用密码;第 3 个字段是最近一次修改密码的日期;后面 4 个字段分别是最短密码生存期、最长密码生存期、密码到期前预警天数、密码到期后缓冲天数。

第 4 条 passwd 命令使用 l 选项锁定 sjh 账户的密码,被锁定后的状态可通过执行第 3 条命令查看,如图 4-9 所示。

第 5 条 passwd 命令使用 u 选项解锁 sjh 账户的密码,解锁后的状态也可通过执行第 3 条命令查看,如图 4-9 所示。

第 6 条 passwd 命令使用 x 选项设置 sjh 账户必须在 30 天内修改密码,运行效果如图 4-10 所示。

第 7 条 passwd 命令使用 d 选项删除了 sjh 账户的密码,通过 S 选项可以看到 sjh 的密码为空,如图 4-10 所示,sjh 账户无需密码即可登录。

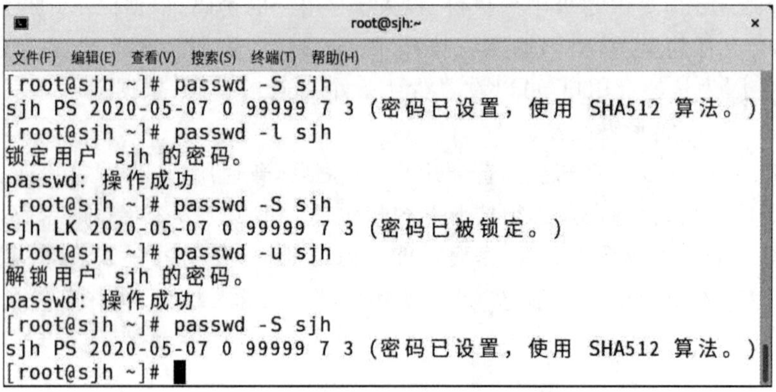

图 4-9　第 3～5 条 passwd 命令执行结果

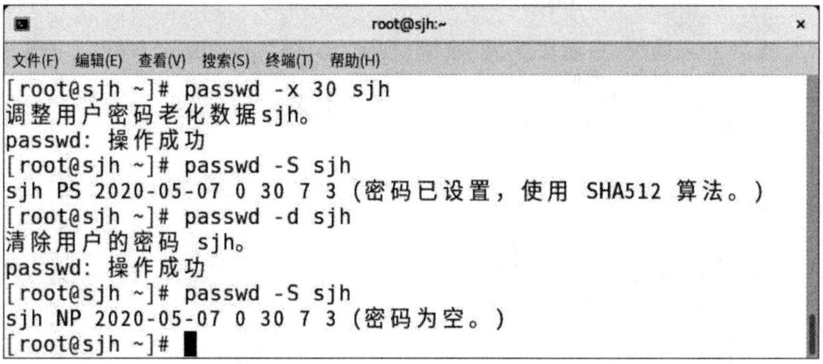

图 4-10　第 6、7 条 passwd 命令执行结果

3. 修改用户属性命令 usermod

使用 usermod 命令可以修改用户账户的属性信息,但只有超级用户可以使用该命令。

注意:usermod 命令与 useradd 命令的区别在于,usermod 命令可以修改用户名,且能禁用和恢复账号;usermod 命令与 passwd 命令都可以禁用、启用账户,但不完全相同。

usermod 命令的格式如下:

usermod [选项] <用户名>

usermod 命令的选项比较多,如表 4-3 所示。

表 4-3　usermod 命令的选项

选　项	参　数	功　能
-g	组 ID 或组名	指定新用户的主组
-G	组 ID 或组名	指定新用户的附加组
-d	主目录	指定新用户的主目录
-s	登录 shell	指定新用户使用的 shell,默认为 bash
-e	有效期限	指定用户的登录失效时间
-u	用户 ID	指定用户 ID

选 项	参 数	功 能
-c	备注	为账户加上备注信息,对应/etc/passwd 的字段 5
-f	缓冲天数	设置在密码过期后多少天锁定该账号,对应/etc/shadow 的字段 7
-l	用户名	指定用户的新名称
-L	用户名	锁定用户密码,使密码无效
-U	用户名	解除密码锁定

例如:

```
usermod -u 1010 lisi
usermod -l lisi2 lisi
usermod -c ceshi lisi2
usermod -d /home/lisi2 lisi2
usermod -e 2020-8-1 lisi2
usermod -f 10 lisi2
```

第 1 条 usermod 命令使用 u 选项把 lisi 的 UID 修改为 1010。

第 2 条 usermod 命令使用 l 选项把 lisi 的用户名修改为 lisi2。

第 3 条 usermod 命令给 lisi2 账户添加备注信息。

第 4 条 usermod 命令把 lisi2 的主目录修改为/home/lisi2,当然要先确保 lisi2 目录已经存在;在每条命令执行结束,可以使用 tail 命令查看/etc/passwd 文件中账户信息的变化,如图 4-11 所示。

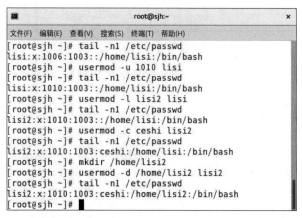

图 4-11　第 1～4 条 usermod 命令执行结果

第 5 条 usermod 命令使用 e 选项把 lisi2 账户的登录失效时间设置为 2020 年 8 月 1 日,对应/etc/shadow 文件中 lisi2 账户的第 8 项,18475 就是 2020 年 8 月 1 日距 1970 年 1 月 1 日的天数。

第 6 条 usermod 命令设置 lisi2 账户在密码过期 10 天后被锁定,对应/etc/shadow 文件中 lisi2 账户的第 7 项;在每条命令执行前和结束后,可以使用 tail 命令查看/etc/shadow 文件中 lisi2 账户密码设置的变化,如图 4-12 所示。

```
                    root@sjh:~                       ×
文件(F)  编辑(E)  查看(V)  搜索(S)  终端(T)  帮助(H)
[root@sjh ~]# tail -n1 /etc/shadow
lisi2:!!:18388:0:99999:7:::
[root@sjh ~]# usermod -e 2020-8-1 lisi2
[root@sjh ~]# tail -n1 /etc/shadow
lisi2:!!:18388:0:99999:7::18475:
[root@sjh ~]# usermod -f 10 lisi2
[root@sjh ~]# tail -n1 /etc/shadow
lisi2:!!:18388:0:99999:7:10:18475:
[root@sjh ~]#
```

图 4-12   第 5、6 条 usermod 命令执行结果

4. 删除用户命令 userdel

使用 userdel 命令用于删除用户账号,但只有超级用户可以使用该命令,如图 4-13 所示,账户 zzti 试图执行 userdel 命令删除账户 lisi2,系统提示"Permission denied",即权限被拒绝。

userdel 命令的格式:

```
userdel [选项] <用户名>
```

userdel 命令的选项如表 4-4 所示。

表 4-4   userdel 命令的选项

选　　项	功　　　　能
-r	用于删除用户的 Home 目录和邮件
-f	强制删除用户

例如:

```
userdel lisi2
userdel -r zhangsan
userdel -f zzti
```

第 1 条 userdel 命令没有带任何选项,用来删除 lisi2 账户,但会保留 lisi2 账户的家目录是/home/lisi2。首先使用 su 命令切换到 root 账户,然后再执行 userdel 命令,如图 4-13 所示,组账户管理文件/etc/passwd 中 lisi2 账户的信息已经不存在了,但是使用 ls 命令查看/home/lisi2 目录仍然存在。

第 2 条 userdel 命令使用 r 选项,删除 zhangsan 账户,同时删除 zhangsan 账户的家目录/home/zhangsan。如图 4-14 所示,组账户管理文件/etc/passwd 中 zhangsan 账户的信息已经不存在了,使用 ls 命令查看/home/zhangsan 目录也不存在了。

当使用 userdel 命令删除用户时,不论是否使用 r 选项,正在使用系统的用户不能被删除,必须先终止该用户的所有进程才能删除该用户。如图 4-15 所示,zzti 用户已经登录,切换到 root 用户后试图使用 userdel 命令删除 zzti 账户,但系统提示 zzti 用户正被进程(当前进程号是 3383)使用,因此无法删除 zzti,可以先注销 zzti 用户再使用 userdel 命令或者使用

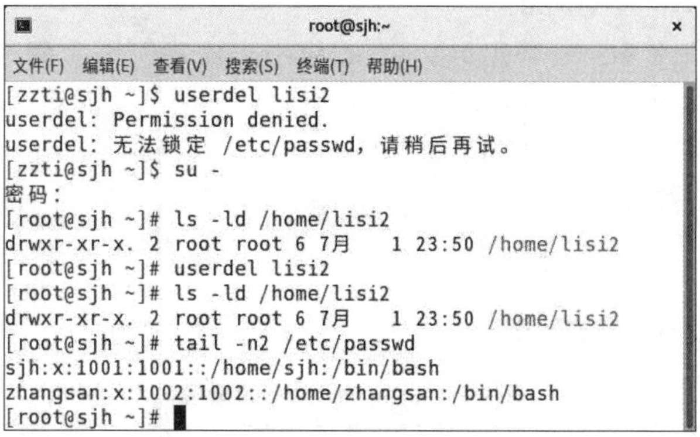

图 4-13　第 1 条 userdel 命令执行结果

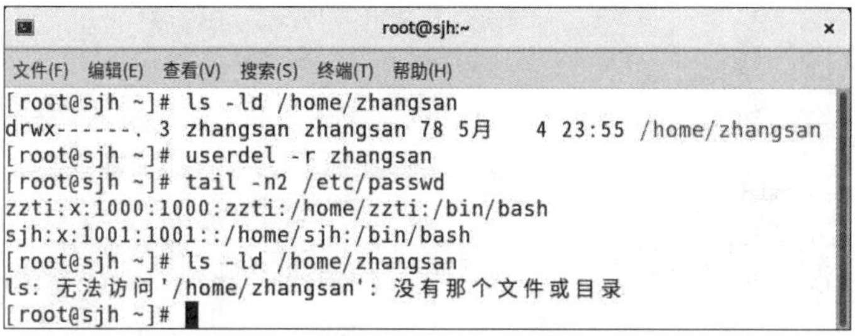

图 4-14　第 2 条 userdel 命令执行结果

f 选项。

第 3 条 userdel 命令使用 f 选项，强制删除 zzti 账户，如图 4-15 所示，虽然系统提示 zzti 用户正被进程（当前进程号是 3383）使用，但通过查看/etc/passwd 文件看出，zzti 账户的信息已经不存在了。当再次登录系统时，zzti 账户就不会出现在用户列表中。

图 4-15　第 3 条 userdel 命令执行结果

4.2.2　组账户管理命令

基本的组账户管理命令有新增组账户命令 groupadd、修改组属性命令 groupmod、删除组账户命令 groupdel 等。上述命令的执行会改变组账户管理文件/etc/group 和组影子文件/etc/gshadow 的相应内容。

1. 新增组账户命令 groupadd

使用 groupadd 命令用于新建组群,只有超级用户才能使用此命令。该命令的执行将在/etc/group 文件和/etc/gshadow 文件中分别增加一行记录。注意,提供的组账户名一定是系统内不存在的组名,否则无法创建组账户。

groupadd 命令的格式:

groupadd [选项] <组账户名>

groupadd 命令的选项,如表 4-5 所示。

表 4-5   groupadd 命令的选项

选　项	参　数	功　　能
- g	组 ID	指定新创建组账户的 GID
- r		创建系统组账号(GID 小于 1000)

例如:

groupadd dashuju18
groupadd - g 1020 dashuju20
groupadd - r dashuju21

第 1 条 groupadd 命令不使用任何选项,将使用系统默认设置创建 dashuju18 组,即组 ID 由大于 1000 的最大 GID+1 决定。如图 4-16 所示,在 groupadd 命令执行之前,系统最大 GID 是 1004,命令执行之后,组管理文件/etc/group 末尾增加了 dashuju18 组一行信息,并且 dashuju18 组的 GID 为 1005。

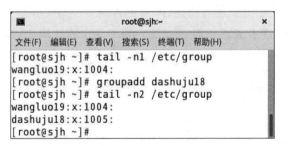

图 4-16   第 1 条 groupadd 命令执行结果

第 2 条 groupadd 命令使用 g 选项创建组 dashuju20,指定组 ID 为 1020。命令执行效果如图 4-17 所示,组管理文件/etc/group 末尾增加了 dashuju20 组的信息,并且 dashuju20 组的 GID 为 1020。

第 3 条 groupadd 命令使用 r 选项,创建系统组账户。命令执行效果如图 4-18 所示,组管理文件/etc/group 末尾增加了 dashuju21 组的信息,并且 dashuju21 组的 GID 为 976,GID 小于 1000 说明是系统组。

2. 修改组属性命令 groupmod

使用 groupmod 命令用于修改指定组群的属性,只有超级用户才能使用此命令。该指令的执行将修改/etc/group 文件相应记录的内容。

图 4-17 第 2 条 groupadd 命令执行结果

图 4-18 第 3 条 groupadd 命令执行结果

groupmod 命令的格式：

groupmod [选项] <组账户名>

groupmod 命令的选项较少，如表 4-6 所示。

表 4-6　groupmod 命令的选项

选　项	参　数	功　能
-g	组 ID	改变组账户的 GID，组账户名称保持不变
-n	新的组账户名	改变组账户名，GID 不变

例如：

groupmod -g 1010 dashuju20
groupmod -n wangluo20 dashuju21

第 1 条 groupmod 命令使用 g 选项，将 dahuju20 组的 GID 修改为 1010，组名还是 dashuju20。

第 2 条 groupmod 命令使用 n 选项，将 dashuju21 组的组名改为 wangluo20，GID 不变，如图 4-19 所示。

注意：命令中提供的组账户名或者组 ID 一定要是系统内不存在的，否则修改不会成功，系统会提示"组已存在"或"GID 已经存在"。

3. 删除组账户命令 groupdel

使用 groupdel 命令用于删除指定组群，只有超级用户才能使用此命令。该指令的执行将删除 /etc/group 文件和 /etc/gshadow 文件的相应记录。

注意：被删除的组账号必须存在；当有用户使用组账号作为私有组时不能删除该私有

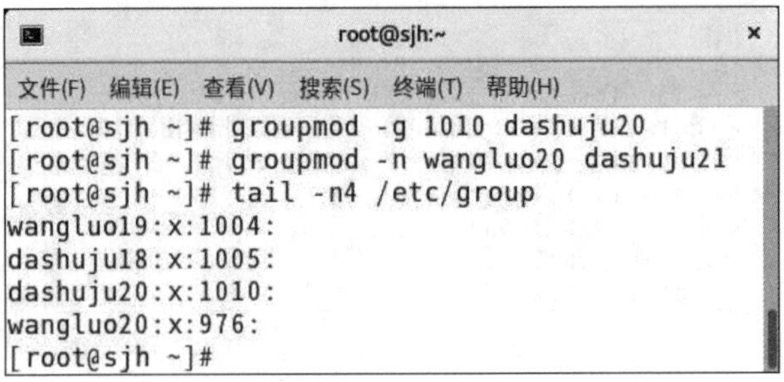

图 4-19　groupmod 命令执行结果

组账户;与用户名同名的私有组账号在使用 userdel 命令删除用户时将被同时删除。

groupdel 命令的格式:

groupdel <组账户名>

例如:

groupdel wangluo20

该命令将删除 wangluo20 组群,从图 4-20 可以看出,groupdel 命令执行后/etc/group 文件中 wangluo20 的信息已经不存在了。

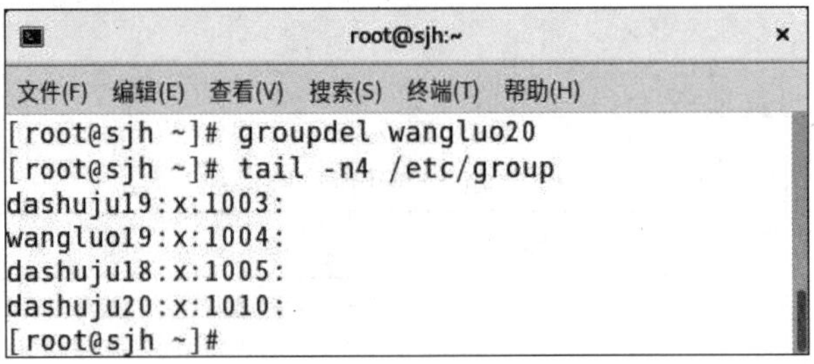

图 4-20　groupdel 命令执行结果

当有用户使用组账号作为私有组时,例如 sjh 组账户是 sjh 账户的私有组账户,如果使用 groupdel 命令删除 sjh 私有组账户,如图 4-21 所示,系统会提示"不能移除用户 sjh 的主组"。当使用 userdel 命令删除用户账户时,例如 sjh 用户账户,如图 4-21 所示,系统会同时删除 sjh 用户账户的主组 sjh,查看/etc/group 文件可以看到,sjh 组群的信息已经不存在了。

4. 修改组账户密码命令 gpasswd

使用 gpasswd 命令用于设定组群密码、指定组管理员,以及向组中添加或从组中删除用户。组群密码的作用是,非本组群的用户想切换到本组群用户身份时,可以通过密码保证安全性;如果没有设置组群密码,则只有属于本组群的用户能够切换到本组群用户的身份。因为组密码和组管理员功能很少使用,而且完全可以被 sudo 命令取代,所以 gpasswd 命令现在主要用于把用户添加进组或从组中删除。

gpasswd 命令的格式:

gpasswd [选项] <组账户名>

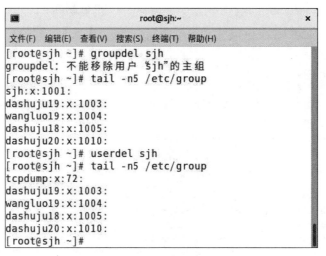

图 4-21　groupdel 命令注意事项

gpasswd 命令的选项如表 4-7 所示。

表 4-7　gpasswd 命令的选项

选　项	参　数	功　能
-a	用户名	添加用户到组
-d	用户名	从组中删除用户
-A	用户名	指定用户为组管理员
-M	用户名	指定组成员和-A 的用途差不多
-r		删除密码
-R		限制用户登入组,只有组中的成员才可以用 newgrp 加入该组

例如:

```
gpasswd wangluo20
gpasswd -A sjh wangluo20
gpasswd -a zzti wangluo20
gpasswd -d zzti wangluo20
```

第 1 条 gpasswd 命令没有使用任何选项,表示给 wangluo20 组群设置一个密码。如图 4-22 所示,wangluo20 是一个已经存在的组账户,执行本条命令后,根据系统提示输入两遍密码,即可完成组群密码的创建。

第 2 条 gpasswd 命令使用 A 选项,把 sjh 用户设置为 wangluo20 组群的管理员,使得 sjh 用户拥有管理组群的权限。如图 4-22 所示,使用 su 命令切换到组群管理员 sjh 账户后执行第 3 条命令。

第 3 条 gpasswd 命令使用 a 选项,把 zzti 用户添加到 wangluo20 组群。再使用 su 命令切换回 root 用户,使用 grep 命令查看/etc/group 和/etc/gshadow 文件,可以看出 sjh 被设置为 wangluo20 组群的管理员,zzti 是 wangluo20 组群的成员。

第 4 条命令使用 d 选项,把 zzti 用户从 wangluo20 组群删除。

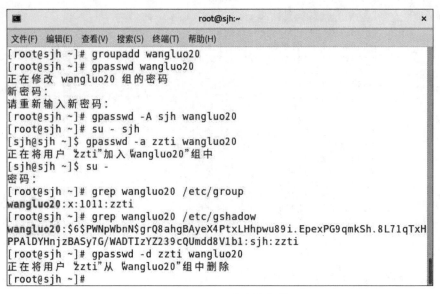

图 4-22　gpasswd 命令执行结果

4.2.3　其他相关的 Shell 命令

1. id 命令

使用 id 命令用于查看一个用户的 UID(用户 ID)和 GID(组 ID)。如果查看当前用户的 UID 和 GID,则不要输入用户名。

id 命令的格式:

```
id [选项] [用户名]
```

id 命令的选项如表 4-8 所示。

表 4-8　id 命令的选项

选　项	功　能
-u	只显示 UID
-g	显示用户的主组的 GID
-G	显示用户所有组的 GID

例如:

```
id lisi
id -u lisi
id -g lisi
id -G lisi
```

第 1 条 id 命令不使用任何选项,会输出 lisi 用户的 UID 和所有的 GID 信息,如图 4-23 所示。产生图 4-23 所示信息的前提是,在 4.2.1 节中使用 useradd 命令创建 lisi 用户时,指定了 UID 是 1006、主组 GID 是 1003（dahsuju19）、附加组 GID 是 1002（zhangsan），如图 4-6 所示。

第 2 条 id 命令使用 u 选项，只显示 UID。

第 3 条 id 命令使用 g 选项，只显示主组 GID。

第 4 条 id 命令使用 G 选项，显示主组 GID 和所有附加组 GID。

```
                          root@sjh:~                         ✕
文件(F)  编辑(E)  查看(V)  搜索(S)  终端(T)  帮助(H)
[root@sjh ~]# grep dashuju19 /etc/group
dashuju19:x:1003:
[root@sjh ~]# tail -n2 /etc/passwd
zhangsan:x:1002:1002::/home/zhangsan:/bin/bash
lisi:x:1006:1003::/home/lisi:/bin/bash
[root@sjh ~]# id lisi
uid=1006(lisi) gid=1003(dashuju19) 组=1003(dashuju19),1002(zhangsan)
[root@sjh ~]# id -u lisi
1006
[root@sjh ~]# id -g lisi
1003
[root@sjh ~]# id -G lisi
1003 1002
[root@sjh ~]#
```

图 4-23　id 命令执行结果

2. whoami 命令

使用 whoami 命令用于显示当前用户的名称。这个命令非常简单，相当于执行 id -un 指令。

whoami 命令的格式：

whoami

例如：

whoami

在超级用户 root 和普通用户 sjh 登录的状态下，执行 whoami 命令的结果如图 4-24 所示。

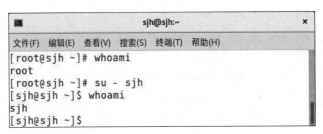

```
                          sjh@sjh:~                          ✕
文件(F)  编辑(E)  查看(V)  搜索(S)  终端(T)  帮助(H)
[root@sjh ~]# whoami
root
[root@sjh ~]# su - sjh
[sjh@sjh ~]$ whoami
sjh
[sjh@sjh ~]$
```

图 4-24　whoami 命令执行结果

3. su 命令

使用 su 命令用于转换当前用户到指定的用户账号，如图 4-24 中所示，使用 su 命令实现了从 root 用户到 sjh 用户的转换。命令格式和用法可参照 2.1.1 节启动 Shell 中的介绍。

4. 成批添加用户命令 newusers

使用 newusers 命令用于读取用户名和明文密码对的文件,并使用此信息来更新一组现有用户或创建新用户。

newusers 命令的格式:

newusers [选项] <文件名>

newusers 命令的选项如表 4-9 所示。

表 4-9　newusers 命令的选项

选　项	功　能
-c	指定加密方法,可以指定为 NONE、DES、MD5、SHA256、SHA512
-r	创建系统账户
-s	使用指定次数的轮转来加密密码,只对 SHA * 加密算法有用

newusers 命令的使用示例如下。

(1) 创建包含新用户的文件:n_user.txt,在文件中输入以下 4 个新创建用户信息并保存,文件格式与/etc/passwd 文件格式相同。

格式:

用户名:口令:UID:GID:用户说明:用户的家目录:所用 SHELL

s2019084101:student:1101:1101:lining:/home/2019084101:/bin/bash

s2019084102:student:1102:1102:chenmeng:/home/2019084102:/bin/bash

s2019084103:student:1103:1103:niuliyue:/home/2019084103:/bin/bash

s2019084104:student:1104:1104:zhengzhenzhen:/home/2019084104:/bin/bash

(2) 执行命令 newusers n_user.txt,成批创建 4 个用户。命令执行的结果可以查看/etc/passwd 文件和/etc/shadow 文件,如图 4-25 所示。这里没有使用任何选项,但 $ 6 $

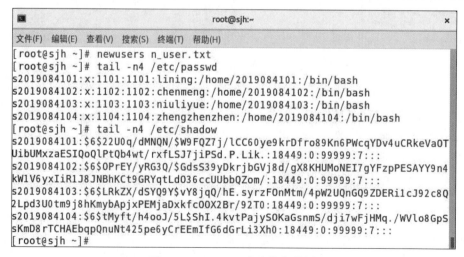

图 4-25　newusers 命令执行结果

代表系统自动使用了 SHA512 加密方法;用户可以根据需要使用表 4-9 中的选项。因为本例中 n_user.txt 是在 root 用户的主目录/root 下创建的,所以使用了相对路径,也可以使用绝对路径/root/n_user.txt。

5. 成批修改口令命令 chpasswd

使用 chpasswd 命令用于从系统的标准输入读入用户名和口令,利用这些信息来更新系统上已存在的用户的口令,也可以把包含用户名和口令的文件内容重定向到/etc/shadow 文件中以批量修改用户口令。该命令可以读入未加密前的密码,并且经过加密后,将加密后的密码写入/etc/shadow 当中,系统默认使用 SHA512 加密方法。

chpasswd 命令的格式:

```
chpasswd [选项]
```

chpasswd 命令的选项如表 4-10 所示。

表 4-10　chpasswd 命令的选项

选　项	功　　能
-c	指定加密方法,可以指定为 NONE、DES、MD5、SHA256、SHA512
-e	提供的密码已经加密
-m	使用 MD5 算法加密明文密码
-s	使用指定次数的轮转来加密密码,只对 SHA ∗ 加密算法有用

chpasswd 命令的使用示例如下。

(1) 提供密码的格式必须为"用户名:密码"。

```
echo s2019084101:wl084101 | chpasswd
```

(2) 批量修改多个用户口令。输入

```
chpasswd -m
```

按 Enter 键,依次输入要修改用户的名称和新口令,遵循示格式,每输入一组信息按 Enter 键,在新的空行按 Ctrl+d 键结束输入,如图 4-26 所示。查看/etc/shadow 文件会看

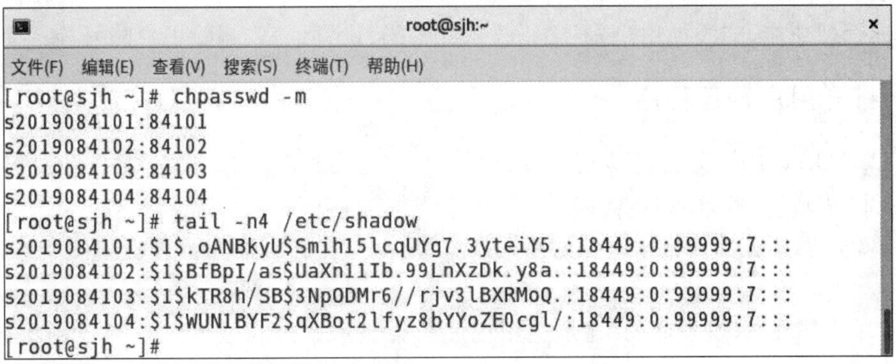

```
[root@sjh ~]# chpasswd -m
s2019084101:84101
s2019084102:84102
s2019084103:84103
s2019084104:84104
[root@sjh ~]# tail -n4 /etc/shadow
s2019084101:$1$.oANBkyU$Smih15lcqUYg7.3yteiY5.:18449:0:99999:7:::
s2019084102:$1$BfBpI/as$UaXn11Ib.99LnXzDk.y8a.:18449:0:99999:7:::
s2019084103:$1$kTR8h/SB$3NpODMr6//rjv3lBXRMoQ.:18449:0:99999:7:::
s2019084104:$1$WUN1BYF2$qXBot2lfyz8bYYoZE0cgl/:18449:0:99999:7:::
[root@sjh ~]#
```

图 4-26　执行 chpasswd 命令(1)

到,密码密文已经改变,并且以"＄1＄"开头,说明密码使用了 MD5 算法进行加密,原因在于 chpasswd 命令使用了 m 选项。

(3) 把包含用户名和口令的文件内容重定向到/etc/shadow 文件中修改口令。

第 1 步,先建立用户密码文本文件:n_uspw.txt,在文件中输入以下 4 个用户的信息并保存,必须以"用户名:密码"的格式来书写,并且不能有空行。

```
s2019084101:wl084101
s2019084102:wl084102
s2019084103:wl084103
s2019084104:wl084104
```

第 2 步,执行命令

```
chpasswd<n_uspw.txt
```

修改 4 个用户的密码,执行完毕后可以切换用户登录,验证密码是否修改成功,如图 4-27 所示。

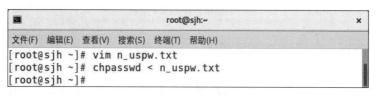

图 4-27　执行 chpasswd 命令(2)

普通用户默认没有使用 chpasswd 的权限,但是可以通过修改使用权限完成。修改权限的命令是

```
chmod 4755 /usr/sbin/chpasswd
```

chmod 命令的详细用法参看 6.3.2 节。

4.3　图形界面下的用户账户管理

和很多 Linux 发行版一样,CentOS 8.1 也自带图形界面的用户管理程序,具备基本的用户账户管理功能,如添加用户账号、修改账号密码、设置语言、删除用户账号等。

4.3.1　打开用户管理程序

在 CentOS 8.1 中,通过逐步选中"活动"|"显示应用程序"|"设置"|"详细信息"|"用户"选项,打开"用户"标签,详细步骤如下。

(1) 单击屏幕上部面板中左侧的系统菜单"活动",会在桌面左侧弹出如图 4-28 所示的菜单项。

(2) 单击图 4-28 最下面的"显示应用程序",会显示"常用"或者"全部"应用程序图标,如图 4-29 所示。

(3) 单击如图 4-29 所示的"设置"图标,打开"设置"窗口,如图 4-30 所示。

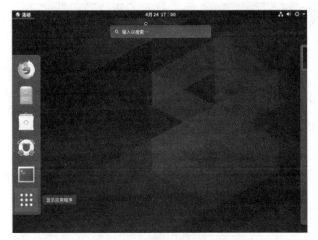

图 4-28 "活动"系统菜单

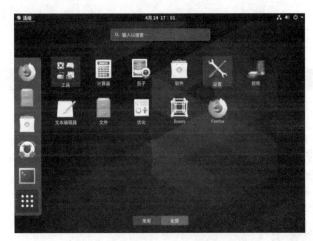

图 4-29 显示应用程序

（4）选中如图 4-30 所示的"设置"窗口中最下面的"详细信息"选项，打开"详细信息"窗口，选中"用户"选项，如图 4-31 所示。

在该界面下可以进行添加用户、删除用户、修改密码、设置语言等操作，其效果与字符界面的命令效果一致。注意，如果是普通用户登录，则只能修改自己的密码；图 4-31 右上角的"添加用户"将不会出现，取而代之的是"解锁"，右下角的 Remove User 也是不能选中；如果要想执行其他操作，需要先单击"解锁"按钮，输入管理员密码通过认证，获得管理员权限后才可以完成更多操作。

4.3.2 添加用户

在图形界面下创建用户账户，相当于在字符界面下执行不带任何选项的 useradd 命令，即生成的用户 ID、主目录、所属组、登录 Shell 等都是系统默认值。详细步骤如下。

（1）单击图 4-31 所示"用户"窗口右上角的"添加用户"，打开"添加用户"窗口，窗口中可以选择创建"标准"用户或者"管理员"用户，还可以选择"现在设置密码"，或者"允许用

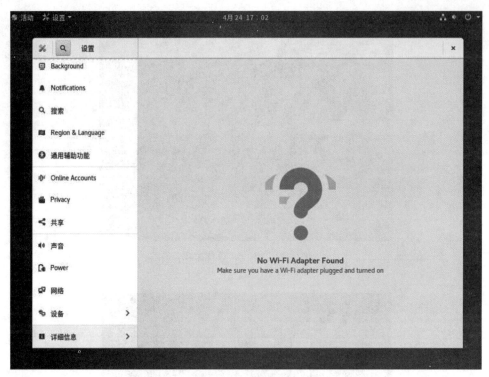

图 4-30　"设置"窗口

图 4-31　"用户"窗口

下次登录时更改密码",如图 4-32 所示。

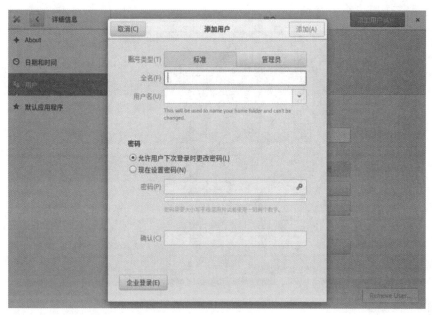

图 4-32 "添加用户"窗口

（2）在图 4-32 所示对话框中输入账户"全名"和"用户名"，如果选中"现在设置密码"单选按钮，需要在"密码"输入框中输入符合要求的密码，并在"密码"输入框输入相同的密码，如图 4-33 所示。密码最少要由 8 位组成，在输入密码的同时，输入框下方会有关于密码组成的提示信息。注意，密码中不能包含用户名，否则不能通过检验。

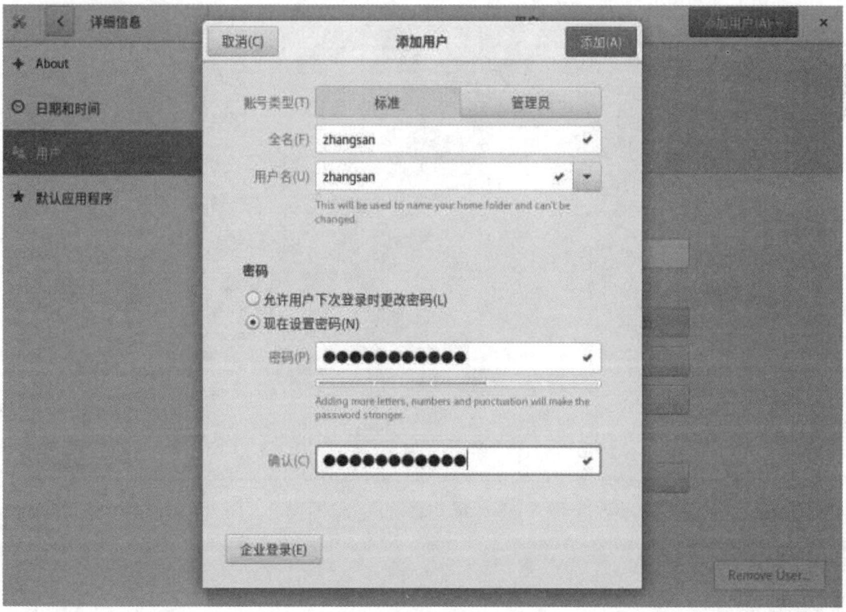

图 4-33 设置密码

如果在如图 4-33 所示对话框中选中"允许用户下次登录时更改密码"单选按钮,则不用输入密码,可以在用户首次登录时设置密码,如图 4-34 所示。

图 4-34 用户登录设置密码界面

（3）在图 4-33 所示对话框中单击"添加"按钮,完成用户创建,返回"用户"窗口,如图 4-35 所示。

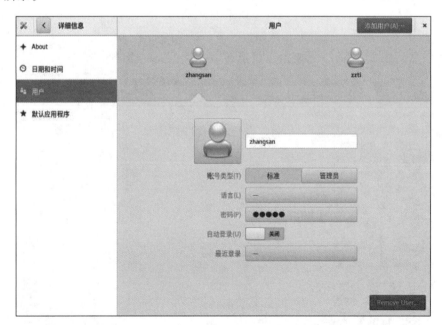

图 4-35 用户添加完成界面

4.3.3 更改密码

在图 4-35 所示的"用户"窗口中,选中某个用户后,在"密码"标签后的输入框中可以更改账户密码,如图 4-36 所示,更改密码的注意事项与添加用户时一致。

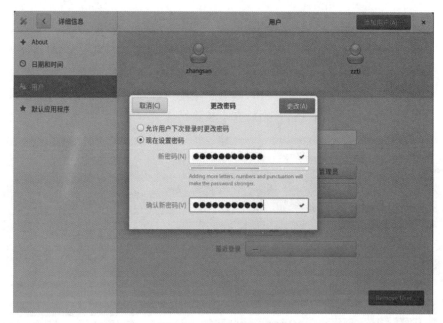

图 4-36 "更改密码"窗口

4.3.4 设置语言

在图 4-31 所示的"用户"窗口中,选中某个用户后,单击"语言"输入框,可以设置当前用户登录系统所用的语言,如图 4-37 所示。

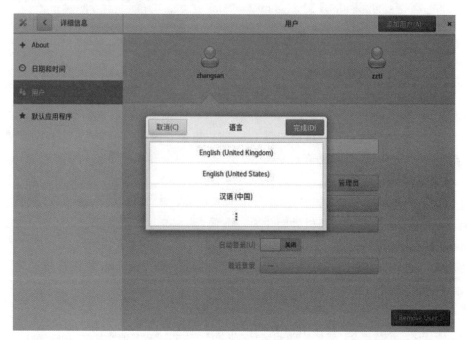

图 4-37 "语言"设置窗口

选中某种语言后,单击"完成"按钮即可。若单击下方的∶按钮会出现更多的选项。

4.3.5 删除用户

在用户窗口中选中某个用户,再单击窗口右下角的 Remove User 按钮,出现如图 4-38 所示的消息框,单击"删除文件"按钮,可以在删除用户账户的同时删除用户主目录、电子邮件目录和临时文件;单击"保留文件"按钮,则只删除用户账户,而不删除用户主目录、电子邮件目录和临时文件;单击"取消"按钮,则放弃本删除操作。

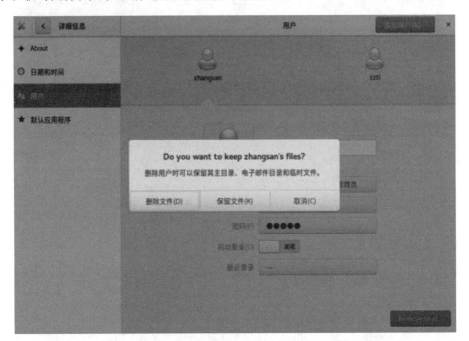

图 4-38 删除用户提示信息

4.4 重置 root 密码

如果普通用户密码忘记了,可以通过 root 账户重置普通用户的密码;但是,如果忘记了 Linux 系统的 root 密码,也需要重新安装 Linux 系统,只需要执行下面几步操作就可以重新设置 root 账户密码。

(1)开启 CentOS,在出现如图 4-39 所示的开机界面时,快速按 ↑ 键或 ↓ 键,目的是不让系统正常进入,而是停留在开机界面。通过方向键,把光标定位在第一行,按 e 键进入编辑界面,如图 4-40 所示。

(2)按 ↓ 键,找到以 Linux 开头的行,将该行的 ro 修改为 rw,并在该行的最后输入"init=/bin/sh",如图 4-41 所示。

输入完毕后按 Ctrl+x 键进入图 4-42 所示的界面。

(3)使用 passwd 命令,修改 root 账户的密码,如图 4-43 所示,根据提示重复输入一个不少于 8 位的密码(密码在输入的时候是不显示的,看起来就像没反应一样,只需要正确输入并按 Enter 键就可以）。

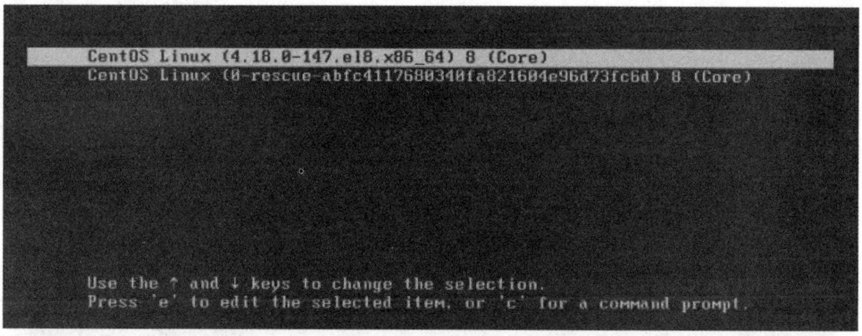

图 4-39 开机界面

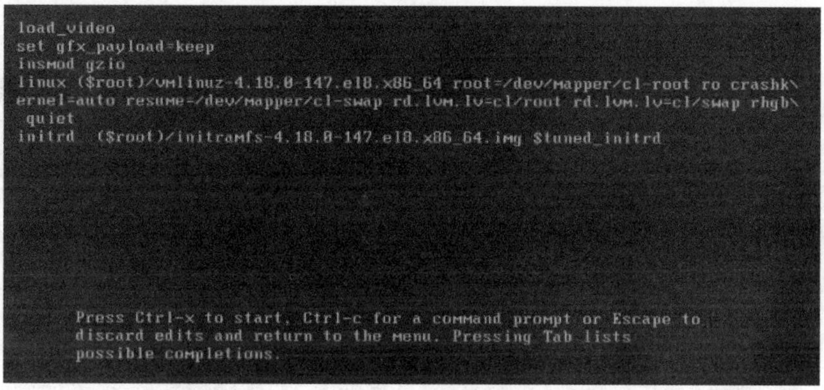

图 4-40 编辑界面

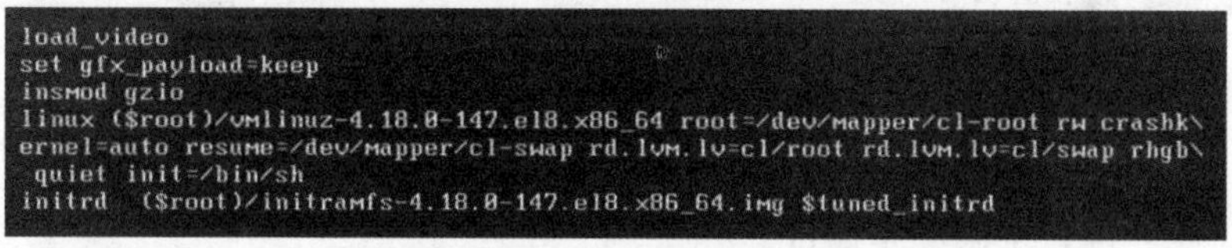

图 4-41 修改读写方式

图 4-42 按 Ctrl+x 键返回

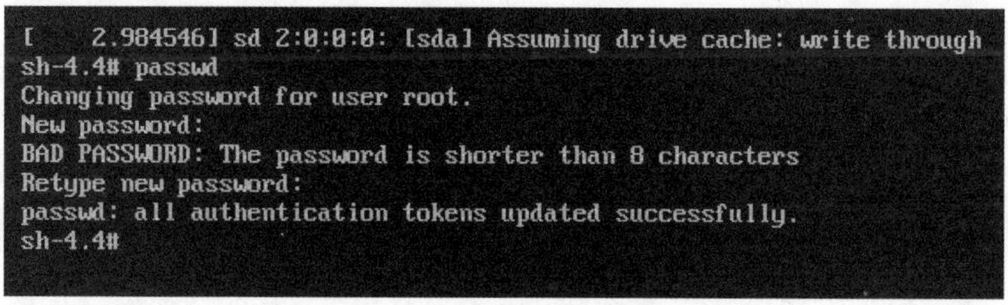

图 4-43 修改 root 账户密码

（4）执行 touch /.autorelabel 命令，创建一个特殊的隐藏文件，如图 4-44 所示。执行这一步的作用是让 SELinux 生效，因此该文件名和位置一定要写对，否则更改的密码将不能生效。

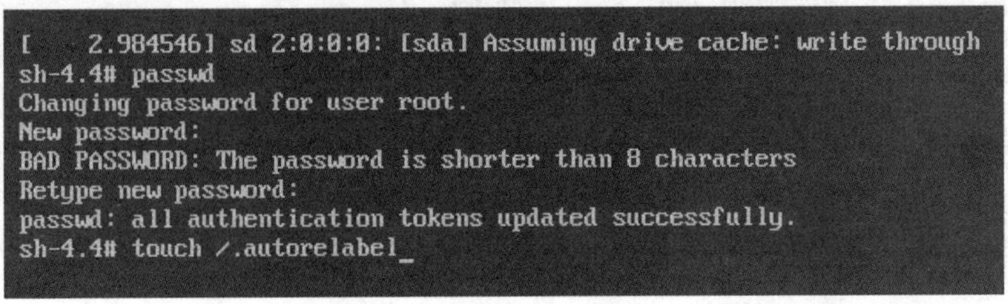

```
[    2.984546] sd 2:0:0:0: [sda] Assuming drive cache: write through
sh-4.4# passwd
Changing password for user root.
New password:
BAD PASSWORD: The password is shorter than 8 characters
Retype new password:
passwd: all authentication tokens updated successfully.
sh-4.4# touch /.autorelabel_
```

图 4-44　创建隐藏文件 autorelabel

（5）输入“exec /sbin/init”，按 Enter 键后出现图 4-45 所示的界面。

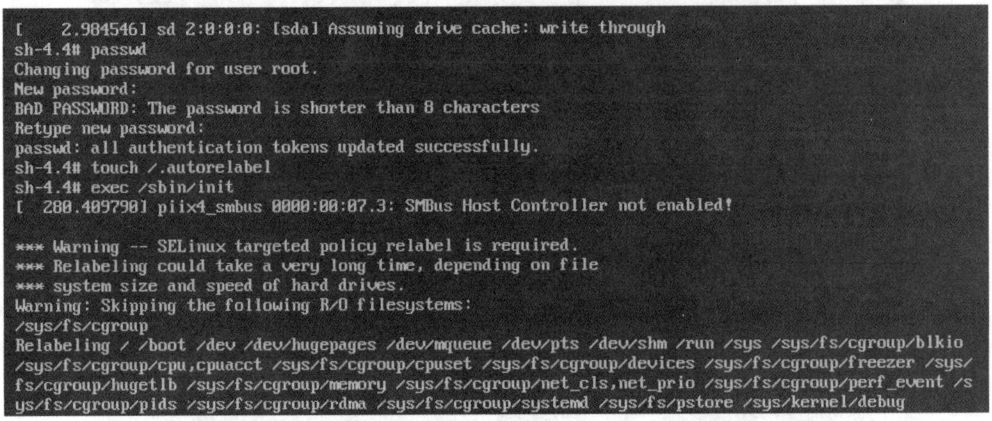

```
[    2.984546] sd 2:0:0:0: [sda] Assuming drive cache: write through
sh-4.4# passwd
Changing password for user root.
New password:
BAD PASSWORD: The password is shorter than 8 characters
Retype new password:
passwd: all authentication tokens updated successfully.
sh-4.4# touch /.autorelabel
sh-4.4# exec /sbin/init
[  280.409790] piix4_smbus 0000:00:07.3: SMBus Host Controller not enabled!

*** Warning -- SELinux targeted policy relabel is required.
*** Relabeling could take a very long time, depending on file
*** system size and speed of hard drives.
Warning: Skipping the following R/O filesystems:
/sys/fs/cgroup
Relabeling / /boot /dev /dev/hugepages /dev/mqueue /dev/pts /dev/shm /run /sys /sys/fs/cgroup/blkio
/sys/fs/cgroup/cpu,cpuacct /sys/fs/cgroup/cpuset /sys/fs/cgroup/devices /sys/fs/cgroup/freezer /sys/
fs/cgroup/hugetlb /sys/fs/cgroup/memory /sys/fs/cgroup/net_cls,net_prio /sys/fs/cgroup/perf_event /s
ys/fs/cgroup/pids /sys/fs/cgroup/rdma /sys/fs/cgroup/systemd /sys/fs/pstore /sys/kernel/debug
```

图 4-45　重启系统

此时 SElinux 需要重新标记，可能需要等待几分钟，系统会自动重启，然后进入登录界面，输入 root 账户的新密码登录即可。

综合实践 4

1. 新建组 dashuju19，并指定组的 GID 为 1520。
2. 新建账户 test 并设置附加组群为 dashuju19。
3. 验证 test 账户在图形界面下能否登录系统。
4. 修改账户 test 密码为 123456。
5. 验证 test 账户在图形界面下能否登录系统。
6. 删除 test 账户的密码。
7. 验证 test 账户在图形界面下能否登录系统。
8. 新建用户 sjh，并指定其为组 dashuju19 的管理员。
9. 新建用户 zhangsan，并指定其 UID 为 1111，账户失效时间为 2020 年 12 月 31 日。
10. 切换为 sjh 账户，将用户 zhangsan 加入组 dashuju19，将用户 test 从组 dashuju19 中

删除。

11. 打开/etc/group 文件,查看组 dashuju19 中有哪些成员。

12. 修改账户 test 备注为 ceshi。

13. 修改账户 test 的名称为 test2。

14. 查看删除组 test 能否成功并思考原因。

15. 查看删除组 dashuju19 能否成功并思考原因。

16. 删除账户 test2 及主目录和邮箱。

17. 查看 test 组是否存在并思考原因。

18. 查看删除组 zhangsan,能否成功并思考原因。

19. 删除用户 zhangsan 及其主目录和邮箱。

20. 查看组 zhangsan 是否存在并思考原因。

单元测验 4

一、单选题

1. 在 Linux 系统中,UID 为 0 的是(　　)。

    A. 超级用户　　　　B. 普通用户　　　　C. 系统用户　　　　D. 一般用户

2. 下列命令中,(　　)可以用来修改文件的所属用户组。

    A. chown　　　　B. chgrp　　　　C. chmod　　　　D. chattr

3. 在 Linux 系统中不能登录计算机的是(　　)。

    A. 超级用户　　　　B. 普通用户　　　　C. 系统用户　　　　D. 一般用户

4. 修改用户密码的命令是(　　)。

    A. usermod　　　　B. useradd　　　　C. userdel　　　　D. passwd

5. 能用来修改用户名称的命令是(　　)。

    A. useradd　　　　B. usermod　　　　C. userdel　　　　D. passwd

6. 在终端里,切换用户账号的命令是(　　)。

    A. passwd　　　　B. whoami　　　　C. id　　　　D. su

7. 清除用户账户 sjh 的密码的命令是(　　)。

    A. passwd -l sjh　　　　　　　　B. passwd -u sjh

    C. passwd -S sjh　　　　　　　　D. passwd -d sjh

8. 下列命令中,(　　)命令可以查看用户 sjh 的 UID 和 GID。

    A. id　　　　B. id sjh　　　　C. id root　　　　D. su

9. 下列选项中,(　　)命令不是管理用户的命令。

    A. useradd　　　　B. chmod　　　　C. userdel　　　　D. usermod

10. Linux 中新建用户账户的命令是(　　)。

    A. useradd　　　　B. usermod　　　　C. userdel　　　　D. passwd

二、多选题

1. Linux 中用来保存用户账户的文件有(　　)。

    A. /etc/passwd　　　　　　　　B. /etc/shadow

C. /etc/group   D. /etc/gshadow

2. Linux 中用来保存组账户的文件有(   )。

    A. /etc/passwd   B. /etc/shadow

    C. /etc/group   D. /etc/gshadow

3. Linux 系统中的用户分为(   )类。

    A. 系统用户   B. 超级用户   C. 普通用户

    D. 远程用户   E. FTP 用户   F. 匿名用户

三、判断题

1. root 用户能修改普通用户的密码。   （   ）

2. 普通用户也能修改其他用户的密码。   （   ）

3. 只有超级用户才能管理用户和组。   （   ）

4. 由于使用 useradd 命令新增加的用户还未设置密码,因此还不能使用该用户的账号
登录计算机。   （   ）

5. 正在使用系统的用户不能被删除,必须先终止该用户的所有进程才能删除该用户。

                                                     （   ）

6. 系统管理员可以设置所有用户的密码,普通用户只能修改自己的密码。 （   ）

7. /etc/shadow 文件只有 root 用户才有权限进行修改,普通用户只能读取该文件,不能
修改该文件。   （   ）

8. 普通用户可以修改/etc/passwd 文件。   （   ）

四、填空题

1. root 账户的 UID 是_____。

2. Linux 中修改用户密码的命令是_____。

3. Linux 中删除用户的命令是_____。

4. Linux 中修改用户的命令是_____。

5. Linux 中新建组账户的命令是_____。

6. Linux 中新建用户账户的命令是_____。

项目5 系统管理

【本章学习目标】
(1) 掌握 Linux 操作系统图形界面管理。
(2) 掌握 Linux 操作系统进程管理。
(3) 掌握 Linux 操作系统软件包管理。
(4) 掌握 Linux 操作系统常用的网络管理。

5.1 图形界面管理

现在人们都熟悉图形界面为 Windows，在操作 Linux 时使用命令终端觉得很不方便，其实 Linux 也有图形界面的远程管理工具，下面主要介绍 X Window 的图形界面管理。

5.1.1 X Window 的图形界面管理

1984 年，美国麻省理工学院与迪吉多(DEC)公司合作执行 Athena 计划，在 UNIX 系统上发展一个分散式的视窗环境，这便是 X Window 的第一个版本。1986 年，麻省理工学院开始发行 X Window，随后 X Window 很快就成为 UNIX 系统的标准视窗环境。X 联盟是 1988 年 1 月成立的一个非营利性组织，负责制定 X Window 的标准，并继续发展 X Window。

5.1.2 X Window 的结构

整个 X Window 由 3 部分组成。

(1) X Server。它是控制输出及输入设备的主要程序，并维护相关资源，它接收输入设备的信息，并将其传给 X Client，而将 X Client 传来的信息输出到屏幕上(主要负责绘制图形)。

(2) X Client。它是应用程序的核心部分。它与硬件无关，每个应用程序就是一个 X Client，它执行大部分应用程序的运算功能(主要负责计算)。

(3) X Protocol。X Client 与 X Server 之间的通信语言就是 X Protocol。在 X 上用户直接面对的是 X Server，而各种应用程序则是 X Client。为了使得 X Window 更加易于使用，各个不同的公司与组织都针对其做出了许多集成桌面环境(主要负责 X Client 与 X Server 之间的通信)。

5.1.3 X Window 的特点

X Window 与其他的图形界面系统相比，有以下几个特点。
(1) 良好的网络支持。
(2) 个性化的窗口界面。

（3）不内嵌于操作系统。

（4）是一个跨平台的操作环境。

5.1.4 GNOME 图形环境

严格来说，GNOME 不仅仅是一个简单的窗口管理器，它为用户提供了一个功能强大、界面友好的桌面操作环境，GNOME 包括一个面板、桌面以及一系列标准的桌面工具和很多功能强大的应用软件。

图 5-1　选择更换壁纸

1. 设置桌面

1）设置桌面背景

步骤：右击桌面，在弹出的快捷菜单中选中"更换壁纸"选项，在弹出的对话框中选中Background，在右侧选中合适的图片，如图 5-1和图 5-2 所示。

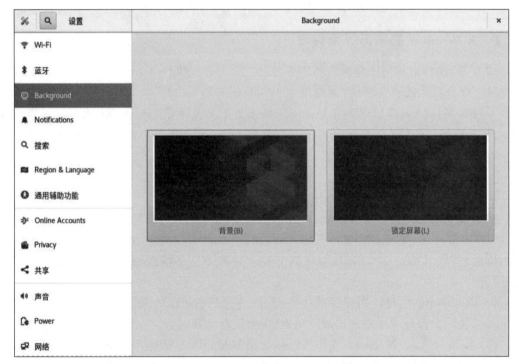

图 5-2　选择合适的背景图片

2）设置屏幕保护程序

在"设置"窗口的左栏选中 Privacy，在右栏选中"锁屏"为"开"，在左栏选中Background，在右栏选中锁屏壁纸，如图 5-3～图 5-5 所示。

3）设置窗口外观

打开终端，选中"编辑"，再选中"首选项"，然后在弹出对话框的调色板中选择颜色，如图 5-6 所示。

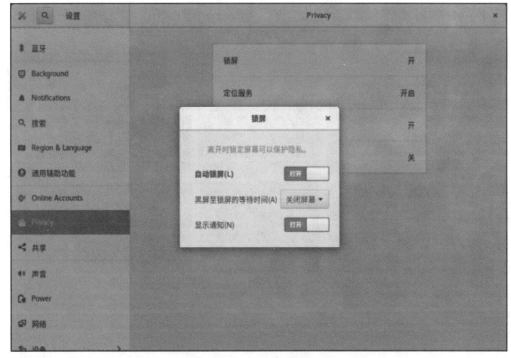

图 5-3　打开自动锁屏

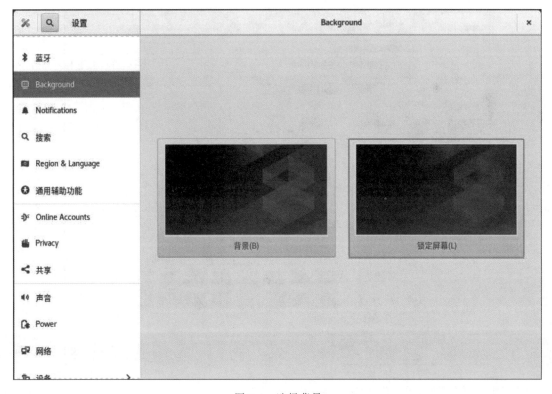

图 5-4　选择背景

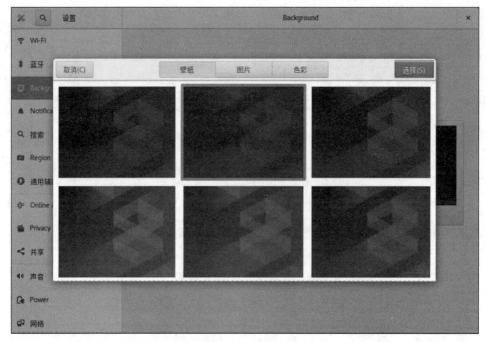

图 5-5　选择锁屏壁纸

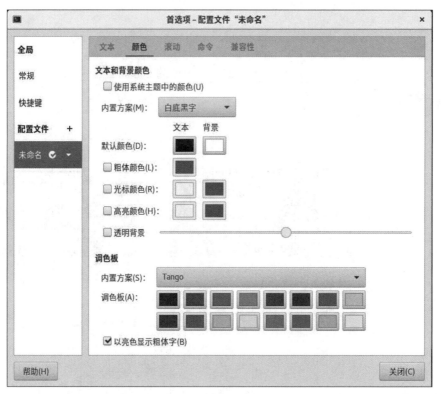

图 5-6　设置窗口外观

4）设置屏幕分辨率

右击桌面,在弹出的快捷菜单中选中"显示设置",然后在弹出的对话框中进行分辨率设置,如图 5-7 和图 5-8 所示。

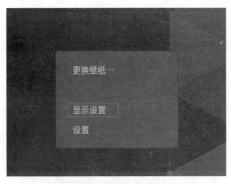

图 5-7　选择显示设置

图 5-8　分辨率设置

2. 系统设置

1）设置日期和时间

进入"设置"窗口,在左栏选中"详细信息"|"日期和时间",在右栏关闭自动设置,如图 5-9～图 5-12 所示。

2）设置系统语言

进入"设置"窗口,在左栏选中 Region&Language,在右栏选中需要设置的语言类型,如图 5-13 和图 5-14 所示。

3）添加或删除软件

添加软件的步骤如下:打开活动目录,选中一个未安装的软件,单击"安装"按钮,如图 5-15 和图 5-16 所示。

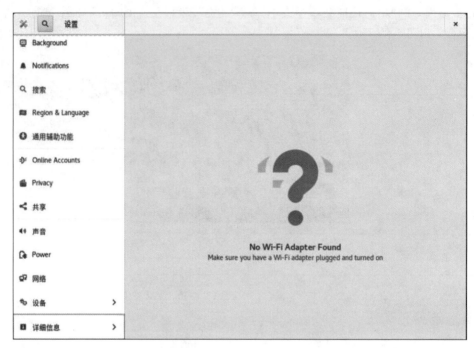

图 5-9　选择详细信息

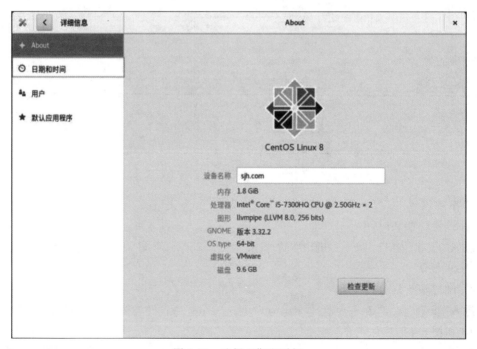

图 5-10　选择日期和时间

图 5-11　关闭自动设置

图 5-12　手动设置日期和时间

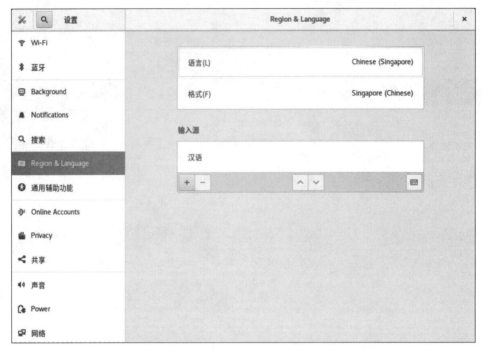

图 5-13　选择区域和语言

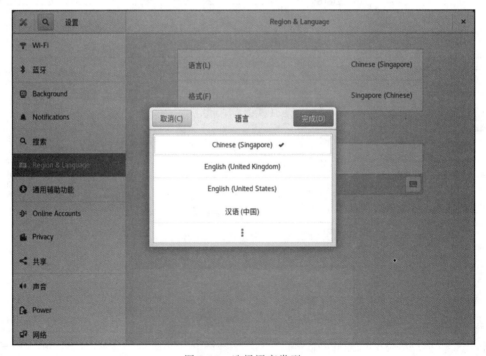

图 5-14　选择语言类型

图 5-15　打开活动目录选择软件

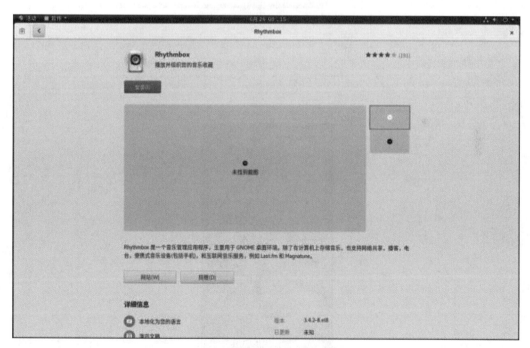

图 5-16　选择一个未安装软件

删除软件的步骤如下：打开软件列表，选择已安装软件，单击需要删除的软件，单击"移除"按钮，如图 5-17 所示。

图 5-17　删除软件

4）查看系统监视器

单击活动目录，单击"显示应用程序"按钮，选中"设置"，打开系统设置窗口，如图 5-18～图 5-20 所示。

图 5-18　单击活动目录选择显示应用程序

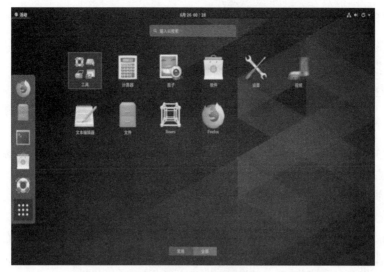

图 5-19　选择设置

进程名	▼	用户	% CPU	ID	内存	磁盘读取总计	磁盘写入
accounts-daemon		root	0	1026	756.0 KiB	332.0 KiB	20.0
acpi_thermal_pm		root	0	134	不适用	不适用	不
alsactl		root	0	932	68.0 KiB	8.0 KiB	不
ata_sff		root	0	414	不适用	不适用	不
atd		root	0	1113	144.0 KiB	88.0 KiB	不
at-spi2-registryd		root	0	2493	2.1 MiB	不适用	不
at-spi-bus-launcher		root	0	2483	160.0 KiB	412.0 KiB	不
auditd		root	0	891	220.0 KiB	216.0 KiB	324.0
boltd		root	0	2819	728.0 KiB	464.0 KiB	不
cpuhp/0		root	0	13	不适用	不适用	不
cpuhp/1		root	0	14	不适用	不适用	不
crond		root	0	1114	652.0 KiB	1.4 MiB	不
crypto		root	0	33	不适用	不适用	不
cupsd		root	0	1104	1.5 MiB	5.7 MiB	64.0
dbus-daemon		root	0	2365	1.3 MiB	540.0 KiB	不
dbus-daemon		root	0	2488	316.0 KiB	不适用	不

图 5-20　进入系统设置查看监视器

5.1.5　重启 X Window 的两种方法

方法 1：直接注销当前用户，然后再重新登录。

方法 2：在 X Window 的界面中直接按 Ctrl＋Alt＋Backspace 键。

5.2　进　程　管　理

Linux 是一个多任务的操作系统，系统上可以同时运行多个进程，正在执行的一个或多个相关进程成为一个作业。用户可以同时运行多个作业，并在需要时可以再作业之间进行切换。

5.2.1 进程的概念

Linux 系统上所有运行的内容都可以称为进程,不管它们是用户任务还是系统管理守护进程。Linux 系统用分时管理方法使所有的任务共同分享系统资源。在讨论进程的时候,不会关心这些进程究竟是如何分配或者内核是如何管理、分配时间片的,只关心如何控制这些进程很好地为用户服务。

进程是在自身的虚拟地址空间运行的一个单独的程序。进程与程序之间存在如下明显的区别:程序知识一个静态的命令集合,不占系统的运行资源;而进程是一个随时都可以发生变化的、动态的、使用系统运行资源的程序。一个程序可以启动多个进程。和进程相比较,作业是一系列按一定顺序执行的命令。一条简单的命令可能会涉及多个进程,尤其是当使用管道和重定向时。

程序(Program)通常为 Binary Program,存放在计算机的硬盘、光盘、U 盘等存储媒体中,以实体文件的形态存在,而进程(Process)是当程序被触发后,执行者的权限与属性、程序的代码与所需数据等都会被加载到内存中,操作系统给予这个内存内的单元一个标识符(Process ID,PID)。

程序是指令的集合,是进程运行的静态描述文本,而进程则是程序在系统上顺序执行时的动态活动。简言之,进程就是运行中的程序。

Linux 系统中进程的分类。

(1) 交互进程。交互进程是由 Shell 启动的进程,它既可以在前台运行,也可以在后台运行。交互进程在执行过程中,要求与用户进行交互操作。简单来说就是用户需要给出某些参数或者信息,进程才能继续执行。

(2) 批处理进程。批处理进程与 Windows 原来的批处理很类似,是一个进程序列。该进程负责按照顺序启动其他进程。

(3) 守护进程。守护进程是指执行特定功能或者执行系统相关任务的后台进程。守护进程只是一个特殊的进程,不是内核的组成部分。许多守护进程在系统启动时启动,直到系统关闭时才停止运行。而某些守护进程只是在需要时才会启动,例如 FTP 或者 Apache 服务等,可以在需要的时候才启动该服务。

进程属性包括进程号(PID)、父进程号(PPID)、进程名、用户、cpu%、内存%、优先级、开启时间等。

进程具有以下特征。

(1) 动态性。进程的实质是程序在多道程序系统中的一次执行过程,进程是动态产生、动态消亡的。

(2) 并发性。任何进程都可以同其他进程一起并发执行。

(3) 独立性。进程不但是一个能独立运行的基本单位,而且是系统分配资源和调度的独立单位。

(4) 异步性。由于进程间的相互制约,使进程具有执行的间断性,即进程按各自独立的、不可预知的速度向前推进。

(5) 结构特征。进程由程序、数据和进程控制块 3 部分组成。

多个不同的进程可以包含相同的程序:一个程序在不同的数据集里就构成不同的进

程,能得到不同的结果;但是执行过程中,程序不能发生改变。

5.2.2 启动进程

在 Linux 系统中,每个进程都有一个唯一的进程号(PID),方便系统识别和调度进程。通过简单地输出运行程序的程序名,就可以运行该程序,其实也就是启动了一个进程。

总体来说,启动一个进程主要有两途径,分别是通过手工启动和通过调度启动(事先进行设置,根据用户要求,进程可以自行启动),接下来主要介绍手工启动进程,手工启动进程指的是由用户输入命令直接启动一个进程,根据所启动的进程类型和性质的不同,其又可以细分为前台启动和后台启动两种方式。

1. 前台启动进程

这是手工启动进程最常用的方式,因为当用户输入一个命令并运行,就已经启动了一个进程,而且是一个前台的进程,此时系统其实已经处于一个多进程的状态(一个是 Shell 进程,另一个是新启动的进程)。

例 5.1   创建一个前台进程。

命令:

```
vim /proc/cpuinfo
```

命令运行结果如图 5-21 和图 5-22 所示。

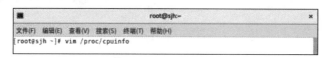

图 5-21   输入命令

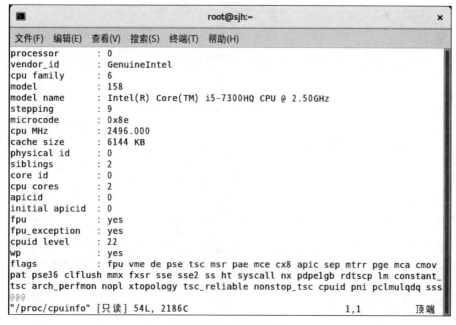

图 5-22   弹出前台进程

2. 后台启动进程

进程直接从后台运行,用的相对较少,除非该进程非常耗时,且用户也不着急需要其运行结果的时候,例如,用户需要启动一个需要长时间运行的格式化文本文件的进程,为了不使整个 Shell 在格式化过程中都处于"被占用"状态,从后台启动这个进程是比较明智的选择。从后台启动进程,其实就是在命令结尾处添加一个"&"。注意,"&"前面有空格。输入命令并运行之后,Shell 会提供一个数字,此数字就是该进程的进程号。

例 5.2 创建一个后台进程。

命令:

```
vim /proc/cpuinfo &
```

命令运行结果如图 5-23 所示。

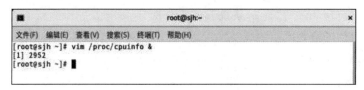

图 5-23　创建后台进程

例 5.3 查看终端中启动的所有后台进程的详细信息。

命令:

```
jobs -l
```

命令运行结果如图 5-24 所示。

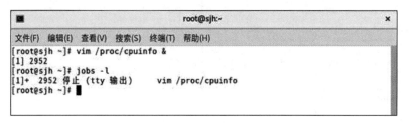

图 5-24　查看后台进程详细信息

例 5.4 将后台进程召唤回前台。

命令:

```
fg  %工作号
```

命令运行结果如图 5-25 和图 5-26 所示。

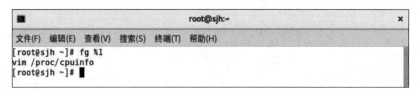

图 5-25　后台进程召唤回前台

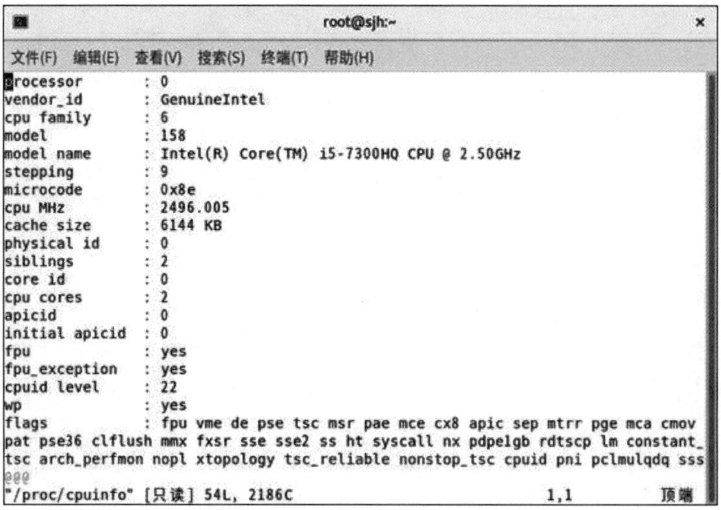

图 5-26　前台显示

5.2.3　查看系统进程信息

要对进程进行监测和控制,首先要了解当前进程的情况,也就是需要查看当前进程。要查看 Linux 系统中的进程信息,可以使用 ps 命令和 top 命令.

1. ps 命令

ps 命令是最基本的进程查看命令,其功能非常强大。使用该命令可以确定有哪些进程正在运行以及进程运行的状态、进程是否结束、进程有没有僵死,以及哪些进程占用了过多的资源等。

ps 命令的格式如下:

ps[选项]

ps 命令的选项及含义如表 5-1 所示。

表 5-1　ps 命令的选项及含义

选　　项	含　　义
-A	显示所有进程
-N	选择除了那些符合指定条件的所有进程
-a	显示排除回话领导者和进程不与终端相关联的所有进程
-d	显示所有进程(排除会话领导者)
-e	显示所有的进程
T	显示当前终端下的所有进程
a	所有的 W/tty,包括其他用户
r	显示仅运行中的进程

选　项	含　义
x	处理 w/o 控制的 ttys
-c	为-l 选项显示不同的调度信息
c	列出进程时,显示每个进程真正的命令名称,而不包含路径、参数或常驻服务的标示
-C＜命令名＞	按照命令名显示进程
-G＜真实的组群 GID|组群名＞	按照真实的组群 GID 或者组群名显示进程
-U＜真实的用户 UID|用户名＞	按真实的用户 UID 或者用户名显示进程
-g＜组名＞	选择会话或有效的组名显示进程
-p＜进程 ID＞	按进程 ID 显示进程
-s＜会话 ID＞	显示指定会话 ID 的进程
-t＜终端＞	按终端显示进程
-u＜有效的用户 UID|用户名＞	按有效的用户 UID 显示进程
U＜用户名＞	显示属于该用户的进程
t＜终端＞	按终端显示进程
-f	显示 UID、PPID、C 和 STIME 字段
-j 或 j	采用作业控制的格式显示进程
s	采用进程信号的格式显示进程
v	以虚拟内存的格式显示进程
-l 或 l	采用详细的格式显示进程
u	以面向用户的格式显示进程
p＜进程 ID＞	显示指定进程号的进程
L	列出输出字段的相关信息
f	用 ASCII 字符显示树状结构,表达进程间的相互关系
r	只显示正在运行的进程
e	列出进程时,显示每个进程所使用的环境变量
-w 或 w	按宽格式显示输出
-u	打印用户格式,显示用户名和进程的起始时间
-x	显示不带控制终端的进程
-t＜终端编号＞	显示指定终端编号的进程
n	以数字来表示 USER 和 WCHAN 字段
h	不显示标题列

选　　项	含　　义
-H	显示树状结构，表示进程间的相互关系
-m 或 m	在进程后面显示线程
-y	配合-l 选项使用时，不显示 F(flag)输出字段，并以 RSS 字段取代 ADDR 字段

例 5.5　显示所有不带控制台终端的进程。

命令：

```
ps -ef
```

或

```
ps -aux
```

命令运行结果如图 5-27 和图 5-28 所示。

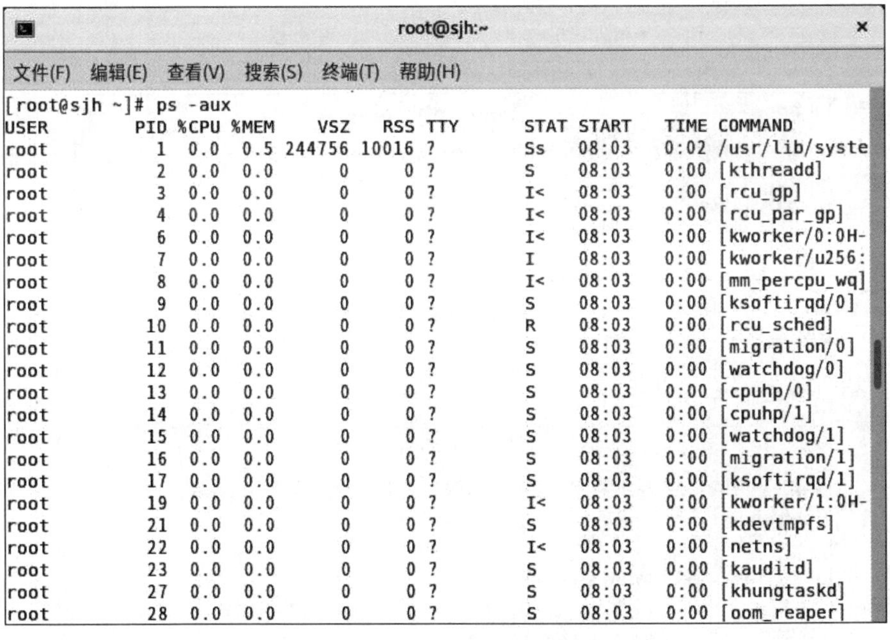
root@sjh:~
文件(F) 编辑(E) 查看(V) 搜索(S) 终端(T) 帮助(H)
[root@sjh ~]# ps -aux
USER PID %CPU %MEM VSZ RSS TTY STAT START TIME COMMAND
root 1 0.0 0.5 244756 10016 ? Ss 08:03 0:02 /usr/lib/syste
root 2 0.0 0.0 0 0 ? S 08:03 0:00 [kthreadd]
root 3 0.0 0.0 0 0 ? I< 08:03 0:00 [rcu_gp]
root 4 0.0 0.0 0 0 ? I< 08:03 0:00 [rcu_par_gp]
root 6 0.0 0.0 0 0 ? I< 08:03 0:00 [kworker/0:0H-
root 7 0.0 0.0 0 0 ? I 08:03 0:00 [kworker/u256:
root 8 0.0 0.0 0 0 ? I< 08:03 0:00 [mm_percpu_wq]
root 9 0.0 0.0 0 0 ? S 08:03 0:00 [ksoftirqd/0]
root 10 0.0 0.0 0 0 ? R 08:03 0:00 [rcu_sched]
root 11 0.0 0.0 0 0 ? S 08:03 0:00 [migration/0]
root 12 0.0 0.0 0 0 ? S 08:03 0:00 [watchdog/0]
root 13 0.0 0.0 0 0 ? S 08:03 0:00 [cpuhp/0]
root 14 0.0 0.0 0 0 ? S 08:03 0:00 [cpuhp/1]
root 15 0.0 0.0 0 0 ? S 08:03 0:00 [watchdog/1]
root 16 0.0 0.0 0 0 ? S 08:03 0:00 [migration/1]
root 17 0.0 0.0 0 0 ? S 08:03 0:00 [ksoftirqd/1]
root 19 0.0 0.0 0 0 ? I< 08:03 0:00 [kworker/1:0H-
root 21 0.0 0.0 0 0 ? S 08:03 0:00 [kdevtmpfs]
root 22 0.0 0.0 0 0 ? I< 08:03 0:00 [netns]
root 23 0.0 0.0 0 0 ? S 08:03 0:00 [kauditd]
root 27 0.0 0.0 0 0 ? S 08:03 0:00 [khungtaskd]
root 28 0.0 0.0 0 0 ? S 08:03 0:00 [oom_reaper]

图 5-27　显示不带控制台终端进程

例 5.6　查看当前进程。

命令：

```
ps
```

命令运行结果如图 5-29 所示。

例 5.7　显示 root 用户的进程。

命令：

```
ps -u root
```

```
[root@sjh ~]# ps -ef
UID          PID    PPID  C STIME TTY          TIME CMD
root           1       0  0 08:03 ?        00:00:02 /usr/lib/systemd/systemd --swi
root           2       0  0 08:03 ?        00:00:00 [kthreadd]
root           3       2  0 08:03 ?        00:00:00 [rcu_gp]
root           4       2  0 08:03 ?        00:00:00 [rcu_par_gp]
root           6       2  0 08:03 ?        00:00:00 [kworker/0:0H-kblockd]
root           7       2  0 08:03 ?        00:00:00 [kworker/u256:0-events_unbound
root           8       2  0 08:03 ?        00:00:00 [mm_percpu_wq]
root           9       2  0 08:03 ?        00:00:00 [ksoftirqd/0]
root          10       2  0 08:03 ?        00:00:00 [rcu_sched]
root          11       2  0 08:03 ?        00:00:00 [migration/0]
root          12       2  0 08:03 ?        00:00:00 [watchdog/0]
root          13       2  0 08:03 ?        00:00:00 [cpuhp/0]
root          14       2  0 08:03 ?        00:00:00 [cpuhp/1]
root          15       2  0 08:03 ?        00:00:00 [watchdog/1]
root          16       2  0 08:03 ?        00:00:00 [migration/1]
root          17       2  0 08:03 ?        00:00:00 [ksoftirqd/1]
root          19       2  0 08:03 ?        00:00:00 [kworker/1:0H-xfs-log/dm-0]
root          21       2  0 08:03 ?        00:00:00 [kdevtmpfs]
root          22       2  0 08:03 ?        00:00:00 [netns]
root          23       2  0 08:03 ?        00:00:00 [kauditd]
root          27       2  0 08:03 ?        00:00:00 [khungtaskd]
root          28       2  0 08:03 ?        00:00:00 [oom_reaper]
```

图 5-28　显示不带控制台终端进程

```
[root@sjh ~]# ps
   PID TTY          TIME CMD
  2883 pts/0    00:00:00 bash
  3113 pts/0    00:00:00 ps
[root@sjh ~]# 
```

图 5-29　查看当前进程

命令运行结果如图 5-30 所示。

```
[root@sjh ~]# ps -u root
   PID TTY          TIME CMD
     1 ?        00:00:02 systemd
     2 ?        00:00:00 kthreadd
     3 ?        00:00:00 rcu_gp
     4 ?        00:00:00 rcu_par_gp
     6 ?        00:00:00 kworker/0:0H-kblockd
     7 ?        00:00:00 kworker/u256:0-events_unbound
     8 ?        00:00:00 mm_percpu_wq
     9 ?        00:00:00 ksoftirqd/0
    10 ?        00:00:00 rcu_sched
    11 ?        00:00:00 migration/0
    12 ?        00:00:00 watchdog/0
    13 ?        00:00:00 cpuhp/0
    14 ?        00:00:00 cpuhp/1
    15 ?        00:00:00 watchdog/1
    16 ?        00:00:00 migration/1
    17 ?        00:00:00 ksoftirqd/1
    19 ?        00:00:00 kworker/1:0H-xfs-log/dm-0
    21 ?        00:00:00 kdevtmpfs
    22 ?        00:00:00 netns
    23 ?        00:00:00 kauditd
    27 ?        00:00:00 khungtaskd
    28 ?        00:00:00 oom_reaper
```

图 5-30　显示 root 用户的进程

例 5.8 显示 tty1 终端下的进程。

命令：

```
ps -t tty1
```

命令运行结果如图 5-31 所示。

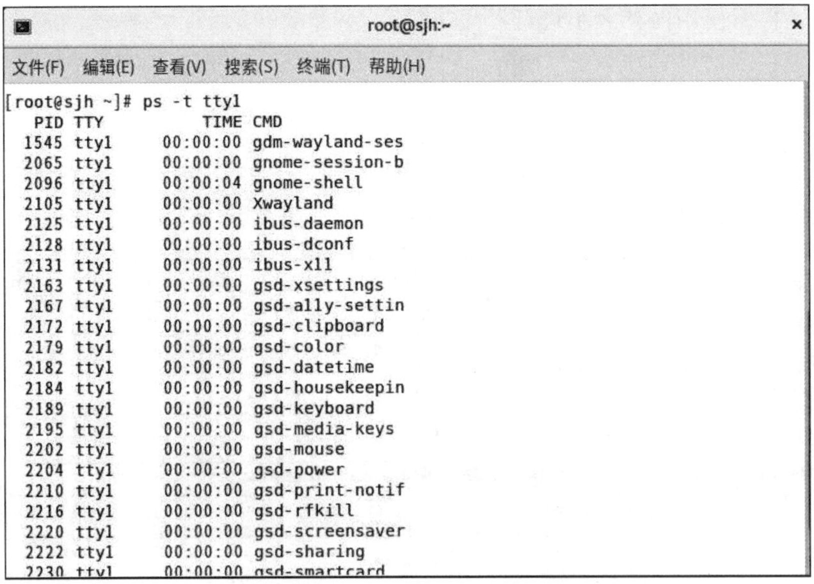

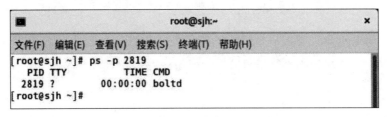

图 5-31　显示 tty1 终端下的进程

例 5.9 显示进程号为 2819 的进程。

命令：

```
ps -p 2819
```

命令运行结果如图 5-32 所示。

图 5-32　显示进程号为 2819 的进程

2. top 命令

使用 top 命令可以显示当前正在运行的进程以及关于它们的重要信息,包括它们的内存和 CPU 使用量,top 命令使用过程中,还可以使用一些交互的命令来完成其他参数的功能。这些命令是通过快捷键启动的。

(1) <空格>:立刻刷新。

(2) P:根据 CPU 使用大小进行排序。

（3）T：根据时间、累计时间排序。

（4）q：退出 top 命令。

（5）m：切换显示内存信息。

（6）t：切换显示进程和 CPU 状态信息。

（7）c：切换显示命令名称和完整命令行。

（8）M：根据使用内存大小进行排序。

（9）W：将当前设置写入～/.toprc 文件中。这是写 top 配置文件的推荐方法。

命令语法格式：

```
top [选项]
```

例 5.10 使用 top 命令动态显示进程信息，如图 5-33 所示。

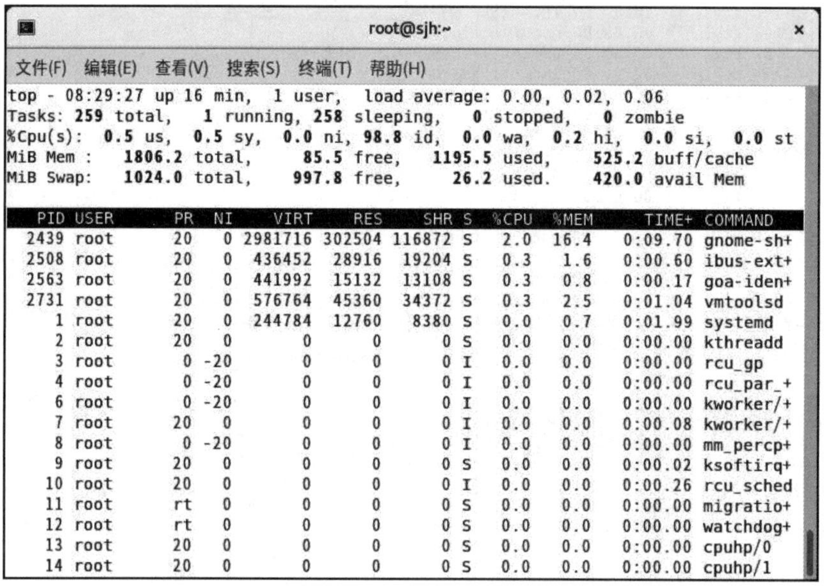

图 5-33 使用 top 命令动态显示进程信息

例 5.11 按 h 键查看帮助信息，如图 5-34 所示。

例 5.12 一次性显示出所有进程的信息后退出 top。

命令：

```
top -bn1
```

命令运行结果如图 5-35 所示。

3. uptime 命令

使用 uptime 命令可显示系统当前时间、用户已登录系统的时间、系统中登录用户的数量、过去的 1min、5min、15min 内运行队列中的平均进程数量。通常，只要每个 CPU 的当前活动进程数不大于 3，则表示系统的性能良好，如果每个 CPU 的进程数大于 5，则表示这台计算机的性能有严重问题。uptime 命令执行结果如图 5-36 所示。

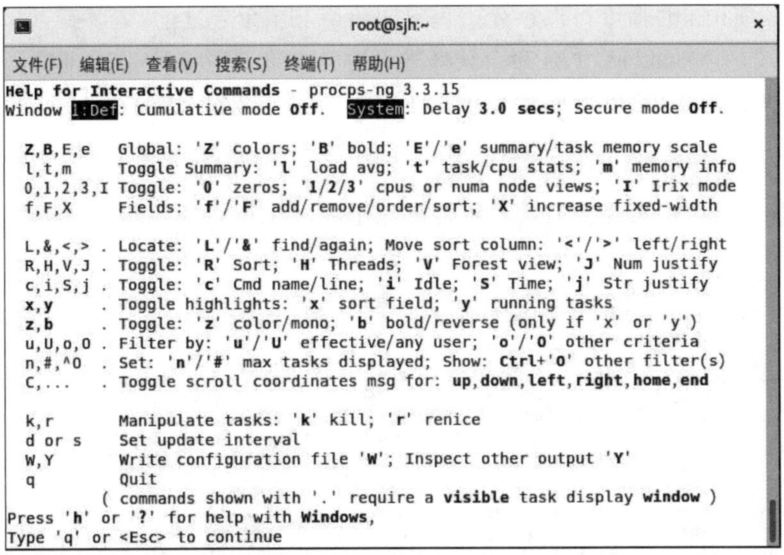

```
                           root@sjh:~                              ×
文件(F)  编辑(E)  查看(V)  搜索(S)  终端(T)  帮助(H)
Help for Interactive Commands - procps-ng 3.3.15
Window 1:Def: Cumulative mode Off.  System: Delay 3.0 secs; Secure mode Off.

  Z,B,E,e   Global: 'Z' colors; 'B' bold; 'E'/'e' summary/task memory scale
  l,t,m     Toggle Summary: 'l' load avg; 't' task/cpu stats; 'm' memory info
  0,1,2,3,I Toggle: '0' zeros; '1/2/3' cpus or numa node views; 'I' Irix mode
  f,F,X     Fields: 'f'/'F' add/remove/order/sort; 'X' increase fixed-width

  L,&,<,> . Locate: 'L'/'&' find/again; Move sort column: '<'/'>' left/right
  R,H,V,J . Toggle: 'R' Sort; 'H' Threads; 'V' Forest view; 'J' Num justify
  c,i,S,j . Toggle: 'c' Cmd name/line; 'i' Idle; 'S' Time; 'j' Str justify
  x,y     . Toggle highlights: 'x' sort field; 'y' running tasks
  z,b     . Toggle: 'z' color/mono; 'b' bold/reverse (only if 'x' or 'y')
  u,U,o,O . Filter by: 'u'/'U' effective/any user; 'o'/'O' other criteria
  n,#,^O  . Set: 'n'/'#' max tasks displayed; Show: Ctrl+'O' other filter(s)
  C,...   . Toggle scroll coordinates msg for: up,down,left,right,home,end

  k,r       Manipulate tasks: 'k' kill; 'r' renice
  d or s    Set update interval
  W,Y       Write configuration file 'W'; Inspect other output 'Y'
  q         Quit
            ( commands shown with '.' require a visible task display window )
Press 'h' or '?' for help with Windows,
Type 'q' or <Esc> to continue
```

图 5-34   查看帮助信息

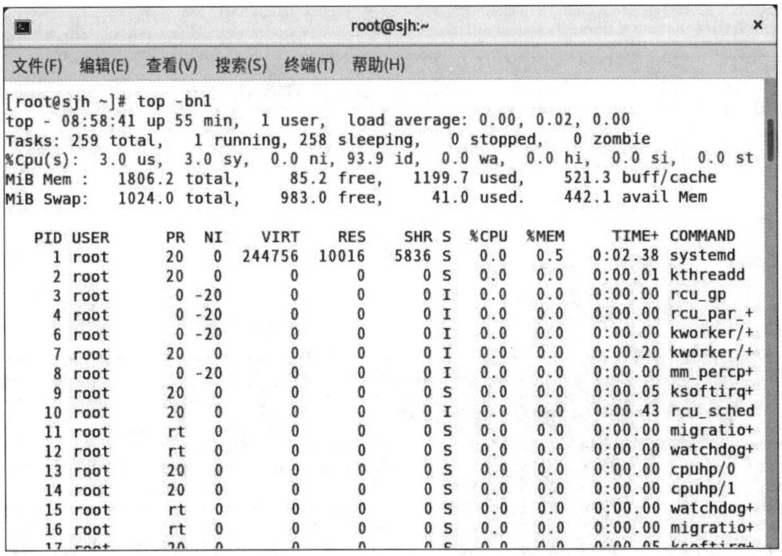

```
                           root@sjh:~                              ×
文件(F)  编辑(E)  查看(V)  搜索(S)  终端(T)  帮助(H)
[root@sjh ~]# top -bn1
top - 08:58:41 up 55 min,  1 user,  load average: 0.00, 0.02, 0.00
Tasks: 259 total,   1 running, 258 sleeping,   0 stopped,   0 zombie
%Cpu(s):  3.0 us,  3.0 sy,  0.0 ni, 93.9 id,  0.0 wa,  0.0 hi,  0.0 si,  0.0 st
MiB Mem :   1806.2 total,     85.2 free,   1199.7 used,    521.3 buff/cache
MiB Swap:   1024.0 total,    983.0 free,     41.0 used.    442.1 avail Mem

    PID USER      PR  NI    VIRT    RES    SHR S  %CPU  %MEM     TIME+ COMMAND
      1 root      20   0  244756  10016   5836 S   0.0   0.5   0:02.38 systemd
      2 root      20   0       0      0      0 S   0.0   0.0   0:00.01 kthreadd
      3 root       0 -20       0      0      0 I   0.0   0.0   0:00.00 rcu_gp
      4 root       0 -20       0      0      0 I   0.0   0.0   0:00.00 rcu_par_+
      6 root       0 -20       0      0      0 I   0.0   0.0   0:00.00 kworker/+
      7 root      20   0       0      0      0 I   0.0   0.0   0:00.20 kworker/+
      8 root       0 -20       0      0      0 I   0.0   0.0   0:00.00 mm_percp+
      9 root      20   0       0      0      0 S   0.0   0.0   0:00.05 ksoftirq+
     10 root      20   0       0      0      0 I   0.0   0.0   0:00.43 rcu_sched+
     11 root      rt   0       0      0      0 S   0.0   0.0   0:00.00 migratio+
     12 root      rt   0       0      0      0 S   0.0   0.0   0:00.00 watchdog+
     13 root      20   0       0      0      0 S   0.0   0.0   0:00.00 cpuhp/0
     14 root      20   0       0      0      0 S   0.0   0.0   0:00.00 cpuhp/1
     15 root      rt   0       0      0      0 S   0.0   0.0   0:00.00 watchdog+
     16 root      rt   0       0      0      0 S   0.0   0.0   0:00.00 migratio+
     17 root      20   0       0      0      0 S   0.0   0.0   0:00.05 ksoftirq+
```

图 5-35   一次性显示出所有进程的信息后退出 top

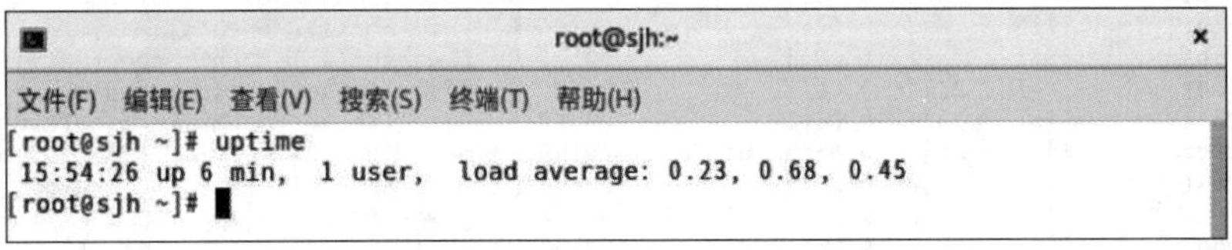

```
                           root@sjh:~                              ×
文件(F)  编辑(E)  查看(V)  搜索(S)  终端(T)  帮助(H)
[root@sjh ~]# uptime
 15:54:26 up 6 min,  1 user,  load average: 0.23, 0.68, 0.45
[root@sjh ~]#
```

图 5-36   uptime 命令执行结果

5.2.4 杀死进程

要关闭某个应用程序可以通过杀死其进程的方式实现，如果进程一时无法杀死，可以将其强制杀死。使用 kill 命令可以杀死进程。在使用 kill 命令之前,需要得到被杀死进程的 PID(进程号)。用户可以使用 ps 命令获得进程的 PID,然后用 PID 作为 kill 命令的参数。

命令语法格式:

```
kill[选项][信号代码][进程号]
```

例 5.13 列出 kill 命令支持的信号类型,如图 5-37 所示。

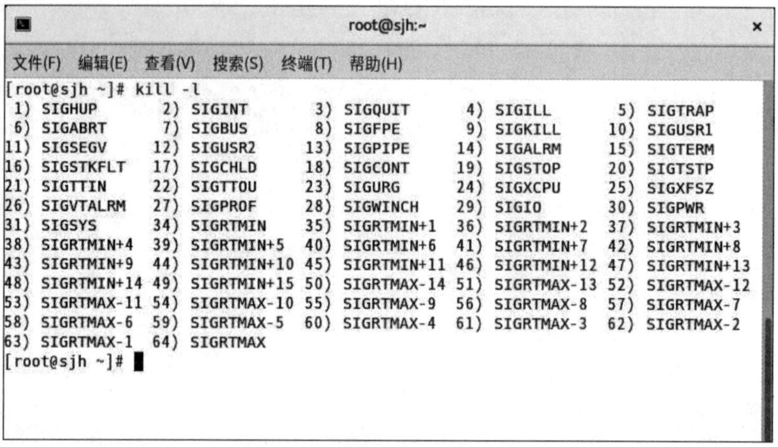

```
root@sjh:~
文件(F) 编辑(E) 查看(V) 搜索(S) 终端(T) 帮助(H)
[root@sjh ~]# kill -l
 1) SIGHUP       2) SIGINT       3) SIGQUIT      4) SIGILL       5) SIGTRAP
 6) SIGABRT      7) SIGBUS       8) SIGFPE       9) SIGKILL     10) SIGUSR1
11) SIGSEGV     12) SIGUSR2     13) SIGPIPE     14) SIGALRM     15) SIGTERM
16) SIGSTKFLT   17) SIGCHLD     18) SIGCONT     19) SIGSTOP     20) SIGTSTP
21) SIGTTIN     22) SIGTTOU     23) SIGURG      24) SIGXCPU     25) SIGXFSZ
26) SIGVTALRM   27) SIGPROF     28) SIGWINCH    29) SIGIO       30) SIGPWR
31) SIGSYS      34) SIGRTMIN    35) SIGRTMIN+1  36) SIGRTMIN+2  37) SIGRTMIN+3
38) SIGRTMIN+4  39) SIGRTMIN+5  40) SIGRTMIN+6  41) SIGRTMIN+7  42) SIGRTMIN+8
43) SIGRTMIN+9  44) SIGRTMIN+10 45) SIGRTMIN+11 46) SIGRTMIN+12 47) SIGRTMIN+13
48) SIGRTMIN+14 49) SIGRTMIN+15 50) SIGRTMAX-14 51) SIGRTMAX-13 52) SIGRTMAX-12
53) SIGRTMAX-11 54) SIGRTMAX-10 55) SIGRTMAX-9  56) SIGRTMAX-8  57) SIGRTMAX-7
58) SIGRTMAX-6  59) SIGRTMAX-5  60) SIGRTMAX-4  61) SIGRTMAX-3  62) SIGRTMAX-2
63) SIGRTMAX-1  64) SIGRTMAX
[root@sjh ~]#
```

图 5-37 列出 kill 命令支持的信号类型

例 5.14 结束进程 -3630。

命令:

```
kill -15 -3630(进程号)
```

命令运行结果如图 5-38 所示。

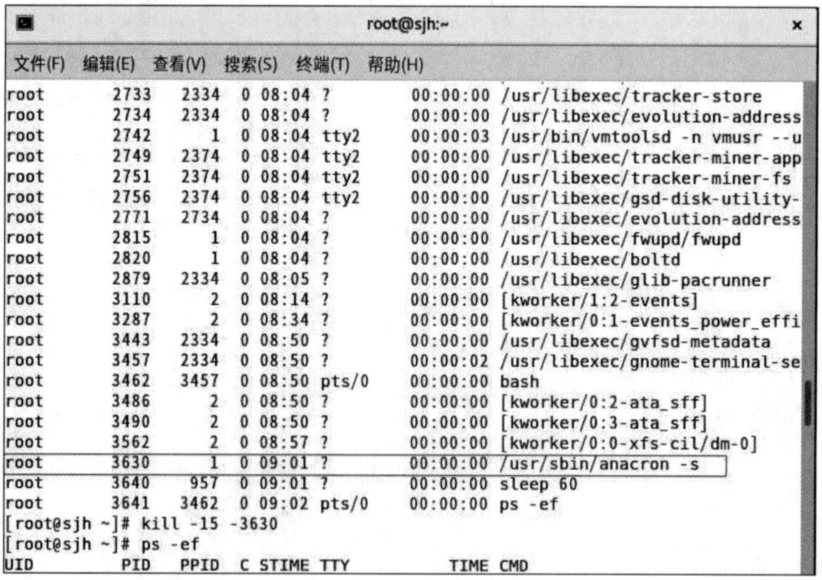

```
root@sjh:~
文件(F) 编辑(E) 查看(V) 搜索(S) 终端(T) 帮助(H)
root      2733  2334  0 08:04 ?        00:00:00 /usr/libexec/tracker-store
root      2734  2334  0 08:04 ?        00:00:00 /usr/libexec/evolution-address
root      2742     1  0 08:04 tty2     00:00:03 /usr/bin/vmtoolsd -n vmusr --u
root      2749  2374  0 08:04 tty2     00:00:00 /usr/libexec/tracker-miner-app
root      2751  2374  0 08:04 tty2     00:00:00 /usr/libexec/tracker-miner-fs
root      2756  2374  0 08:04 tty2     00:00:00 /usr/libexec/gsd-disk-utility-
root      2771  2734  0 08:04 ?        00:00:00 /usr/libexec/evolution-address
root      2815     1  0 08:04 ?        00:00:00 /usr/libexec/fwupd/fwupd
root      2820     1  0 08:04 ?        00:00:00 /usr/libexec/boltd
root      2879  2334  0 08:05 ?        00:00:00 /usr/libexec/glib-pacrunner
root      3110     2  0 08:14 ?        00:00:00 [kworker/1:2-events]
root      3287     2  0 08:34 ?        00:00:00 [kworker/0:1-events_power_effi
root      3443  2334  0 08:50 ?        00:00:00 /usr/libexec/gvfsd-metadata
root      3457  2334  0 08:50 ?        00:00:02 /usr/libexec/gnome-terminal-se
root      3462  3457  0 08:50 pts/0    00:00:00 bash
root      3486     2  0 08:50 ?        00:00:00 [kworker/0:2-ata_sff]
root      3490     2  0 08:50 ?        00:00:00 [kworker/0:3-ata_sff]
root      3562     2  0 08:57 ?        00:00:00 [kworker/0:0-xfs-cil/dm-0]
root      3630     1  0 09:01 ?        00:00:00 /usr/sbin/anacron -s
root      3640   957  0 09:01 ?        00:00:00 sleep 60
root      3641  3462  0 09:02 pts/0    00:00:00 ps -ef
[root@sjh ~]# kill -15 -3630
[root@sjh ~]# ps -ef
UID        PID  PPID  C STIME TTY          TIME CMD
```

图 5-38 结束进程-3630

5.3　软件包管理

5.3.1　RPM 软件包简介

Red Hat 软件包管理器是一种开放的软件包管理系统,按照 GPL 条款发行,它可以运行于各种 Linux 系统上。

RPM 文件格式名称虽然打上了 Red Hat 的标志,但是其原始设计理念是开放式的,现在众多 Linux 发行版都采用开放式设计理念,可以算是公认的行业标准。

对于终端用户来说,RPM 简化了 Linux 系统安装、卸载、更新和升级的过程,只需要使用简短的命令就可以完成整个过程。RPM 维护一个已经安装的软件包和它们的文件数据库,因此,用户可以在系统上使用查询和校验软件包功能。

对于开发者来说,RPM 允许把软件编码包装成源码包和程序包,然后提供给终端用户,这个过程非常简单,这种对用户的纯净源码、补丁和建构指令的清晰描述减轻了发行软件新版本带来的维护负担。Linux 系统上的所有软件都被分成可被安装、升级或卸载的 RPM 软件包。

RPM 软件包管理具有以下用途。

(1) 可以安装、删除、升级、刷新和管理 RPM 软件包。

(2) 通过 RPM 软件包管理能知道软件包包含哪些文件,也能知道系统中的某个文件属于哪个 RPM 软件包。

(3) 可以查询系统中的 RPM 软件包是否安装并查询其安装的版本。

(4) 开发者可以把自己的成果打包成 RPM 软件包并发布。

(5) 可以实现软件包签名 GPG 和 MD5 的导入、验证和签名发布。

(6) 依赖性的检查,查看是否有 RPM 软件包由于不兼容而扰乱系统。

5.3.2　管理 RPM 软件包

RPM 软件包管理主要有安装(添加)、删除(卸载)、刷新、升级、查询 5 种基本操作模式,下面进行介绍。

使用 rpm 命令可以在 linux 系统中安装、删除、刷新、升级、查询 RPM 软件包。

语法格式:

rpm [选项] [RPM 软件包文件名称]

其中部分选项及含义如表 5-2 所示。

表 5-2　rpm 命令部分选项及含义

选　项	含　义
-i	安装软件包
-v	输出详细信息
-h	显示安装进度条

选　项	含　义
-uvh	原来没有安装过的,直接安装;如果已安装过,则更新至新版
-fvh	原来没有安装过的,不安装;如果已安装过,则更新至新版
-e	卸载软件包
-qa	查询出本机所有已经安装的软件
-rebuilddb	重建 RPM 数据库

例 5.15　安装 jdk-8u241-linux-x64.rpm 软件包。

命令：

```
rpm -ivh jdk-8u241-linux-x64.rpm(安装包名称)
```

命令运行结果如图 5-39 所示。

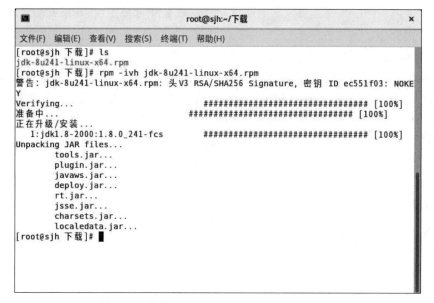

图 5-39　安装 jdk-8u241-linux-x64.rpm 软件包

例 5.16　查看安装的 JDK。

命令：

```
rpm -qa|grep jdk
```

命令运行结果如图 5-40 所示。

例 5.17　查看安装 jdk 的详细信息。

命令：

```
rpm -qi  jdk1.8
```

命令运行结果如图 5-41 所示。

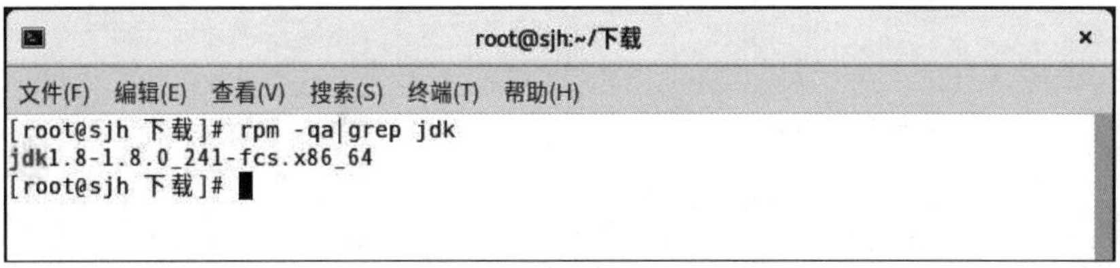

图 5-40　查看安装的 jdk

图 5-41　查看安装 jdk 的详细信息

例 5.18　查看 JDK 安装的文件。

命令：

```
rpm -ql jdk1.8
```

命令运行结果如图 5-42 所示。

例 5.19　卸载安装的 jdk。

命令：

```
rpm -e jdk1.8
```

命令运行结果如图 5-43 所示。

5.3.3　yum 的概念

在 Linux 系统中安装软件包使用 rpm 命令，但是使用 rpm 命令安装软件包特别麻烦，原因在于需要手动寻找安装该软件包所需要的一系列依赖关系。当软件包不用、需要卸载时，容易因卸载了某个依赖关系而导致其他的软件包不能用。在 Linux 系统中使用 yum 命令，令 Linux 的软件安装变得简单。

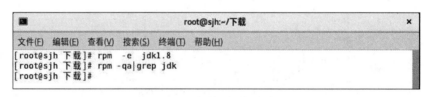

```
                            root@sjh:~                              ×
文件(F)  编辑(E)  查看(V)  搜索(S)  终端(T)  帮助(H)
[root@sjh ~]# rpm -ql  jdk1.8
/usr
/usr/java
/usr/java/jdk1.8.0_241-amd64
/usr/java/jdk1.8.0_241-amd64/.java
/usr/java/jdk1.8.0_241-amd64/.java/.systemPrefs
/usr/java/jdk1.8.0_241-amd64/.java/.systemPrefs/.system.lock
/usr/java/jdk1.8.0_241-amd64/.java/.systemPrefs/.systemRootModFile
/usr/java/jdk1.8.0_241-amd64/.java/init.d
/usr/java/jdk1.8.0_241-amd64/.java/init.d/jexec
/usr/java/jdk1.8.0_241-amd64/COPYRIGHT
/usr/java/jdk1.8.0_241-amd64/LICENSE
/usr/java/jdk1.8.0_241-amd64/README.html
/usr/java/jdk1.8.0_241-amd64/THIRDPARTYLICENSEREADME-JAVAFX.txt
/usr/java/jdk1.8.0_241-amd64/THIRDPARTYLICENSEREADME.txt
/usr/java/jdk1.8.0_241-amd64/bin
/usr/java/jdk1.8.0_241-amd64/bin/ControlPanel
/usr/java/jdk1.8.0_241-amd64/bin/appletviewer
/usr/java/jdk1.8.0_241-amd64/bin/extcheck
/usr/java/jdk1.8.0_241-amd64/bin/idlj
/usr/java/jdk1.8.0_241-amd64/bin/jar
/usr/java/jdk1.8.0_241-amd64/bin/jarsigner
/usr/java/jdk1.8.0_241-amd64/bin/java
/usr/java/jdk1.8.0_241-amd64/bin/java-rmi.cgi
```

图 5-42 查看 jdk 安装的文件

```
                         root@sjh:~/下载                            ×
文件(F)  编辑(E)  查看(V)  搜索(S)  终端(T)  帮助(H)
[root@sjh 下载]# rpm  -e  jdk1.8
[root@sjh 下载]# rpm -qa|grep jdk
[root@sjh 下载]#
```

图 5-43 卸载安装的 jdk

yum(Yellow dog Updater Modified)起初是由 Terra Soft 研发的,其宗旨是自动化地升级、安装和删除 RPM 软件包,收集 RPM 软件包的相关信息,检查依赖性并且一次安装所有依赖的软件包,无须烦琐地一次次安装。

yum 的关键之处是要有可靠的软件仓库,软件仓库可以是 HTTP 站点、FTP 站点或者是本地软件池,但必须包含 rpm 的 header,header 包括了 RPM 软件包的各种信息,包括描述、功能、提供的文件以及依赖性等。正是收集了这些 header 并加以分析,其才能自动化地完成余下的任务。

yum 具有以下特点。

(1) 可以同时配置多个软件仓库。

(2) 简洁的配置文件/etc/yum.conf。

(3) 自动解决安装或者删除 RPM 软件包时遇到的依赖性问题。

(4) 使用 yum 命令非常方便。

(5) 保持与 RPM 数据库的一致性。

5.3.4 yum 命令的使用

使用 yum 命令可以安装、更新、删除、显示软件包。yum 命令可以自动进行系统更新,基于软件仓库的元数据分析,解决软件包依赖性关系。

命令语法格式:

yum [选项] [命令]

其中,部分选项及含义如表 5-3 所示。

表 5-3　yum 命令的部分选项及含义

选　　项	含　　义
-y	所有问题都回答 yes
-q	安静模式操作
-V	显示详细信息
-c<配置文件>	指定配置文件路径
-x<软件包>	排除指定软件包
--no gpg check	禁用 GPG 签名检查
--install root=<路径>	设置安装根目录路径

yum 命令的部分描述如表 5-4 所示。

表 5-4　yum 命令的部分描述

命　　令	描　　述
install<软件包名>	安装指定的软件包
reinstall<软件包名>	重新安装软件包
search<软件包名>	通过给定的字符串搜索软件包
list	列出目前 yum 所管理的所有的软件包名称与版本
list<软件包名>	列出指定软件包安装情况
list installed	列出所有已安装的软件包
info<软件包名>	列出指定的软件包安装情况和详细信息
info installed	列出所有已安装的软件包与详细信息
info extras	列出所有已安装但不在 yum 软件仓库内的软件包
info updates	列出所有可更新的软件包信息
provides<软件包名>	<软件包名>查找提供指定内容的软件包
dep list<软件包名>	<软件包名>查看指定软件包的依赖情况
update	全部更新
update	<软件包名>更新指定的软件包
check-update	检查可更新的软件包
upgrade	<软件包名>升级指定的软件包
update info	显示软件仓库更新信息
local update	<软件包名>本地更新软件包
remove	<软件包名>删除指定软件包
clean packages	清除缓存目录下的软件包

命　令	描　述
clean headers	清除缓存目录下的头文件
clean	清除缓存数据
clean all	清除缓存目录下的软件包及旧的头文件
version	显示机器或可用仓库的版本

例 5.20　查询可在线安装的 vsftpd 软件。

命令：

```
yum list|grep vsftpd
```

命令运行结果如图 5-44 所示。

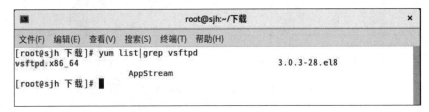

图 5-44　查询可在线安装的 vsftpd 软件

例 5.21　搜索软件 git。

命令：

```
yum search git
```

命令运行结果如图 5-45 所示。

图 5-45　搜索软件 git

例 5.22 安装软件 git。

命令：

```
yum install git
```

命令运行结果根据提示输入，如图 5-46 所示。

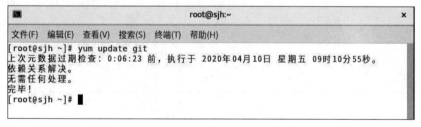

```
                              root@sjh:~                              ×
文件(F)  编辑(E)  查看(V)  搜索(S)  终端(T)  帮助(H)
[root@sjh ~]# yum install git
CentOS-8 - AppStream                    5.0 kB/s │ 4.3 kB    00:00
CentOS-8 - Base                         5.3 kB/s │ 3.8 kB    00:00
CentOS-8 - Extras                       2.4 kB/s │ 1.5 kB    00:00
依赖关系解决。
==================================================================
 软件包              架构        版本                仓库        大小
==================================================================
安装：
 git                x86_64      2.18.2-1.el8_1      AppStream   186 k
安装依赖关系：
 git-core           x86_64      2.18.2-1.el8_1      AppStream   4.8 M
 git-core-doc       noarch      2.18.2-1.el8_1      AppStream   2.3 M
 perl-Error         noarch      1:0.17025-2.el8     AppStream    46 k
 perl-Git           noarch      2.18.2-1.el8_1      AppStream    77 k
 perl-TermReadKey   x86_64      2.37-7.el8          AppStream    40 k

事务概要
==================================================================
安装  6 软件包

总下载：7.4 M
安装大小：42 M
确定吗？[y/N]：█
```

图 5-46　安装软件 git

例 5.23 更新软件 git。

命令：

```
yum update git
```

命令运行结果如图 5-47 所示。

```
                              root@sjh:~                              ×
文件(F)  编辑(E)  查看(V)  搜索(S)  终端(T)  帮助(H)
[root@sjh ~]# yum update git
上次元数据过期检查：0:06:23 前，执行于 2020年04月10日 星期五 09时10分55秒。
依赖关系解决。
无需任何处理。
完毕！
[root@sjh ~]# █
```

图 5-47　更新软件 git

例 5.24 搜寻与磁盘阵列（raid）相关的软件。

命令：

```
yum search raid
```

命令运行结果如图 5-48 所示。

例 5.25 找出 mdadm 这个软件的功能。

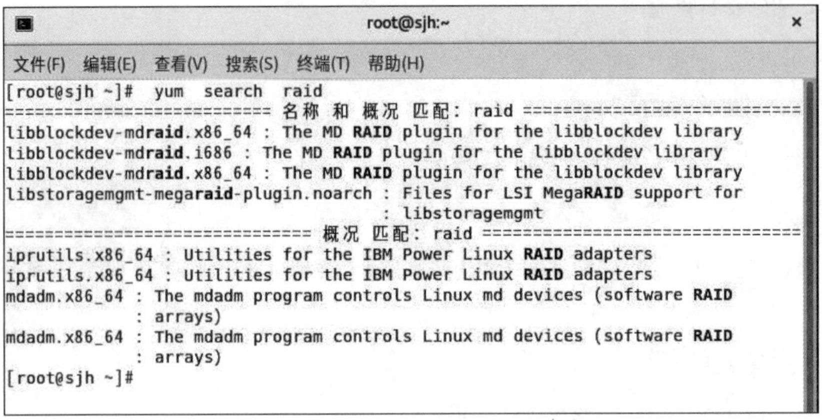

图 5-48 搜寻与磁盘阵列(raid)相关的软件

命令：

```
yum info mdadm
```

命令运行结果如图 5-49 所示。

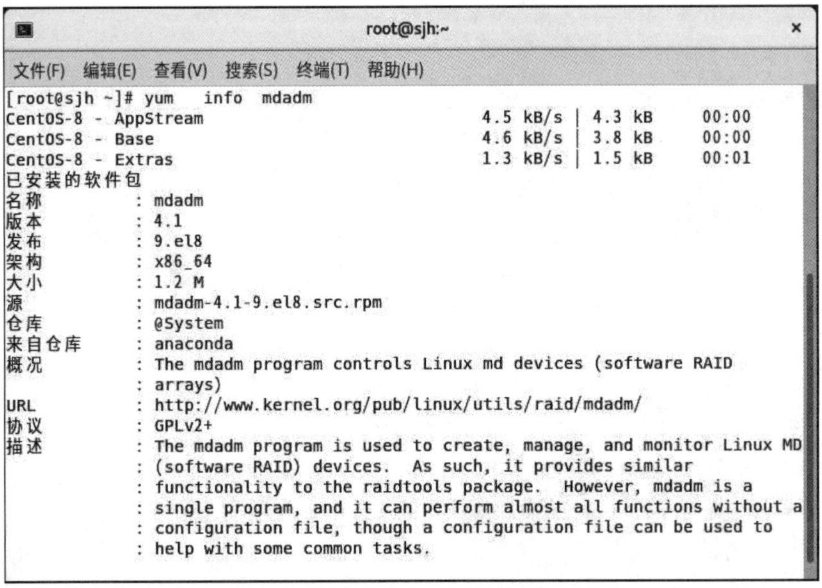

图 5-49 找出 mdadm 这个软件的功能

例 5.26 列出 yum 服务器上面提供的所有软件名称。

命令：

```
yum list
```

命令运行结果如图 5-50 所示。

例 5.27 列出目前服务器上可供本机进行升级的软件。

命令：

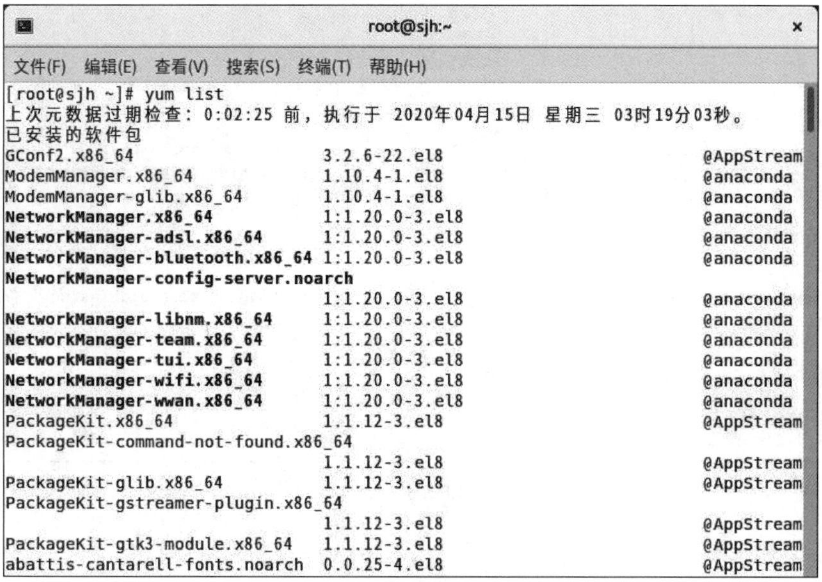

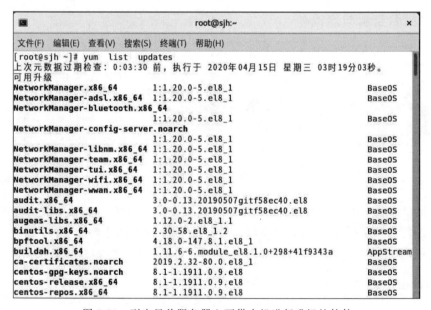

图 5-50　列出 yum 服务器上面提供的所有软件名称

yum list updates

命令运行结果如图 5-51 所示。

图 5-51　列出目前服务器上可供本机进行升级的软件

例 5.28　列出提供 passwd 这个文件的软件有哪些。

命令：

yum provides passwd

命令运行结果如图 5-52 所示。

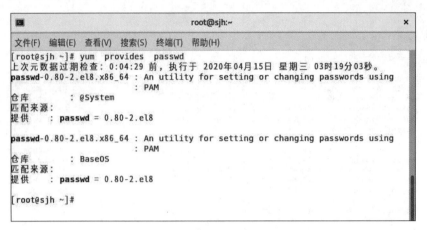

图 5-52　列出提供 passwd 这个文件的软件

5.4　网 络 管 理

在 Linux 系统中提供了大量的网络命令用于网络配置、网络测试以及网络诊断,这里介绍一些常用命令以及一些常用的配置文件。

5.4.1　主机名查看与修改

使用 hostname 命令即可查看本机主机名,如图 5-53 所示,输入 hostname 显示主机名。

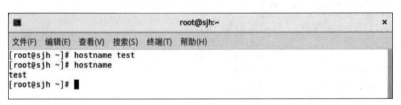

图 5-53　使用 hostname 命令显示主机名

如果需要修改本机的主机名,使用 hostname 命令可以修改主机名,如图 5-53 所示。不过这样修改只是保存在内存中,如果重启,主机名还会变成改动之前的名称。如果需要永久更改主机名,需要修改配置文件/etc/hostname,进入编辑文件之后,然后更改主机名。

5.4.2　ifconfig 命令

使用 ifconfig 命令可以显示和配置网络接口,例如设置 IP 地址、MAC 地址、激活或关闭网络接口。

例 5.29　查看所有网卡信息。

命令:

```
ifconfig
```

命令运行结果如图 5-54 所示。

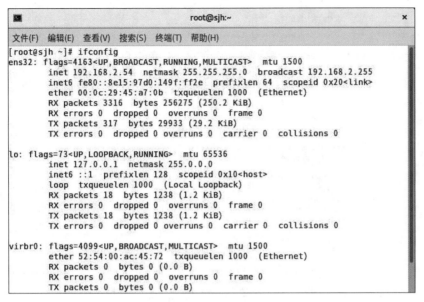

图 5-54　查看所有网卡信息

例 5.30　单独查看某块网卡（例如 virbr0）的情况。

命令：

```
ifconfig  virbr0
```

命令运行结果如图 5-55 所示。

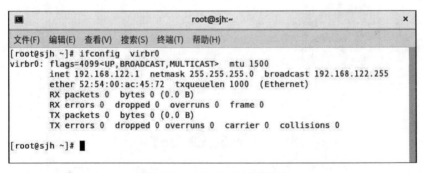

图 5-55　查看 virbr0 网卡信息

使用 ifconfig 设置 IP 地址的命令语法格式如下：

```
ifconfig 网卡名 IP 地址 子网掩码
```

例 5.31　设置网卡（ens32）的 IP 地址为 192.168.31.81 子网掩码为 255.255.255.0。

命令：

```
ifconfig ens32(网卡名) 192.168.31.81 netmask 255.255.255.0
```

命令运行结果如图 5-56 所示。

图 5-56　设置网卡(en32)的 IP 和子网掩码

另外，对于网卡的禁用与启动，可以使用 ifconfig 命令，格式如下：

```
ifconfig 网卡名称 down        //禁用网卡
ifconfig 网卡名称 up          //启用网卡
```

禁用网卡之后无法连接网络，又启用网卡，网络连接恢复正常，如图 5-57 所示。

图 5-57　重新启动网卡

也可以使用 ifdown 和 ifup 命令实现禁用和启用网卡，格式如下：

```
ifdown 网卡名称               //禁用网卡
ifup 网卡名称                 //启用网卡
```

ifconfig 命令可以更改网卡 MAC 地址，命令格式如下：

```
ifconfig 网卡名 hw  ether  MAC 地址
```

ifconfig 命令修改 IP 地址和 MAC 地址均为临时生效。重新启动系统后，设置失效。可以通过修改网卡配置文件使其永久生效。

例 5.32 如图 5-58 所示，更改网卡（ens32）的 MAC 地址为 12:34:56:78:9a:bc。
命令：

```
ifconfig  ens32  down
ifconfig  ens32  hw  ether  12:34:56:78:9a:bc
```

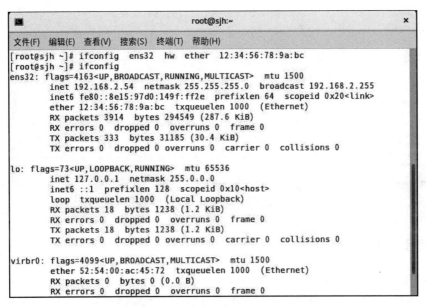

图 5-58　更改网卡 MAC 地址

5.4.3　route 命令

使用 route 命令可以添加、删除、查看网关及路由情况。命令格式如下：

```
route add default gw IP 地址    //添加默认网关
route del default gw IP 地址    //删除默认网关
```

例 5.33 如图 5-59 所示，将 Linux 主机的默认网关设置为 192.168.2.1。
命令：

```
route add default gw 192.168.2.1
```

例 5.34 如图 5-60 所示，使用 route 命令可以查看网关及路由情况。
命令：

```
route
```

说明：上例中的 Flags 用来描述该条路由条目的相关信息，如是否活跃，是否为网关等。Use 表示该条路由为活跃的，Gateway 表示该条路由条目要涉及网关。

```
root@sjh:~
文件(F) 编辑(E) 查看(V) 搜索(S) 终端(T) 帮助(H)
[root@sjh ~]# route add default gw 192.168.2.1
[root@sjh ~]# route
Kernel IP routing table
Destination     Gateway         Genmask         Flags Metric Ref    Use Iface
default         _gateway        0.0.0.0         UG    0      0        0 ens32
default         _gateway        0.0.0.0         UG    0      0        0 ens32
default         _gateway        0.0.0.0         UG    100    0        0 ens32
192.168.2.0     0.0.0.0         255.255.255.0   U     100    0        0 ens32
[root@sjh ~]#
```

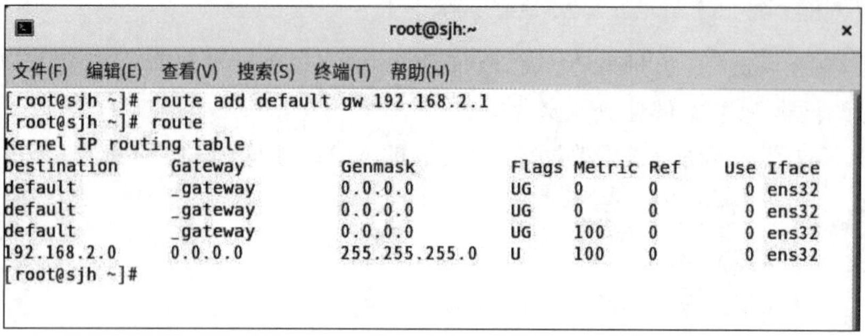

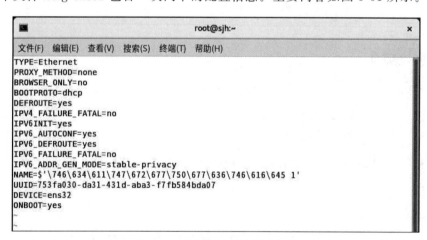

图 5-59　更改 Linux 主机的网关设置

```
root@sjh:~
文件(F) 编辑(E) 查看(V) 搜索(S) 终端(T) 帮助(H)
[root@sjh ~]# route
Kernel IP routing table
Destination     Gateway         Genmask         Flags Metric Ref    Use Iface
default         _gateway        0.0.0.0         UG    0      0        0 ens32
default         _gateway        0.0.0.0         UG    0      0        0 ens32
default         _gateway        0.0.0.0         UG    100    0        0 ens32
192.168.2.0     0.0.0.0         255.255.255.0   U     100    0        0 ens32
[root@sjh ~]#
```

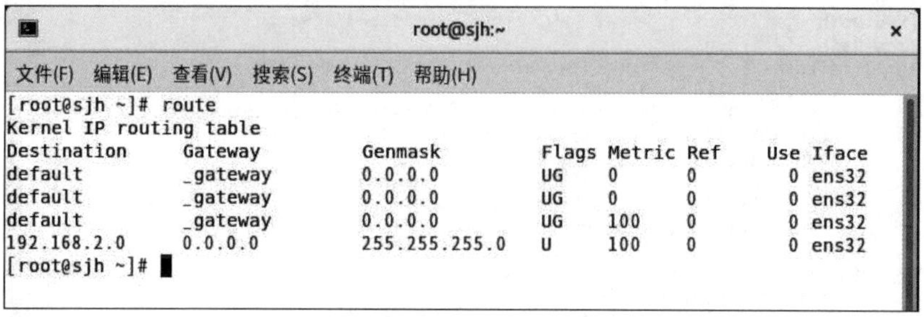

图 5-60　使用 route 命令查看网关路由

5.4.4　网卡配置文件

在 Linux 系统中，系统网络设置的配置文件保存在/etc/sysconfig/network-scripts/目录下，其中文件 ifcfg-ens32 包含一块网卡的配置信息。主要内容如图 5-61 所示。

```
root@sjh:~
文件(F) 编辑(E) 查看(V) 搜索(S) 终端(T) 帮助(H)
TYPE=Ethernet
PROXY_METHOD=none
BROWSER_ONLY=no
BOOTPROTO=dhcp
DEFROUTE=yes
IPV4_FAILURE_FATAL=no
IPV6INIT=yes
IPV6_AUTOCONF=yes
IPV6_DEFROUTE=yes
IPV6_FAILURE_FATAL=no
IPV6_ADDR_GEN_MODE=stable-privacy
NAME=$'\746\634\611\747\672\677\750\677\636\746\616\645 1'
UUID=753fa030-da31-431d-aba3-f7fb584bda07
DEVICE=ens32
ONBOOT=yes
~
~
```

图 5-61　网卡主要配置文件信息

可以为 BOOT PROTO 设置以下 4 种选项。

(1) none：表示无须启动协议。

(2) bootp：表示使用的协议为 BOOTP。

（3）dhcp：表示动态获取 IP 地址使用的协议为 DHCP。

（4）static：表示手工设置静态 IP 地址。

5.4.5　/etc/resolv.conf 文件

/etc/resolv.conf 文件是由域名解析器（resolver，一个根据主机名解析 IP 地址的库）使用的配置文件，如图 5-62 所示为/etc/resolv.conf 文件内容的示例。

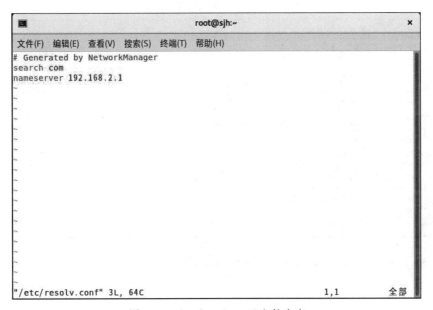

图 5-62　/etc/resolv.conf 文件内容

该文件中包含的内容描述如下。

（1）nameserver：表示解析域名时使用该 IP 地址指定的主机为域名服务器，其中域名服务器是按照文件中出现的顺序来查询的。

（2）search：表示 DNS 搜索路径，即解析不完整名称时默认的附加域名后缀，这样可以在解析名称时用简短的主机名而不是完全合格域名（FQDN）。

5.4.6　ping 命令

使用 ping 命令可以用来测试与目标计算机之间的连通性。执行 ping 命令会使用 ICMP 传输协议发出要求回应的信息，如果远程主机的网络功能没有问题，就会回应该信息，因而得知该主机是否正常运作。

语法格式如下：

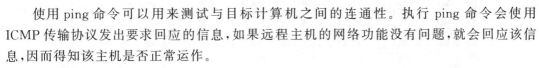

```
ping [选项] [目标]
```

其中，选项及含义如表 5-5 所示。

表 5-5　ping 命令选项及含义

选　　项	含　　义
-c＜完成次数＞	设置完成要求回应的次数
-i＜间隔时间＞	在每个数据包发送之间等待的时间(秒数)。默认值为在每个数据包发送之间等待 1s
-n	指定只输出数字,不去查询主机地址的符号名
-s＜数据包大小＞	指定要发送的数据的字节数。默认值是 56
-t＜存活数值＞	设置存活数值 TTL 的大小
-V	显示详细输出信息
-q	安静输出
-T	绕过正常的路由表,直接发送到连接接口上的主机
-W＜超时＞	等待一个响应的时间,单位为秒
-w＜截止日期＞	指定超时,单位为秒
-B	不允许 ping 来改变探测器的源地址
-I＜接口地址＞	设置源地址为指定接口的地址
-R	记录路由

例 5.35　测试与网站 www.sina.com 的连通性。

命令:

```
pingwww.sina.com
```

命令运行结果如图 5-63 所示。

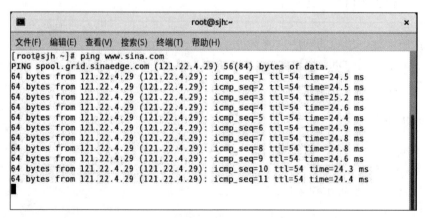

图 5-63　测试与网站 www.sina.com 的连通性

5.4.7　netstat 命令

使用 netstat 命令可以用来显示网络状态的信息,得知整个 Linux 系统的网络情况,例如网络连接、路由表、接口统计、伪装连接和组播成员。

语法格式如下：

`netstat [选项] [延迟]`

其中，部分选项及含义如表 5-6 所示。

表 5-6　netstat 命令选项及含义

选　　项	含　　义
-a	显示所有的 socket
-i	显示接口表
-l	显示监控中的服务器 socket
-M	显示伪装的连接
-n	直接使用 IP 地址，而不解析名称
-p	显示正在使用 Socket 的 PID 和程序名称
-T	显示路由表信息
-S	显示网络统计信息（如 SNMP）
-t	显示 TCP 的连线状况
-u	显示 UDP 的连线状况

例 5.36　显示内核路由表信息。

命令：

`netstat -r`

命令运行结果如图 5-64 所示。

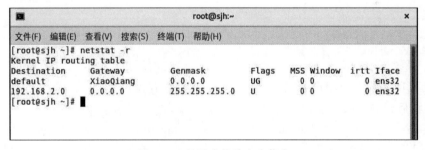

图 5-64　显示内核路由表信息

综合实践 5

1. 启动一个前台进程。
2. 将该进程转入后台执行。
3. 查看该进程的状态。
4. 将该进程唤回前台。

5. 重新将该进程转入后台。

6. 查看该进程的进程号。

7. 结束该进程。

8. 再次查看该后台进程还存不存在。

9. 统计出系统中已经安装的软件包个数。

10. 查询系统中有没有安装 vsftpd 软件包。

11. 使用 rpm 命令安装 vsftpd 软件包。

12. 再次查询系统中有没有 vsftpd 软件包。

13. 使用 rpm 命令卸载 vsftpd 软件包。

14. 使用 yum 命令安装 vsftpd 软件包。

15. 使用 yum 命令只下载不安装 vsftpd 软件包。

16. 使用 yum 命令查看 vsftpd 软件包的信息。

17. 使用 yum 命令卸载 vsftpd 软件包。

单元测验 5

一、单选题

1. 整个 X Window 由 3 部分组成,其中(　　)才是应用程序的核心部分,它是与硬件无关的,主要负责计算。

    A. X Server   B. X Client   C. X Window   D. X-Protocal

2. 要动态查看系统中正在运行的进程的状态,可使用的命令是(　　)。

    A. ps   B. top   C. uptime   D. fg

3. 使用 uptime 命令显示的内容不包括(　　)。

```
[root@bogon 桌面]#uptime
09:47:45 up 11 min,  2 users,   load average: 0.01, 0.16, 0.15
```

    A. 系统当前时间   B. 当前用户已登录系统的时间

    C. 当前系统登录用户的数量   D. 内存使用率

4. 要将后台进程唤回前台,可使用命令(　　)。

    A. fg   B. top   C. uptime   D. ps

5. 要结束某一个进程可以使用(　　)。

    A. ps   B. top   C. uptime   D. kill

6. 一个后台进程的 PID 为 1520,进程名称为 vim sjh.txt,要强制终止该进程,使用(　　)命令。

    A. kill -9 1520   B. kill -15 1520

    C. kill -9 vi sjh.txt   D. kill -15 vi sjh.txt

7. 使用 rpm 卸载软件包 gconf-editor-2.28.0-3.el6.i686.rpm 的命令是(　　)。

    A. rpm -e gconf-editor-2.28.0-3.el6.i686.rpm

    B. rpm -ivh gconf-editor

C. rpm -e gconf-editor

D. rpm -q gconf-editor

8. 使用 yum 在线安装软件包 httpd 的命令是(　　　)。

    A. yum install httpd　　　　　　　　B. yum remove httpd

    C. yum info httpd　　　　　　　　　　D. yum search httpd

9. 想知道系统中已经安装的软件包总数使用的命令是(　　　)。

    A. rpm -q　　　　　　　　　　　　　B. rpm -qa

    C. rpm -qa │ wc -l　　　　　　　　　D. rpm -e

10. 可以修改网卡 ip 地址的命令是(　　　)。

    A. hostname　　　　B. ifup　　　　　C. ifconfig　　　　D. route

11. 可以查看主机路由表的命令是(　　　)。

    A. ping　　　　　　B. ifup　　　　　C. ifconfig　　　　D. route

12. 可以测试网络连通性的命令是(　　　)。

    A. ping　　　　　　B. ifup　　　　　C. ifconfig　　　　D. route

二、判断题

1. 整个 X Window 由 X Server、X Client 和 X Protocol 3 部分组成。　　　　(　　　)

2. GNOME 不仅是一个简单的窗口管理器,也为用户提供了一个功能强大、界面友好的桌面操作环境,GNOME 包括一个面板、桌面以及一系列标准的桌面工具和很多功能强大的应用软件。　　　　(　　　)

3. 进程是运行中的程序。　　　　(　　　)

4. Linux 是一个多用户多任务操作系统,计算机中的资源(如文件、内存、CPU 等)分配都是以程序为单位进行的。　　　　(　　　)

5. 要想让一个进程作为后台进程来启动,只需在该命令后面添加"♯"。　　　　(　　　)

6. Red Hat 提供了 RPM 软件包的管理,可实现对软件包的安装、查询、升级与更新、卸载处理。　　　　(　　　)

7. 重建 RPM 数据库的命令是 rpm --rebuilddb。　　　　(　　　)

8. 使用 hostname 命令可以用来修改主机名,修改后的主机名永久有效。　　　　(　　　)

三、简答题

1. 说明 rpm 命令和 yum 命令的区别。

2. 列举出 5 个与网络管理有关的命令。

3. 如果想使用 kill 命令来强制终止当前终端所打开的 bash 进程,需要怎么操作?

项目 6　文件系统管理

【本章学习目标】

（1）熟悉文件系统的概念。

（2）熟悉常见的文件类型。

（3）掌握文件类型的查看、查找。

（4）掌握文件和目录权限的管理。

（5）掌握文件的归档与压缩。

文件系统是操作系统中与管理文件有关的所有软件和数据的集合。文件系统隐藏了系统中复杂的硬件设备特征，为用户以及操作系统的其他子系统提供一个统一、简单的接口。通过文件系统，使得用户可以方便地使用计算机的存储设备、输入输出设备等。

6.1　文件系统的结构与类型

对于 Linux 操作系统，文件系统是指格式化后用于存储文件的设备（如硬盘分区、光盘、闪盘及其他存储设备等），其中包含有文件、目录以及定位和访问这些文件和目录所必需的信息。此外，文件系统还会对存储空间进行组织和分配，并对文件的访问进行保护和控制。这些文件和目录的命名、存储、组织和控制的总体结构就统称为文件系统（File System）。

Linux 系统把除 CPU、内存之外的所有其他设备都抽象为文件来处理。文件是操作系统用来存储文件信息的基本结构，它是操作系统在分区上保存信息的方法和数据结构。

6.1.1　文件系统的结构

在 Linux 操作系统中，文件系统的组织方式是采用以一个根结点开始的倒置的树状层次式目录结构，在这个结构中处于最顶层的是根目录，用"/"代表，往下延伸就是其各级子目录。Linux 文件系统结构如图 6-1 所示。

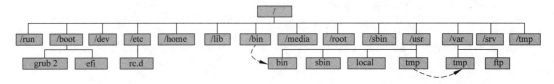

图 6-1　Linux 文件系统的结构

1. Linux 文件目录

Linux 操作系统中的目录指可以包含许多文件项目的一类特殊文件。如父目录、子目录、工作目录、用户主目录（Home Directory）等。在 Linux 系统中有两个特殊的目录，一个是用户所在的工作目录，即当前目录用"."来表示当前目录；另一个是当前目录的上一级目录，即父目录，用".."来表示父目录。此外，用"～"来表示用户的主目录。

Linux 文件系统结构中常用目录的说明如下。

（1）/：根目录，Linux 系统目录树的起点。

（2）/run：存放系统运行时需要的信息，不能随便删除。例如，系统中正在运行的进程号等信息。

（3）/boot：这里存放的是启动 Linux 时使用的一些核心文件，例如 Linux 内核文件。

（4）/dev：dev 是 device（设备）的缩写。这个目录下是 Linux 所有的外部设备，在 Linux 中设备也是文件，使用访问文件的方法访问设备。例如/dev/sda 代表第一个物理 SCSI 硬盘。

（5）/etc：这个目录用来存放系统管理所需要的配置文件和子目录。

（6）/home：用户的主目录，例如说有个用户叫 sy，那么他的主目录就是/home/sy。注意，root 用户的目录不在这里，而在/root 中。

（7）/lib：这个目录里存放着系统最基本的动态链接共享库，其作用类似于 Windows 里的.dll 文件。几乎所有的应用程序都需要用到这些共享库。

（8）/bin：bin 是 binary 的缩写。这个目录中存放着普通用户经常使用的命令。例如 cp、ls、cat 等。在 CentOS 8.1 系统中，/bin 是指向/usr/bin 的一个软链接文件。

（9）/media：存放即插即用设备的挂载点。例如 USB 设备，自动在这个目录下创建一个目录，默认为空。

（10）/root：系统管理员（也叫超级用户）root 的主目录。

（11）/sbin：s 就是 Super User 的意思，也就是说，这里存放的是系统管理员使用的管理命令和管理程序。

（12）/usr：这是最庞大的目录，需要用到的应用程序和文件几乎都存放在这个目录。

（13）/var：这个目录中存放着那些不断在扩充着的东西，为了保持/usr 的相对稳定，那些经常被修改的目录可以放在这个目录下，系统的日志文件就在/var/log 目录中。

（14）/srv：存放系统提供服务

（15）/tmp：用来存放临时文

（16）/mnt：这个目录在刚安装   目录的目的是让用户临时挂载别的文件系统。

（17）/proc：这个目录是一个   可以通过直接访问这个目录来获取系统信息。也就是说   在内存里，所以该目录占用的磁盘空间大小为 0。

2. Linux 路径

路径是由目录名加上"/"（作为   符串"，表示文件或目录在文件系统中所处的层次。

由于文件都是存放在某一个目   目录，所以用户就可以通过目录名或文件名从文件树的任   录或文件。也就是说访问目录或文件的方式有两种路径

（1）绝对路径：绝对路径必须由   doc 这个目录。

（2）相对路径：不是由根目录"   以包含从当前目录到所要查找的目录或文件所必须遍历   录是 /usr/share/sjh，

要切换到/usr/share/java 目录下时,可写成 cd ../java。

3. 目录或文件的命名规则

Linux 系统的文件名由字母(可用汉字)、数字、下画线、圆点等字符构成。命名时应符合下列规则。

(1) 除不可以使用"/"外,所有的字符都可以用作目录或文件名,但应避免使用特殊字符,如?、@、#、$、&、(、)、\、|、;、'、'、"、"、<、>等不宜作为文件名。

(2) 如文件名中包含有空格,则访问该文件时,就必须用" ""将文件名括起来。

(3) 目录或文件名的长度不能超过 255 个字符。

(4) 同一目录下不能有相同的文件名,不同目录下可以同名。

(5) 若文件名的第 1 个字符为".",表示该文件为隐藏文件。

(6) 目录名、文件名是区分大小写的。如 myfile,Myfile 和 myFILE 表示的是 3 个不同的文件。

(7) 文件的属性与取名无关,文件名可以不使用扩展名,而且文件的扩展名对 Linux 系统来说没有任何特殊的含义。

6.1.2　文件系统的类型

由于 Linux 内核采用虚拟文件系统(VFS)技术,所以 Linux 能支持的文件系统非常多。每一种类型的文件系统都提供一个公共的软件接口给 VFS,Linux 的 VFS 允许用户同时使用多种不同类型的文件系统而不受干扰。CentOS 除支持文件系统 xfs、Ext2、Ext3 和 Ext4 之外,还能支持 fat16、fat32、NTFS(需要重新编译内核)等 Windows 文件系统。也就是说,Linux 可以通过挂载的方式使用 Windows 文件系统中的数据。

Linux 所能够支持的文件系统在/usr/src/kernels/当前系统版本/fs 目录中(需要在安装时选择),该目录中的每个子目录都是一个可以识别的文件系统。表 6-1 中列出了 CentOS 8.1 支持的常见文件系统。

表 6-1　CentOS 8.1 支持的常见文件系统

文件系统	描　　述
Ext	Linux 中最早的文件系统,由于在性能和兼容性上具有很多缺陷,现在已经很少使用
Ext2	是 Ext 文件系统的升级版本,Red Hat Linux 7.2 以前的系统默认都是 Ext2 文件系统。于 1993 年发布,支持最大 16TB 的分区和最大 2TB 的文件(1TB=1024GB=1024×1024KB)
Ext3	是 Ext2 文件系统的升级版本,最大的区别就是带日志功能,以便在系统突然停止时提高文件系统的可靠性。支持最大 16TB 的分区和最大 2TB 的文件
Ext4	是 Ext3 文件系统的升级版。Ext4 在性能、伸缩性和可靠性方面进行了大量改进。Ext4 的变化可以说是翻天覆地的,例如向下兼容 Ext3、最大 1EB 文件系统和 16TB 文件、无限数量子目录、Extents 连续数据块概念、多块分配、延迟分配、持久预分配、快速 FSCK、日志校验、无日志模式、在线碎片整理、inode 增强、默认启用 barrier 等。它是 CentOS 6.3 的默认文件系统
xfs	被业界称为最先进、最具有可升级性的文件系统技术,由 SGI 公司设计,从 CentOS 7 开始设为默认的文件系统

文件系统	描　述
btrfs	下一代标准文件系统,支持可写的磁盘快照(Snapshot)、内建的磁盘阵列(RAID)和子卷(Subvolum)等功能
swap	swap 是 Linux 中用于交换分区的文件系统(类似于 Windows 中的虚拟内存),当内存不够用时,使用交换分区暂时替代内存。一般大小为内存的 2 倍,但是不要超过 2GB。它是 Linux 的必需分区
NFS	NFS(Network File System,网络文件系统)是用来实现不同主机之间文件共享的一种网络服务,本地主机可以通过挂载的方式使用远程共享的资源
iso9660	光盘的标准文件系统。Linux 要想使用光盘,必须支持 ISO 9660 文件系统
Smb	支持 SMB 协议的网络文件系统,主要用于实现 Linux 和 Windows 操作系统间的文件共享
fat	Windows 下的 fat16 文件系统,在 Linux 中识别为 fat
vfat	是 Windows 下的 fat32 文件系统,在 Linux 中识别为 vfat。支持最大 32GB 的分区和最大 4GB 的文件
NTFS	Windows 下的 NTFS 文件系统,不过 Linux 默认是不能识别 NTFS 文件系统的,如果需要识别,则需要重新编译内核才能支持。它比 fat32 文件系统更加安全,速度更快,支持最大 2TB 的分区和最大 64GB 的文件
hfs	苹果计算机使用的文件系统
ufs	Sun 公司的操作系统 Solaris 和 SunOS 所采用的文件系统
proc	Linux 中基于内存的虚拟文件系统,用来管理内存存储目录/proc
sysfs	和 proc 一样,也是基于内存的虚拟文件系统,用来管理内存存储目录/sysfs
tmpfs	也是一种基于内存的虚拟文件系统,不过也可以使用 swap 交换分区

6.1.3　查看文件系统类型的命令

在 Linux 中,查看文件系统类型的方法详见 7.3.2 节。

6.2　文件的类型和管理

6.2.1　文件的类型

Linux 有 4 种基本文件系统类型:普通文件、目录文件、链接文件和特殊文件。其中特殊文件包括字符设备文件、块设备文件、套接字文件、命名管道文件。通过 ls -l 命令可以返回文件的相关属性,其中第一个字符就是用于标识文件的类型。Linux 中常见的文件类型如表 6-2 所示。

表 6-2　Linux 的文件类型

文 件 类 型	符　号	文 件 类 型	符　号
普通文件	-	链接文件	l
目录文件	d	字符设备文件	c

文 件 类 型	符　　号	文 件 类 型	符　　号
块设备文件	b	命名管道文件	p
套接字文件	s		

1. 普通文件(-)

用于存放数据、程序等信息的一般文件,又可以分为二进制文件、xml 文件、db 文件等,如果要查看一个普通文件的类型可以使用 file 命令。

2. 目录文件(d)

相当于 Windows 系统中的文件夹,由该目录所包含的目录项所组成的文件。

3. 符号链接文件(l)

符号链接又叫软链接,这个文件包含了另一个文件的路径名。可以是任意文件或目录,可以链接不同文件系统的文件。

4. 字符设备文件(c)

存取数据时是以单个字符为单位的。/dev/audio 是字符设备文件,对 audio 的存取是以字节流方式来进行的。

5. 块设备文件(b)

存取是以一个字块为单位。普通文件的处理是不必要对硬件进行过多操作的,而字符型设备和块设备就不同了,所以是以特别形式文件出现。/dev/cdrom、/dev/fd0、/dev/hda 都是磁盘(光盘,软驱,主磁盘),它们的存取是通过数据块来进行的。

6. 套接字文件(s)

套接字文件系统是一个用户不可见的,高度简化的,用于汇集网络套接字的内存文件系统,它没有块设备,没有子目录,没有文件缓冲,它借用虚拟文件系统的框架来使套接字与文件描述字具有相同的用户接口。当用户用 socket(family,type,protocol)创建一个网络协议族为 family,类型为 type,协议为 protocol 的套接字时,系统就在套接字文件系统中为其创建了一个名称为其索引节点编号的套接字文件。

7. 命名管道文件(p)

负责将一个进程的信息传递给另一个进程,从而使该进程的输出成为另一个进程的输入。

6.2.2　软(符号)链接和硬链接

1. 软(符号)链接

符号链接也被称为软链接,软链接仅仅是指向目的文件的路径,类似于 Windows 下的快捷方式,如果被链接的文件更名或移动,符号链接文件就无任何意义。

需要使用带-s 参数的 ln 命令来创建软(符号)链接,其命令格式如下:

```
ln -s 源文件 链接文件
```

在对符号文件进行读或写操作时,系统会自动把该操作转换为对源文件的操作。删除软(符号)链接文件时,系统仅仅删除符号文件,而不会删除源文件本身。但如果删除了源文件，此时执行打开符号文件的命令时，系统会提示"没有那个文件或目录"，原因是其指向的源文件已不存在。

删除软链接文件用 rm softlink_file 或者 unlink softlink_file。

软（符号）链接适用于文件和目录。

举例如下。

1）为文件创建软链接

（1）执行命令

```
vim  s1
```

创建文件 s1 并添加"This is source file."。

（2）执行命令

```
cat s1
```

查看文件 s1 的内容。

（3）执行命令

```
ln -s s1 s1_soft
```

为文件 s1 创建软链接文件 s1_soft。

（4）执行命令

```
ls -l s1_soft
```

发现软链接文件 s1_soft 指向了文件 s1。

（5）执行命令

```
cat s1_soft
```

发现文件 s1_soft 的内容与文件 s1 的内容一致。

（6）执行命令

```
rm -f y s1
```

删除文件 s1。

（7）再次执行命令

```
cat s1_soft
```

系统提示"cat：s1_soft：没有那个文件或目录"。原因是软链接文件 s1_soft 所指向的源文件 s1 不存在。

以上步骤如图 6-2 所示。

2）为目录创建软链接

（1）执行命令

```
mkdir tFolder
```

创建目录 tFolder 用于测试。

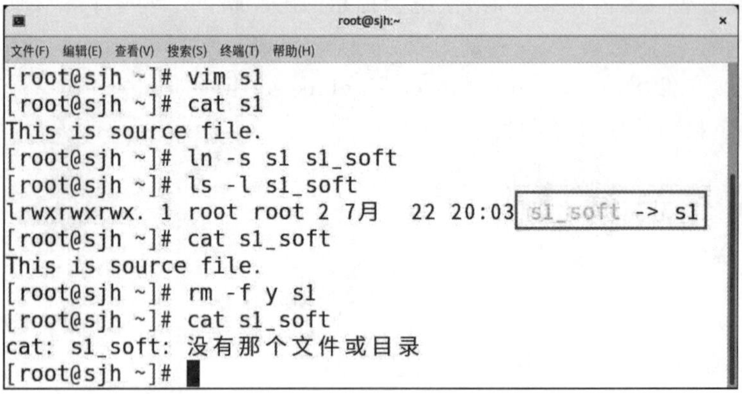

图 6-2　为文件创建软链接

（2）执行命令

```
touch tFolder/t1
```

在目录 tFolder 中创建文件 t1。

（3）执行命令

```
ls tFolder/
```

查看目录 tFolder 中的 t1 是否创建成功。

（4）执行命令

```
ln -s tFolder/ tFolder_soft
```

为目录 tFolder 创建软链接 tFolder_soft。

（5）执行命令

```
ls -l tFolder_soft
```

查看软链接 tFolder_soft 所指向的目录。

（6）执行命令

```
ls tFolder_soft/
```

显示目录 tFolder 中的文件 t1。验证软链接创建成功。

（7）执行命令

```
rm -rf y tFolder
```

删除源文件夹 tFolder。

（8）再次执行命令

```
ls tFolder_soft/
```

系统提示"ls：无法访问'tFolder_soft/'：没有那个文件或目录"，原因是软链接 tFolder_soft/ 所指向的源文件夹 tFolder 不存在。以上步骤如图 6-3 所示。

图 6-3 为目录创建软链接

3）删除软链接

使用 rm 命令或 unlink 命令均可以删除软链接。

（1）执行命令

```
rm -f y s1_soft
```

删除软链接（文件）s1_soft。

（2）执行命令

```
unlink tFolder_soft
```

删除软链接（目录）tFolder_soft。

以上步骤如图 6-4 所示。

图 6-4 删除软链接的两种方法

2. 硬链接

硬链接复制文件 i-node，也就是保留所链接文件的索引节点（磁盘的物理位置）信息，即使文件更名、改变或移动，硬链接文件仍然存在。

硬链接命令格式：

```
ln  源文件 硬链接文件
```

举例如下：

（1）执行命令

```
vim h1
```

创建文件 h1 并添加"This is source file."。

（2）执行命令

```
ln h1 h1_hard
```

为文件 h1 创建硬链接文件 h1_hard。

（3）执行命令

```
cat h1_hard
```

发现硬链接文件 h1_hard 的内容与源文件 h1 的内容一致。

```
This is a source file.
```

（4）执行命令

```
rm -f y h1
```

删除源文件 h1。

（5）执行命令

```
cat h1_hard
```

查看硬链接文件 h1_hard 的内容不变。说明
删除了源文件不会影响到硬链接文件，原因
是硬链接文件是对源文件的复制。

以上步骤如图 6-5 所示。

注意：软链接可以指向目录，不允许将硬
链接指向目录。

图 6-5　为文件创建硬链接

6.2.3　查看文件的类型

查看文件类型可以使用下面的 3 种命令。

1. 使用带 -l 选项的 ls 命令查看文件类型
格式：

```
ls -l　或者 ll (ls -l 别名) [文件或目录]
```

通过第一个字符查看文件的类型。

（1）执行命令

```
ll h1_hard
```

查看详细信息的第一个字符为"-"，说明 h1_hard 文件为普通文件。

（2）执行命令

```
ls -l home1
```

查看详细信息的第一个字符为"d"，说明 home1 文件为目录文件。

（3）执行命令

```
ls -l /dev/sda1
```

查看详细信息的第一个字符为"b"，说明/dev/sda1 文件为块设备文件。

以上步骤如图 6-6 所示。

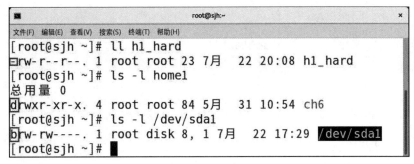

图 6-6　查看文件类型

2. 使用 file 命令查看文件类型

格式：

```
file [-beLvz][-f <名称文件>][文件或目录…]
```

其中参数的含义如下。

（1）-b：列出辨识结果时，不显示文件名称。

（2）-c：详细显示指令执行过程，便于排错或分析程序执行的情形。

（3）-f <名称文件>：指定名称文件，其内容有一个或多个文件名称，让 file 依序辨识这些文件，格式为每列一个文件名称。

（4）-L：直接显示符号链接所指向的文件的类别。

（5）-v：显示版本信息。

（6）-z：尝试去解读压缩文件的内容。

举例如下：

（1）执行命令

```
file h1_hard
```

查看文件 h1_hard 为 ASCII text 文件。

（2）执行命令

```
file  h*
```

查看当前目录下所有以字符"h"开头的文件类型，发现 h2、h3 为空文件，home1 为目录文件，home1.tar.gz 为 gzip 类型的压缩文件等。

以上步骤如图 6-7 所示。

3. 使用 stat 命令查看文件类型

格式：

```
stat[文件或目录]
```

补充说明：stat 以文字的格式来显示 inode 的内容。

举例如下：

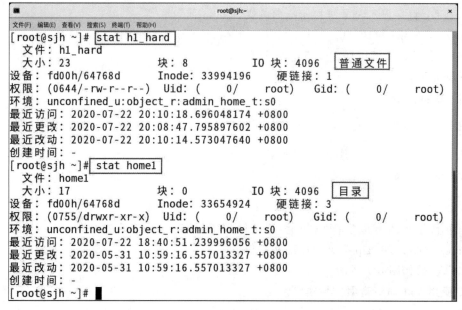

图 6-7　file 命令查看文件类型

（1）执行命令

stat h1_hard

查看文件 h1_hard 为普通文件、硬链接数为 1 以及访问权限等信息。

（2）执行命令

stat home1

查看 home1 为目录文件,硬链接数为 3,以及访问权限等信息。

以上步骤如图 6-8 所示。

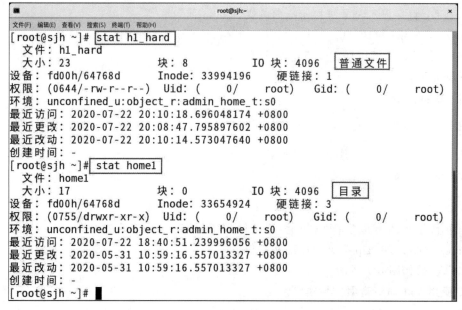

图 6-8　stat 命令查看文件类型

6.2.4 查找指定类型的文件

使用 find 命令可以查找到指定类型的文件。

格式：

```
find [目录] -type [f d b c s p l] [-ls] [| wc-l]
```

其中参数含义如下。

(1) -p：管道文件。

(2) -f：普通文件。

(3) -d：目录文件。

(4) -b：块设备文件。

(5) -c：字符设备文件。

(6) -s：套接字文件。

(7) -p：管道文件。

(8) -l：符号链接文件。

(9) -ls：选项可以显示出找到的文件的详细信息。

(10) 管道命令 | 和统计命令 wc -l 结合使用可以统计出查找到的文件的个数。

举例如下：

(1) 执行命令

```
mkdir tFolder
```

新建一个目录文件 tFolder。

(2) 执行命令

```
cd tFolder/
```

进入目录文件 tFolder/。

(3) 分别执行命令

```
mkdir tf1
mkdir tf2
```

在 tFolder 目录文件下，再新建两个子目录文件 tf1 和 tf2。

(4) 在当前目录下，执行命令

```
find -type d -ls
```

列出 3 个目录文件"."、"./tf1"和"./tf2"。

(5) 在当前目录下，执行命令

```
find -type d -ls | wc -l
```

结合管道命令 | 和统计命令"wc -l"统计目录文件的个数。此处为 3 个。以上步骤如图 6-9 所示。

其他类型文件的查找方法以此类推。

```
root@sjh:~/tFolder
文件(F)  编辑(E)  查看(V)  搜索(S)  终端(T)  帮助(H)
[root@sjh ~]# mkdir tFolder
[root@sjh ~]# cd tFolder/
[root@sjh tFolder]# mkdir tf1
[root@sjh tFolder]# mkdir tf2
[root@sjh tFolder]# find -type d -ls
 17891871        0 drwxr-xr-x   4   root       root           28 7月 22 23:35 .
 34488531        0 drwxr-xr-x   2   root       root            6 7月 22 23:35 ./tf1
 50558594        0 drwxr-xr-x   2   root       root            6 7月 22 23:35 ./tf2
[root@sjh tFolder]# find -type d -ls | wc -l
3
[root@sjh tFolder]#
```

图 6-9　find 命令查找指定类型的文件

6.3　文件和目录的权限管理

Linux 是多用户的操作系统,不同的用户对同一文件和同一目录可能拥有不同的权限。为了保护用户文件、目录的安全,Linux 系统对不同用户访问同一文件和同一目录的权限做了不同的限制。本节主要介绍通过修改文件和目录的权限、所有者和属组,来实现文件、目录的访问权限的控制。

6.3.1　文件和目录的访问权限

在 Linux 系统中,任何一个文件或目录都有自己的访问权限,这决定了哪些用户、组能访问和如何访问这些文件和目录。

1. 文件的访问权限

(1) 读(r): 允许读文件的内容。

(2) 写(w): 允许向文件中写入数据。

(3) 执行(x): 允许将文件作为程序执行。

2. 目录的访问权限

(1) 读(r): 允许查看目录中有哪些文件和目录。

(2) 写(w): 允许在目录下创建(或删除)文件、目录,修改文件名字或者目录名字。

(3) 执行(x): 允许访问目录(用 cd 命令进入该目录)。

3. 用户分类

在 Linux 中,将文件、目录的访问权限分为 3 类用户进行设置: 分别为文件所有者(u)、文件所有者同组的用户(g)和其他用户(o)。

(1) 文件所有者(owner): 建立文件、目录的用户。

(2) 文件所在的组(group),也称为属组: 属于同一组群的用户对属于该组群的文件有相同的访问权限。

(3) 其他用户(other): 除了文件所有者、同组用户外的其他用户。

对于每一类用户,又可以设置读(r)、写(w)和执行(x)3 种权限。这样 Linux 下对于任何文件或者目录的访问权限都有 3 组。

执行命令

```
ls-l
```

可以查看到文件的权限信息。

```
-rwxr-xr--.1 sjh   Linux-mooc 1847   5月 6   10:20   initial-setup.zip
```

文件的属性中的第 2～10 个字符"rw-r-xr--"表示该文件的访问权限,其中每 3 个字符为一组,分别表示是否具有读(r)、写(w)和执行(x)的权限。

(1) 左边 3 个字符表示文件所有者的访问权限。

(2) 中间 3 个字符表示文件所在组的用户的访问权限。

(3) 右边 3 个字符表示其他用户的访问权限。

(4) 如对应的权限标识位为"-",则表示没有该权限。

在本例中,文件的所有者是 sjh,拥有读(r)、写(w)和执行(x)的权限;属组是 Linux-mooc,拥有读(r)、执行(x)的权限,没有写(w)的权限;其他用户,拥有读(r)的权限,没有写(w)和执行(x)的权限。

4. 访问权限数字表示法

为了使用方便简捷,权限也可以用数字表示,其中 r＝4、w＝2、x＝1、-＝0,这样 rwx 这组权限就是 4＋2＋1＝7,r-x 这组权限就是 5。

由于 3 位二进制可以用 1 位八进制来表示,因此,也可用 1 位八进制来表示一组权限,如表 6-3 所示。

表 6-3　二进制、八进制及文件权限的对应关系

权限	二进制	八进制	权限	二进制	八进制
---	000	0	r--	100	4
--x	001	1	r-x	101	5
--w	010	2	rw-	110	6
-wx	011	3	rwx	111	7

这样,上面的"rwxr-xr--"用八进制表示就是 754。

6.3.2　修改文件和目录权限的命令

1. chmod 命令

1) 命令格式 1

```
chmod  n₁n₂n₃   <文件|目录>
```

功能:通过设定数值为指定的文件或目录修改访问权限。其中 n_1 代表所有者的权限,n_2 代表同组用户的权限,n_3 代表其他用户的权限。

选项:$n_1n_2n_3$ 三位数字表示的文件访问权限。

2) 命令格式 2

```
chmod  [ugoa][+-=][rwxugo]<文件名或目录名>
```

功能:修改文件或目录的访问权限。

选项：

1）用户标识

（1）所有者(u)。

（2）同组(g)。

（3）其他人(o)。

（4）所有的人员(a)。

2）设定方法

（1）＋：增加权限。

（2）－：删除权限。

（3）＝：分配权限,同时删除旧的权限。

3）权限字符

（1）r(读)。

（2）w(写)。

（3）x(执行)。

（4）u(和所有者的权限相同)。

（5）g(和所同组用户的权限相同)。

（6）o(和其他用户的权限相同)。

3）修改文件权限举例

要求：新建 a.txt 文件并将该文件设置为所有者拥有全部权限,其他人拥有执行权限。

修改方法如下。

（1）字母表示法：chmod u＝rwx,go＝x a.txt。

（2）数字表示法：chmod 711 a.txt。

这两条命令的效果是一样的。

2. chown 命令

格式：

```
#chown [-R] <用户[:组]><文件或目录>
```

其中,-R：对目录及其子目录进行递归设置。

功能：更改属主和组。

例如：

```
chown sjh:sjh result.txt
```

3. chgrp 命令

格式：

```
chgrp group file
```

其中,group 为组名或组代号。

功能：改变文件或目录组群。

4. 桌面环境下修改文件权限

桌面环境下右击需要修改文件权限的文件、文件夹(目录),在弹出的快捷菜单中选中

"属性"选项,在弹出的"属性"对话框的"基本"选项卡中修改文件名,并可修改文件图标。在"权限"选项卡,可以修改文件的权限,如图 6-10 所示。

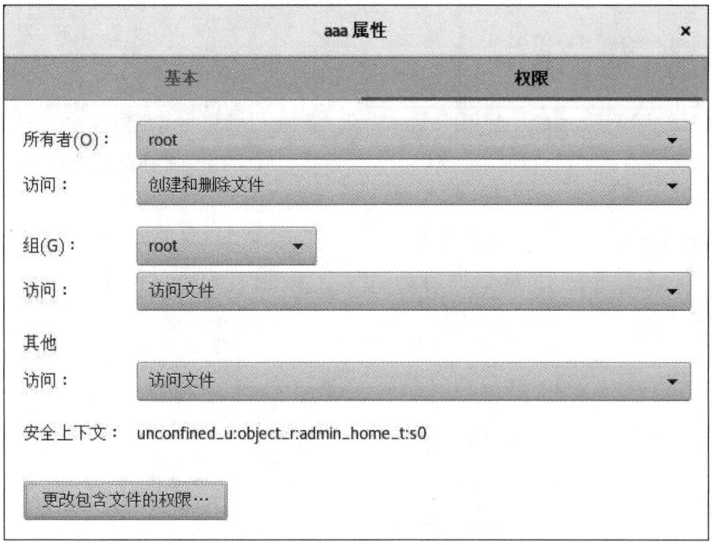

图 6-10　在桌面环境下修改文件权限

6.3.3　默认权限、隐藏属性和特殊权限

1. 默认权限

在 Linux 中,所有文件系统预设的默认权限都是 666,也即所有者、同一群组的用户和其他用户都具有读写的权限,但没有执行的权限。而目录系统预设的默认权限值是 777,即所有者、同一群组的用户和其他用户同时具有读写和执行的权限。

但访问文件、目录时真正拥有的权限是通过掩码 umask 屏蔽掉某些不必要的默认权限后,剩余下来的权限。

umask 命令格式:

```
umask [mask]
```

功能:设置文件或目录的默认权限。

当用户创建文件或目录后,系统将设置一个默认权限,可通过命令 umask 查看或设置系统默认的权限。umask 用一个 3 位二进制数来指定,这 3 位数用于屏蔽部分权限。当创建文件或目录时,文件或目录的最终的权限就设置通过 umask 命令屏蔽掉部分默认权限后的剩余下来的权限。

Linux 系统在预设的情况下,超级用户 root 的默认掩码 umask 是 022,普通用户的默认掩码是 002。如图 6-11 所示。

由于所有文件系统预设的默认权限都是 666,root 用户默认屏蔽的权限为 022,所以经过掩码遮挡后,group 和 other 的写权限都被屏蔽了。因此,文件的最终权限是 644,过程如图 6-12 所示。

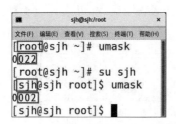

图 6-11　查看 root、sjh 用户的默认掩码

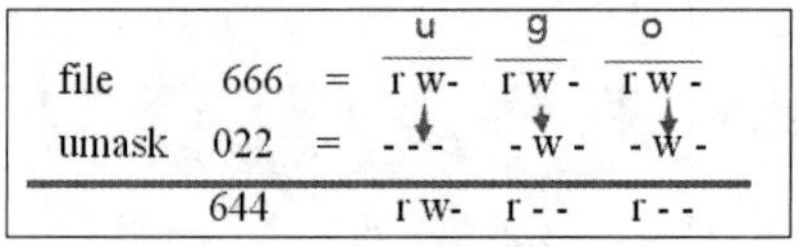

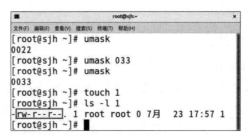

图 6-12　文件的最终权限

　　注意：文件的最终权限并不是简单的等于默认权限减去屏蔽的权限，也不是将文件的默认权限和 umask 进行异或计算而得到的权限。通过下面的例子来证明这一点。

　　（1）执行命令

```
umask
```

查看 root 用户默认屏蔽的权限为 022。

　　（2）执行命令

```
umask 033
```

查看 root 用户屏蔽的权限为 033。

　　（3）执行命令

```
touch 1
```

新建文件 1。

　　（4）执行命令

```
ls -l 1
```

查看文件 1 的最终权限为 644。而不是等于默认权限减去屏蔽的权限：666-033=633。以上步骤如图 6-13 所示。

图 6-13　文件的最终权限

　　文件 1 的最终权限是 644 的解释如图 6-14 所示。

　　对于目录的最终权限的获取同文件的最终权限获取的方法一致，此处不再赘述。

　　2. 文件隐藏属性

　　1）查看文件隐藏属性：lsattr。

　　语法：

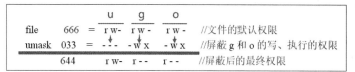

图 6-14　文件 1 的最终权限解析

```
lsattr [-adlRvV][文件或目录…]
```

其中参数含义如下。

（1）-a：显示所有文件和目录，包括以"."为开头字符的文件，如当前目录"."与上级目录".."。

（2）-d：显示目录名称，而非其内容。

（3）-l：此参数目前没有任何作用。

（4）-R：递归处理，将指定目录下的所有文件及子目录一并处理。

（5）-v：显示文件或目录版本。

（6）-V：显示版本信息。

补充说明：用 chattr 执行改变文件或目录的属性，可执行 lsattr 指令查询其属性。

举例如下：

（1）查看目录下的内容。执行命令

```
lsattr dabao/
```

查看 dabao/目录下的内容：显示有 3 个文件。

（2）只显示目录的名称，不显示其内容。执行命令

```
lsattr -d dabao/
```

查看 dabao/目录的名称。

（3）显示目录的名称及版本信息。执行命令

```
lsattr -dv dabao/
```

查看 dabao/目录的名称及版本信息。

以上步骤如图 6-15 所示。

图 6-15　查看目录的隐藏属性

2）修改文件隐藏属性：chattr

```
chattr [+-=] [ ai] 文件或目录名称
```

其中参数含义如下。

（1）a：当设置 a 之后，这个文件将只能增加数据，而不能删除也不能修改数据，必须是 root 用户才能设置这个属性。

（2）i：不能删除，不能修改，不能改名。必须是 root 用户才能设置这个属性。

举例如下：

（1）执行命令

```
Touch attrtest
```

新建文件 attrtest。

（2）执行命令

```
Lsattr attrtest
```

可看到此时可对文件 attrtest 改名，修改和删除。

（3）执行命令

```
cat <<EOF >>attrTest
```

输入 1，验证文件 attrtes 是可以修改的。

（4）执行命令

```
chattr +a attrtest
```

设置文件 attrtest 只能增加数据。

（5）执行命令

```
lsattr attrtest
```

可看到此时不可对文件 attrtest 改名，删除，只可以尾部追加。

（6）执行命令

```
cat <<EOF >>attrTest
```

输入 2。

（7）执行命令

```
cat attrTest
```

显示为"1 2"，验证文件 attrtes 是可以尾部追加的。

（8）执行命令

```
rm -f y attrTest
```

系统提示"不允许的操作"，验证此时确实只能尾部追加，不能删除。

（9）执行命令

```
chattr +i attrtest
```

设置文件 attrtest 为不能改名,不能删除,不能修改,也不能在文件尾追加内容。

（10）执行命令

```
cat <<EOF >>attrTest
```

输入 3,EOF,提示"不允许的操作"。验证了文件 attrtest 不能修改,不能在文件尾追加内容。

（11）执行命令

```
chattr -ai attrtest
```

设置文件 attrtest 为能改名、能删除、能修改。

（12）执行命令

```
rm -f y attrTest
```

删除成功,验证了文件 attrtest 能删除。

（13）以上步骤如图 6-16 所示。

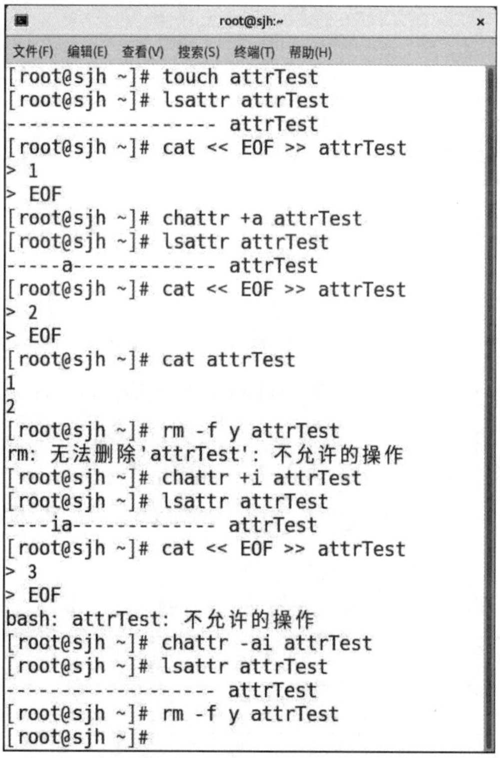

图 6-16　修改文件的隐藏属性

3. 文件特殊权限

文件特殊权限有 SUID、SGID 和 SBIT 这 3 种。

（1）SUID。Set UID(只对二进制程序有效,对 shell script 无效)。

例如:

```
#ls -l /usr/bin/passwd
```

注意：当用户执行 passwd 命令时，需要修改/etc/shadow 文件。

（2）SGID：Set GID。

例如：

```
#ls -l /usr/bin/locate
```

注意：当用户执行 locate 命令时，需要读取/var/lib/mlocate/mlocate.db 文件。

（3）SBIT。Sticky Bit(只对目录有效)。

例如：

```
ls -dl /tmp
```

注意：当用户在该目录下创建文件或目录时，仅有自己与 root 才有权利删除该文件。

6.4　文件的归档与压缩

为了确保文件和目录的安全，在实际使用中经常将重要的文件、目录归档压缩到可移动存储的介质上，以便在这些文件、目录丢失、误删或毁坏时，能够从这些可移动存储的介质上将这些压缩、归档的文件进行解压、还原。

6.4.1　文件的压缩与解压缩

为了节省文件所占用的磁盘等存储设备的空间，常对文件进行压缩。对于文字类的文件的一般可以被压缩 75% 左右，但对于如图像类的二进制文件，压缩的空间较小。

Linux 系统中常用的压缩命令有 compress、gzip 和 bzip2，其中以 bzip2 的压缩比最高。如果用 gzip 压缩文件，就必须用 gunzip 或者 gzip -d 来解压，压缩后的文件名为 ∗.gz，用 zcat 可打开扩展名为 ∗.Z 或 ∗.gz 的压缩文件；如果用 bzip2 来压缩文件，就必须用 bunzip2 或者 bzip2 -d 来解压，压缩后的文件名为 ∗.bz2，使用 bzcat 命令可打开扩展名为 ∗.bz2 的压缩文件；如果用 xz 压缩文件，就必须用 unxz 或者 xz -d 来解压，压缩后的文件名为 ∗.bz2，使用 xzcat 命令可打开扩展名为 ∗.xz 的压缩文件。常用的文中压缩/解压缩命令如表 6-4 所示。

表 6-4　常用的文件压缩/解压缩命令

压 缩 命 令	对应的解压缩命令	压缩后的扩展名	打开对应压缩文件的命令
compress	uncompress	∗.Z	zcat
gzip	gunzip 或者 gzip -d	∗.gz	zcat
bzip2	bunzip2 或者 bzip2 -d	∗.bz2	bzcat
xz	unxz 或者 xz -d	∗.xz	xzcat

1. gzip 和 gunzip 命令

gzip 是 Linux 中经常使用的压缩工具，压缩的速度快，但是它的压缩率低于 bzip2 的压缩率。

gzip、gunzip 命令的语法格式如下：

```
gzip [选项] 要压缩的文件名
gunzip [选项] 要解压缩的文件名
```

其中,常用的选项如下。

(1) -c:保留原来的文件,新创建一个压缩文件,压缩文件名的后缀为 * .gz。

(2) -v:显示文件的压缩比。

(3) -d:解开压缩文件。

(4) -f:强行压缩文件。不理会文件名称或硬连接是否存在以及该文件是否为符号连接。

(5) -l:列出压缩文件的相关信息。

(6) -L:显示版本与版权信息。

(7) -q:不显示警告信息。

(8) -r:递归处理,将指定目录下的所有文件及子目录一并处理。

(9) -t:测试压缩文件是否正确无误

(10) -v:显示指令执行过程。

(11) -V:显示版本信息。

注意:单独使用 gzip 命令时,无法将目录压缩成一个文件。

举例如下:

1) 压缩当前目录或指定目录下的所有文件

(1) 执行命令

```
mkdir parentFolder
```

创建上级目录 parentFolder。

(2) 执行命令

```
mkdir parentFolder/childFolder
```

在目录 parentFolder 中创建子目录 childFolder。

(3) 执行命令

```
touch parentFolder/ch1 parentFolder/ch2
```

在目录 parentFolder 中创建文件 ch1 和 ch2。

(4) 执行命令

```
ls -R parentFolder/
```

查看目录 parentFolder/下的内容,发现上面的子目录和文件均创建成功。

(5) 执行命令

```
gzip -r parentFolder/
```

使用"-r"选项对 parentFolder/进行递归压缩。

(6) 执行命令

```
ls -R parentFolder/
```

发现 gzip 只是把目录 parentFolder/的文件 ch1、ch2 分别压缩成了以.gz 为后缀的压缩文件,同时删除了源文件 ch1、ch2;没有压缩子目录 childFolder。即 gzip 没有把目录 parentFolder/下的所有内容压缩成一个压缩文件。

上述的步骤如图 6-17 所示。

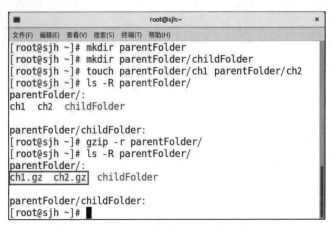

图 6-17　使用命令 gzip 压缩文件

2)压缩部分文件

如果只是压缩目录下的部分文件,可在 gzip 命令中指明文件列表,文件之间用空格隔开。

3)解压缩文件

使用 gunzip 命令可以解压.gz 格式的压缩文件,解压后,会将压缩文件的.gz 的后缀去掉。如下所示。

使用 gzip 加选项 -d 也可以实现解压。

举例如下:

(1)执行命令

```
ls -R
```

查看当前目录 parentFolder/下的内容。

(2)执行命令

```
gzip ch1 ch2 ch3
```

只压缩当前目录下的部分文件 ch1 、ch2、ch3,不压缩 ch4。

(3)再次执行命令

```
ls -R
```

发现压缩后删除了 ch1 、ch2、ch3 的源文件,代之以对应后缀名的压缩文件 ch1.gz、ch2.gz、ch3.gz;源文件 ch4 保持不变。

(4)执行命令

```
gzip -rl *
```

查看压缩文件的情况。其中,compressed 表示压缩后的文件大小,uncompressed 表示未压缩前的文件大小，ratio 表示压缩的比例，uncompressed_name 表示未压缩前的文件名称。

（5）执行命令

```
gunzip -r
```

对当前目录下的文件递归解压。

（6）最后再次执行命令

```
ls -R
```

发现压缩文件 ch1.gz 、ch2.gz、ch3.gz 已解压成对应的文件 ch1 、ch2、ch3。

以上步骤如图 6-18 所示。

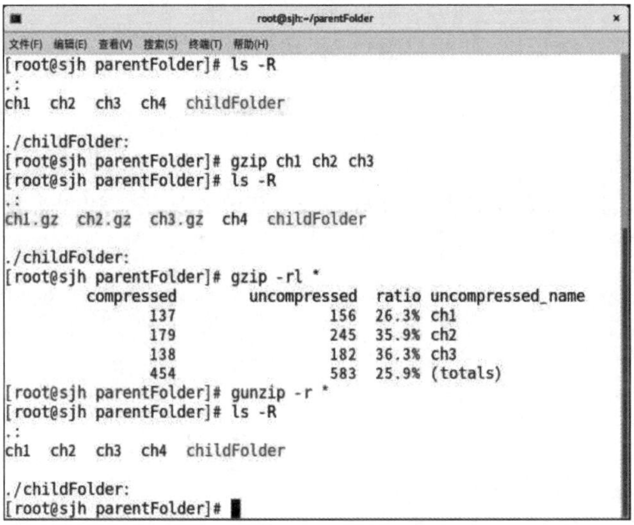
root@sjh:~/parentFolder
文件(F) 编辑(E) 查看(V) 搜索(S) 终端(T) 帮助(H)
[root@sjh parentFolder]# ls -R
.:
ch1 ch2 ch3 ch4 childFolder
./childFolder:
[root@sjh parentFolder]# gzip ch1 ch2 ch3
[root@sjh parentFolder]# ls -R
.:
ch1.gz ch2.gz ch3.gz ch4 childFolder
./childFolder:
[root@sjh parentFolder]# gzip -rl *
compressed uncompressed ratio uncompressed_name
137 156 26.3% ch1
179 245 35.9% ch2
138 182 36.3% ch3
454 583 25.9% (totals)
[root@sjh parentFolder]# gunzip -r *
[root@sjh parentFolder]# ls -R
.:
ch1 ch2 ch3 ch4 childFolder
./childFolder:
[root@sjh parentFolder]#

图 6-18　压缩部分文件及解压缩

2. bzip2、bunzip2 命令

bzip2 拥有比 gzip 更高的压缩率，被其压缩后的文件的后缀为.bz2，必须使用 bunzip 命令来解压。

bzip2、bunzip 命令的语法格式如下：

```
bzip2 [选项] 要压缩的文件名/目录名
bunzip2 [选项] [要解压的文件名/目录名]
```

其中，常用的选项含义如下。

（1）-c：保留原来的文件，新创建一个压缩文件，压缩文件名的后缀为 *.bz2。

（2）-d：解压缩。

（3）-v：显示压缩或解压缩时的详细信息。

（4）-s：降低内存的使用量。

（5）-t：测试.bz2 压缩文件的完整性。

（6）-f：bzip2 在压缩或解压缩时，若文件已存在，则不会覆盖已有文件；使用-f，可强制 bzip2 进行文件覆盖。

（7）-k：bzip2 在压缩或解压缩后，默认会删除源文件。使用此参数可保留源文件。

（8）-q：安静模式，不显示警告信息。

（9）z：强制进行压缩。

举例如下：

（1）执行命令

```
ls
```

查看当前目录包含的文件。

（2）执行命令

```
bzip2 - kv ch1 ch2
```

只对文件 ch1 和 ch2 进行压缩，使用参数"k"保留源文件。

（3）再次执行命令

```
ls
```

可看出，系统创建了压缩文件 ch1.bz2 和 ch2.bz2，其源文件 ch1 和 ch2 没有被删除。

（4）分别执行命令

```
rm - f y ch1
rm - f y ch2
```

删除源文件 ch1 和 ch2。

（5）执行命令

```
bunzip2 - v * .bz2
```

一次性解压指定目录下所有的 bz2 压缩文件。

（6）最后再次执行命令

```
ls
```

可看出压缩文件 ch1.bz2 和 ch2.bz2 还原成了源文件 ch1 和 ch2。

以上步骤如图 6-19 所示。

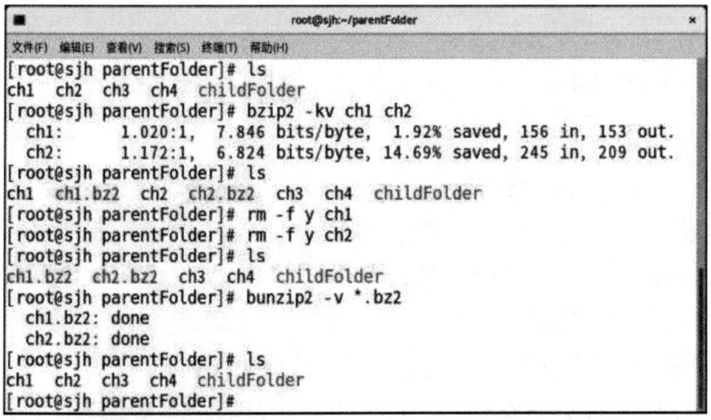

图 6-19　使用命令 bzip2、bunzip2 压缩、解压缩文件

3. compress 和 uncompress 命令

Compress 压缩后的文件一般以.Z 后缀，可使用 uncompress 命令来解压。

举例如下：

（1）执行命令

```
ls
```

查看当前目录包含的文件。

（2）执行命令

```
compress ch1 ch2
```

只对文件 ch1 和 ch2 进行压缩。

（3）再次执行命令

```
ls
```

可看出，系统创建了压缩文件 ch1.Z 和 ch2.Z，其源文件 ch1 和 ch2 被删除。

（4）执行命令

```
zcat ch1.Z
```

可查看压缩文件 ch1.Z 的内容。

（5）执行命令

```
uncompress -rv * .Z
```

一次性解压指定目录下所有的 * .Z 后缀的压缩文件。

（6）最后再次执行命令

```
ls
```

可看出压缩文件 ch1.Z,ch2.Z 还原成了源文件 ch1 和 ch2。

以上步骤如图 6-20 所示。

4. xz 和 unxz 命令

xz 为压缩命令，被其压缩后的文件的后缀为.xz，必须使用 unxz 或者 xz -d 命令来解压。xzcat 命令可在不打开压缩文件的情况下查看文件内容。

xz 和 unxz 命令的语法格式如下：

```
xz [OPTION]…FILE…
```

其中常用选项如下。

（1）-d：强制解压缩。

（2）-#：指定压缩比，压缩比范围 1～9，默认为 6。

（3）-z：强制压缩。

（4）-t：测试压缩文件的完整性。

（5）-l：列出关于.xz 文件的消息。

（6）-k：压缩/解压缩时保留不删除原文件。

图 6-20　使用 compress 和 uncompress 压缩、解压缩

（7）-f：在压缩/解压缩时，强制覆盖同名文件。

（8）-等级：（-0～-9），默认是等级 6，且在使用等级 7-9 之前，压缩/解压缩的内存使用量已被考虑在内。

（9）-v：压缩/解压缩时显示过程信息。

（10）-q：静默模式。

说明：xz 必须结合 tar 命令才能实现对目录的压缩，不能直接压缩目录。

举例如下：

1）文件的压缩与解压缩

（1）执行命令

```
cd testXZ/
```

进入到目录 testXZ/下。

（2）执行命令

```
ls
```

查看当前目录 testXZ/下的内容。

（3）执行命令

```
xz  t1
```

将文件 t1 压缩为.xz 格式。

（4）执行命令

```
xz -k t2
```

加选项"-k"将保留源文件 t2。

（5）执行命令

```
xz -l t1.xz t2.xz
```

查看这两个压缩文件的信息。可看出,源文件压缩前(Uncompressed)的大小,压缩后(compressed)的大小以及压缩率。

(6) 执行命令

```
ls
```

发现源文件 t1 被删除,但源文件 t2 被保留。

(7) 执行命令

```
unxz t1.xz
```

解压(并删除)压缩文件 t1.xz。

(8) 执行命令

```
ls
```

可看出解压出了源文件 t1,删除了压缩文件 t1.xz。

说明:不建议压缩小文件,否则压缩后的大小可能比压缩前还要大。

以上步骤如图 6-21 所示。

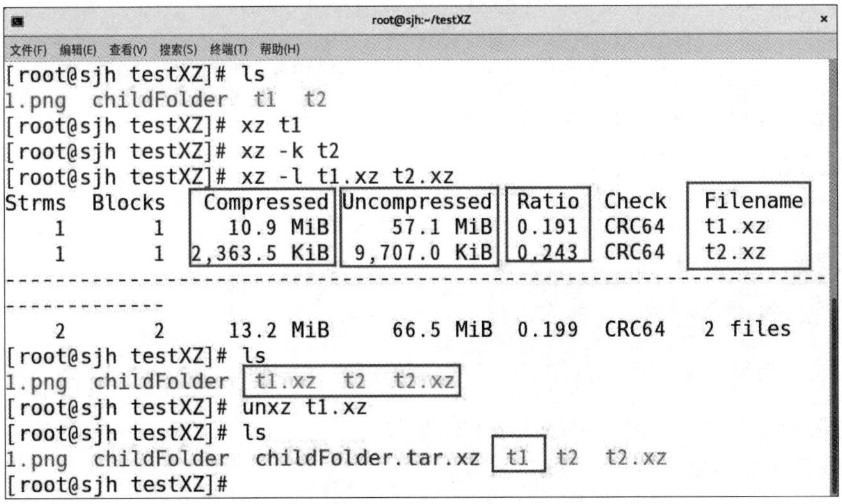

图 6-21　使用 xz 和 unxz 对文件进行压缩、解压缩

2) 目录的压缩与解压缩

(1) 在当前目录 testXZ/下,执行命令

```
ls -R childFolder/
```

查看目录 childFolder/中的内容。

(2) 执行命令

```
xz childFolder/
```

系统提示:xz: childFolder/: Is a directory, skipping。说明 childFolder/是目录,跳过。说

明不能直接使用 xz 命令压缩目录。

（3）执行带“-J”选项的 tar 命令

```
tar -cJvf childFolder.tar.xz childFolder/
```

将目录 childFolder/压缩成名为 childFolder.tar.xz 的压缩文件。注意,此时的后缀名必须是 * .tar.xz。

（4）执行命令

```
xz -l childFolder.tar.xz
```

查看压缩前后的大小对比。

（5）执行命令

```
ls
```

可看出,源目录 childFolder/依然存在。

（6）执行命令

```
rm -rf y childFolder/
```

递归删除目录 childFolder/及其下的文件;

（7）执行命令

```
ls
```

发现目录 childFolder/及其下的文件已被删除。

（8）执行命令

```
tar -xJvf childFolder.tar.xz childFolder/
```

解压压缩文件 childFolder.tar.xz。

（9）再次执行命令

```
ls -R childFolder/
```

可看出,已还原了目录 childFolder/及其下的文件。

以上步骤如图 6-22 所示。

6.4.2 创建、查看与抽取归档文件

在 Linux 中有 tar 和 dd 两个归档工具。其中,tar 是标准的归档命令。

1. tar 命令

功能:将多个文件和/或目录做归档为 tar 文件,设置选项还可以进行文件的压缩。目的是方便备份、还原及文件的传输操作。

格式如下:

```
tar <选项>归档文件名 源文件或目录
```

当源是目录时(通常都是)将包括其下的所有文件和子目录。选项(不可少,规定 tar 命令要完成的操作)。常用的选项如下。

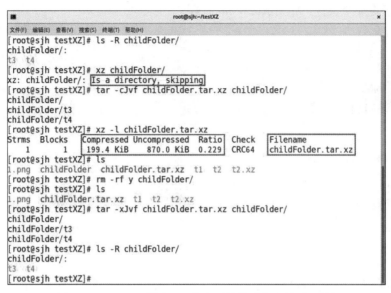

图 6-22　xz、unxz 结合 tar 命令对目录进行压缩、解压缩

（1）-c：创建一个新文档。

（2）-C：目录：指定解压缩后的目录。

（3）-f：当与-c 一起使用时，创建的 tar 文件使用该选项指定的文件名；当与-x 一起使用时，则解除该选项指定的归档文件。

（4）-j：使用 bzip2 来压缩 tar 文件。

（5）-J：使用 xz 来压缩 tar 文件。

（6）-t：显示包括在 tar 文件中的文件列表。

（7）-v：显示文件的归档进度。

（8）-x：从归档中抽取文件。

（9）-z：使用 gzip 来压缩 tar 文件。

（10）-Z：使用 compress 来压缩 tar 文件。

2. tar 命令举例

1）搭建环境

（1）在当前目录下（root 用户的主目录/root），执行命令

```
mkdir dabao
```

创建目录 dabao/。

（2）执行命令

```
cd dabao
```

进入到目录 dabao/。

（3）执行命令

```
touch 1.txt 2.txt 3.txt
```

在该目录下新建 3 个文件：1.txt、2.txt 和 3.txt。

（4）执行命令

```
cd  ~
```

回到用户主目录。

2）把目录归档

执行命令

```
tar  -cvf  dabao.tar  dabao/
```

把 dabao 目录打包成一个名为打包 dabao.tar 的归档文件。

3）查看归档文件

执行命令

```
tar -tvf dabao.tar
```

查看 dabao.tar 中每一个文件的详细信息的文件信息。如文件类型、权限等。

4）抽取归档文件

（1）执行命令

```
rm  -rf  y dabao/
```

删除目录 dabao/。

（2）执行命令

```
tar -xvf  dabao.tar  dabao/
```

抽取 dabao.tar 文件的内容，相当于恢复目录 dabao 及目录 dabao 中所有的内容。

（3）执行命令

```
ls
```

看到目录已经恢复到当前目录下。

（4）执行命令

```
ls dabao/
```

可看到 3 个文件 1.txt、2.txt 和 3.txt 也已经恢复到目录 dabao/下面。

以上步骤如图 6-23 所示。

有时只希望归档目录下的部分文件,此时可按下面的步骤操作。

（1）查看目录 dabao/下的文件。执行命令

```
ls dabao/
```

查看 dabao/下的文件。

（2）为目录 dabao/及其下面的 1.txt,2.txt 创建归档文件 dabao.tar。执行命令

```
tar  -cvwf  dabao.tar  dabao/
```

加上"-w"选项,可选择要归档的文件。分别在 add "dabao"?、add "dabao/1.txt"? 和

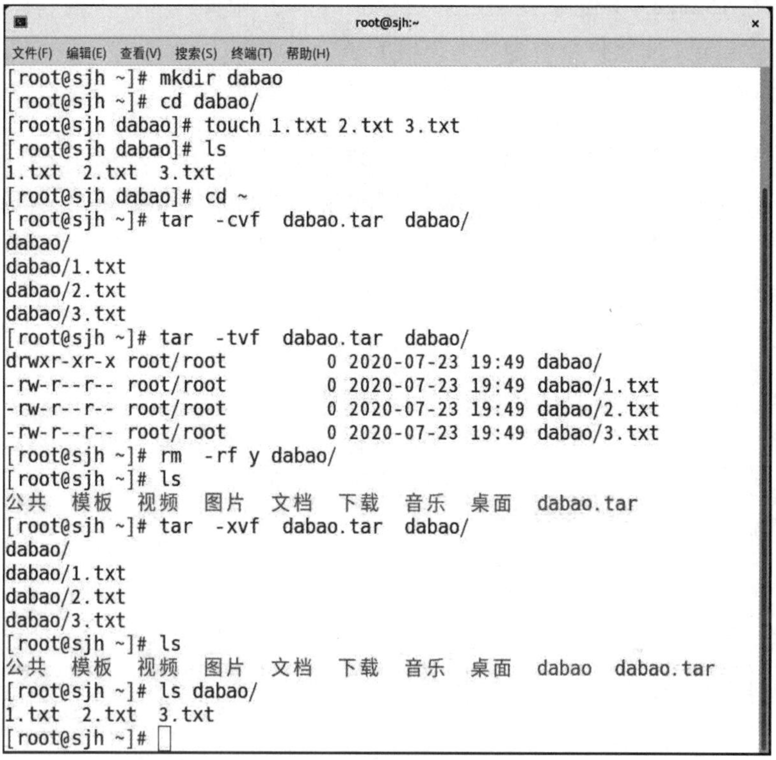

图 6-23 创建、查看、抽取归档文件

add "dabao/2.txt"?后输入字符"y"。

（3）抽取归档文件 dabao.tar。执行命令

```
tar  -xvwf  dabao.tar  dabao/
```

在 extract "dabao"?、extract "dabao/1.txt"? 和 extract "dabao/2.txt"? 后输入字符"y"。
完成文件的抽取。

以上步骤如图 6-24 所示。

3. tar 的其他高级用法

1）在打包压缩的过程中不包含某个目录：--exclude＝目录或文件名

（1）执行命令

```
ls -R
```

递归查看当前目录下所有的文件、子目录以及子目录下的文件。

（2）执行命令

```
tar - cjvf childFolder. tar. bz2 --
exclude=ch4 childFolder/
```

图 6-24 把部分文件归档、抽取归档文件

使用 tar 命令加-j、--exclude 选项压缩目录 childFolder/中除文件 ch4 外的其他所有文件。

2）在打包压缩文件或目录时添加上当前的系统时间

（1）执行命令

```
tar -zcvf  childFolder.`date +%Y%m%d`.tar.gz  childFolder/
```

使用 tar 命令加-z 选项，结合`date ＋%Y%m%d`，给压缩目录 childFolder/后的文件名加上当前的系统时间。注意，`date ＋%Y%m%d`两侧的符号是反单引号""，而不是单引号"'"。

（2）再次执行命令

```
ls -R
```

可看出生成了 childFolder.20200724.tar.gz 和 childFolder.tar.bz2 这两个归档压缩文件。

3）验证是否没有压缩 ch4

（1）执行命令

```
rm -rf y childFolder/
```

递归删除目录 childFolder/及其下的内容。

（2）执行命令

```
tar -xjvf childFolder.tar.bz2
```

抽取并解压归档压缩文件 childFolder.tar.bz2。

（3）执行命令

```
ls -R
```

可看出 childFolder/下只有文件 ch2 和 ch3，没有 ch4，说明上面的 exclude 确实排除了 ch4 被归档压缩。

以上过程如图 6-25 所示。

4）仅备份比某个时刻还要新的文件

通常在考虑增量备份时，需要使用 tar 命令备份某个日期之后的文件，而 tar 命令的如下参数可以满足这个需求。

-N、`after-date DATE 和-newer DATE 这 3 个参数是等效的，都表示在某一时间之后。

举例如下：

（1）执行命令

```
ls -l ./qq
```

查看目录 qq/下的文件的时间。

（2）执行命令

```
tar -cvf backup.tar --newer-mtime  "2020-01-01 00:00:00" qq/
```

备份"2020-01-01 00:00:00"以后的文件。可以看出，只有文件 ar 符合要求，因此只备份了文件 ar。

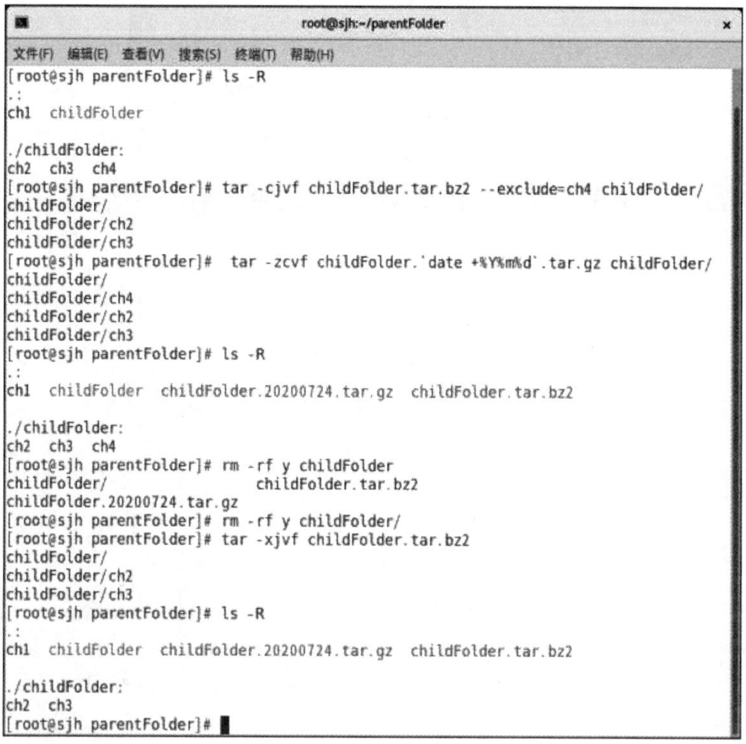
```
root@sjh:~/parentFolder
文件(F) 编辑(E) 查看(V) 搜索(S) 终端(T) 帮助(H)
[root@sjh parentFolder]# ls -R
.:
ch1  childFolder

./childFolder:
ch2  ch3  ch4
[root@sjh parentFolder]# tar -cjvf childFolder.tar.bz2 --exclude=ch4 childFolder/
childFolder/
childFolder/ch2
childFolder/ch3
[root@sjh parentFolder]#  tar -zcvf childFolder.`date +%Y%m%d`.tar.gz childFolder/
childFolder/
childFolder/ch4
childFolder/ch2
childFolder/ch3
[root@sjh parentFolder]# ls -R
.:
ch1  childFolder  childFolder.20200724.tar.gz  childFolder.tar.bz2

./childFolder:
ch2  ch3  ch4
[root@sjh parentFolder]# rm -rf y childFolder
childFolder/                  childFolder.tar.bz2
childFolder.20200724.tar.gz
[root@sjh parentFolder]# rm -rf y childFolder/
[root@sjh parentFolder]# tar -xjvf childFolder.tar.bz2
childFolder/
childFolder/ch2
childFolder/ch3
[root@sjh parentFolder]# ls -R
.:
ch1  childFolder  childFolder.20200724.tar.gz  childFolder.tar.bz2

./childFolder:
ch2  ch3
[root@sjh parentFolder]#
```

图 6-25　tar 的高级用法

以上步骤如图 6-26 所示。

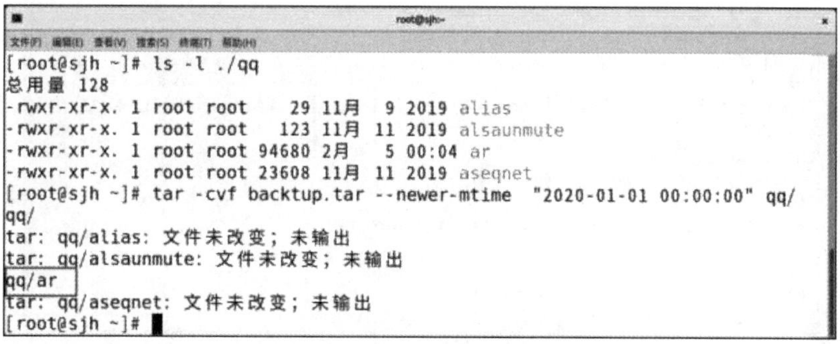
```
root@sjh:~
文件(F) 编辑(E) 查看(V) 搜索(S) 终端(T) 帮助(H)
[root@sjh ~]# ls -l ./qq
总用量 128
-rwxr-xr-x. 1 root root    29 11月  9 2019 alias
-rwxr-xr-x. 1 root root   123 11月 11 2019 alsaunmute
-rwxr-xr-x. 1 root root 94680 2月   5 00:04 ar
-rwxr-xr-x. 1 root root 23608 11月 11 2019 aseqnet
[root@sjh ~]# tar -cvf backtup.tar --newer-mtime  "2020-01-01 00:00:00" qq/
qq/
tar: qq/alias: 文件未改变; 未输出
tar: qq/alsaunmute: 文件未改变; 未输出
qq/ar
tar: qq/aseqnet: 文件未改变; 未输出
[root@sjh ~]#
```

图 6-26　tar 命令的增量备份

6.4.3　归档的同时完成对多个文件或目录的压缩与解压缩

如果要将目录或多个文件压缩成一个文件，单独使用 gzip、bzip2 或 compress 命令都不行，它们必须结合使用 tar 命令。tar 命令通过下面的两个选项来确定使用 gzip 还是 bzip2 来进行压缩。

(1) -z 选项。使用 gzip 来压缩 tar 文件，压缩后的文件扩展名为.tar.gz(.tgz)，这样的文件也被称为 tarball(tar 球)

(2) -j 选项。使用 bzip2 来压缩 tar 文件，压缩后的文件扩展名为.tar.bz2(.tbz 或者.

tbz2),这样的文件也被称为 tarball(tar 球)。

1. tar 命令＋gzip 命令举例

（1）执行命令

```
ls -R
```

递归查看当前目录下所有的文件、子目录以及子目录下的文件。

（2）执行命令

```
tar -czvf childFolder.tar.gz childFolder/
```

使用 tar 命令加-z 选项压缩目录 childFolder/。此命令相当于下面的两条命令：

```
#tar  -cvf  childFolder.tar  childFolder/
#gzip  childFolder.tar
```

（3）再次执行命令

```
ls -R
```

再次递归查看当前目录下所有的文件、子目录以及子目录下的文件。可看到将目录 childFolder/压缩成了 childFolder.tar.gz,但并未删除目录 childFolder/及该目录下的文件 ch4。

以上步骤如图 6-27 所示。

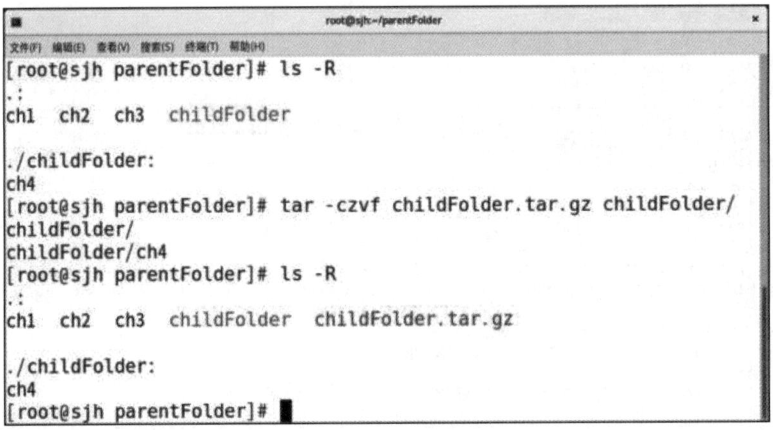

图 6-27 tar 命令＋gzip 命令

2. tar 命令＋gunzip 命令举例

（1）执行命令

```
ls -R
```

递归查看当前目录下所有的文件。

（2）执行命令

```
tar -xzvf childFolder.tar.gz
```

使用 tar 命令＋xz 选项解压文件 childFolder.tar.gz。此命令相当于下面的 2 条命令：

```
#gunzip childFolder.tar.gz
#tar -xf childFolder.tar
```

（3）再次执行命令

```
ls -R
```

再次递归查看当前目录下所有的文件,可看到目录 childFolder/及该目录下的文件 ch4 已还原。

以上步骤如图 6-28 所示。

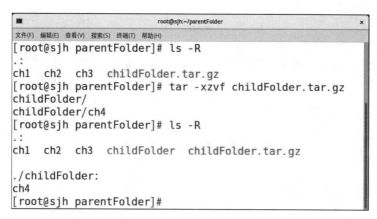

图 6-28　tar 命令＋gunzip 命令

3. tar 命令＋bzip2 命令举例

（1）执行命令

```
ls -R
```

递归查看当前目录下所有的文件、子目录以及子目录下的文件。

（2）执行命令

```
tar -cjvf childFolder.tar.bz2 childFolder/
```

使用 tar 命令加-j 选项压缩目录 childFolder/。此命令相当于下面的命令：

```
#tar -cvf childFolder.tar childFolder/
#bzip2 childFolder.tar
```

（3）再次执行命令

```
ls -R
```

再次递归查看当前目录下所有的文件,再次递归查看当前目录下所有的文件、子目录以及子目录下的文件。可看到将目录 childFolder/压缩成了 childFolder.tar.bz2,但并未删除目录childFolder/及该目录下的文件 ch4。

以上步骤如图 6-29 所示。

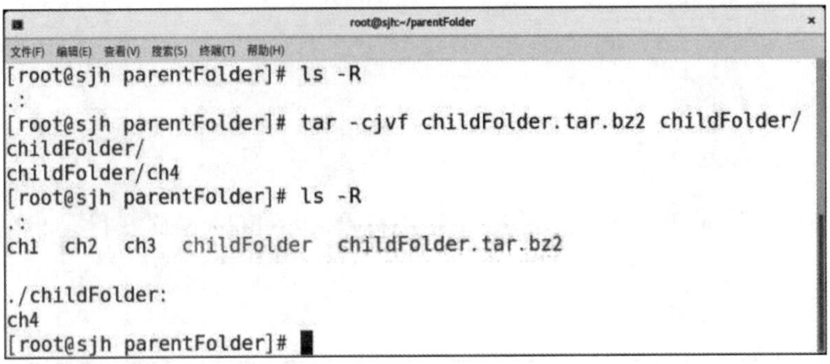

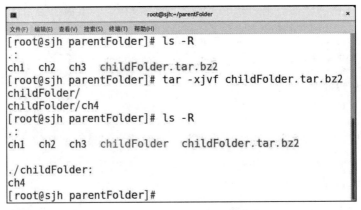

图 6-29　tar 命令＋bzip2 命令

4. tar 命令＋bunzip2 命令举例

（1）执行命令

```
ls -R
```

递归查看当前目录下所有的文件。

（2）执行命令

```
tar -xjvf childFolder.tar.bz2
```

使用 tar 命令＋xj 选项解压文件 childFolder.tar.bz2。此命令相当于下面的命令：

```
#bunzip2 childFolder.tar.bz2
#tar -xf childFolder.tar
```

（3）再次执行命令

```
ls -R
```

再次递归查看当前目录下所有的文件，可看到目录 childFolder/及该目录下的文件 ch4 已还原。

以上步骤如图 6-30 所示。

图 6-30　tar 命令＋bunzip2 命令

6.4.4 桌面环境下文件归档与压缩

桌面环境下归档管理器几乎支持所有的压缩文件格式。从桌面环境依次选中"活动"|"显示应用程序"|"工具"|"归档管理器",打开"归档管理器"界面。

一般来说,对文件或目录归档的同时都伴随着压缩。

如果要把目录/ch6 在归档的同时使用 gzip 压缩后的文件命名为 ch6.tar.gz,并将该文件保存到桌面的步骤如下。

(1)单击"归档管理器"窗口的左上角图标,选择"新建归档"选项,如图 6-31 所示。

(2)在弹出的"归档管理器"窗口的"新建归档文件"栏中选择"位置"为桌面",在"文件名"文本框中输入"ch6",并在单击该文本框右侧的下拉列表框,如图 6-32 所示。

图 6-31　新建归档

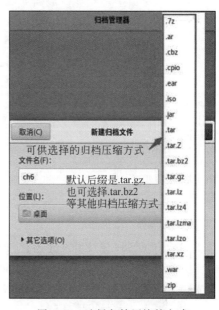

图 6-32　选择归档压缩的方式

(3)由于要求使用 gzip 命令来压缩,所以在下拉列表框中选择.tar.gz,如图 6-33 所示。

(4)单击"创建"按钮,如图 6-34 所示。

图 6-33　命名归档压缩文件

图 6-34　选择文件位置

(5)在弹出的窗口中依次单击"＋"按钮,在弹出的窗口中选中"ch6",单击"添加"按钮,如图 6-35 所示。

图 6-35 添加文件

（6）在桌面上可看到生成的 ch6.tar.gz 文件。说明归档压缩成功，如图 6-36 所示。

图 6-36 生成归档压缩文件

综合实践 6

本章的综合实践包括实践一和实践二，具体内容如下。

1. 实践一

（1）root 账户登录后新建组：dashuju19 和 shuke19。

（2）新建用户：wangzixuan 和 hongfeiyang 加入 shuke19 组。

（3）新建用户：zhangsan 和 lisi 加入 dashuju19 组。

（4）进入/tmp 目录，新建目录 dir1，新建文件 aaa.txt。

（5）查看目录 dir1、文件 aaa.txt 的权限，用数字表示法是什么？

（6）lisi 能否读取 aaa.txt 的内容？能否修改 aaa.txt 的内容？为什么？

（7）修改 aaa.txt 的所有者为 lisi，所属组为 dashuju19，此时，lisi 能否读取和修改 aaa.txt 的内容？为什么？wangzixuan、hongfeiyang 和 zhangsan 谁能读取 aaa.txt 文件？为什么？

（8）修改 dir1 的权限为 700，lisi 使用 cd 命令能否进入 dir1？为什么？

（9）修改 dir1 的权限为 701，lisi 使用 cd 命令能否进入 dir1？lisi 使用命令 ls 能否看到 dir1 中的内容？为什么？

（10）修改 dir1 的权限为 705，lisi 进入 dir1 目录后，能否看到 dir1 中的内容？能否在该目录下新建、删除文件和子目录？

（11）修改 dir1 的权限为 707，lisi 进入 dir1 目录后，能否在该目录下新建、删除文件和子目录，能否为文件改名？

2. 实践二

（1）新建用户 user1、user2 和 user3。

（2）在/tmp 下新建文件夹 test。

（3）查看 test 文件夹的权限。

（4）修改 test 文件夹的权限为 777。

（5）分别使用 user1、user2 和 user3 在/tmp/test 下新建文件：用户名.txt。

（6）以 user1 身份观察能否删除 user2 和 user3 的文件。

（7）如何保证每个用户都可以在/tmp/test 中新建文件,但只能删除自己的文件而不能删除别人的文件？

（8）修改/tmp/test 的权限为 1777。

（9）验证 user1、user2 和 user3 都可以在/tmp/test 下新建、修改、删除自己的文件。

单元测验 6

一、单选题

1. Linux 操作系统中内核文件存放在目录( )中。

    A. /boot   B. /root   C. /bin   D. /etc

2. 下面选项,( )表示文件的类型为目录文件。

    A. b   B. l   C. d   D. p

3. 下面选项,( )表示文件的类型为符号链接文件。

    A. s   B. l   C. -   D. c

4. 下面选项,( )是 CD-ROM 的标准文件系统。

    A. fat32   B. ntfs   C. ext4   D. ISO9660

5. 下面网络文件系统,( )是一种支持 Windows for Workgroups、Windows NT 和 Lan Manager 的基于 SMB 协议的。

    A. xfs   B. smb   C. ext4   D. ISO9660

6. 下面目录,( )是 Linux 操作系统安装完毕之后占用空间最大的。

    A. /bin   B. /home   C. /usr   D. /var

7. 下面命令,( )可以查找出 Linux 系统中的普通文件。

    A. find / -type -   B. find / -type d

    C. find / -type f   D. find / -type s

8. 命令 tar -cjvf home.tar.bz2 --exclude＝sjh /home 实现的功能是( )。

    A. 将 home 文件夹中所有的内容打包并压缩

    B. 将 home 文件夹中除了 sjh 文件夹以外的所有内容打包并压缩

    C. 将 home 文件夹中除了 sjh 文件夹以外的所有内容打包

    D. 将 home 文件夹中除了 sjh 文件夹以外的所有内容压缩

9. /tmp 目录的权限为 rwxrwxrwt,用数字表示法是( )。

    A. 777   B. 1777   C. 0777   D. 1755

10. /usr/bin/locate 文件的权限为 rwx--s--x,它使用了( )特殊权限。

    A. SUID   B. SGID   C. SBIT   D. 无

11. 下面命令,(　　)能找出系统中既带有 SUID 又带有 SGID 的文件。

A. find / -perm ＋2000 　　　　　　　 B. find / -perm ＋4000

C. find / -perm ＋6000 　　　　　　　 D. find / -perm -6000

12. 如果设置 umask 的值为 0777,则在 Linux 系统中新建文件夹的权限为(　　　)。

A. 0000　　　　　　B. 0755　　　　　　C. 0700　　　　　　D. 0711

13. 如果设置 umask 的值为 0055,则在 Linux 系统中新建文件的权限为(　　　)。

A. 0000　　　　　　B. 0600　　　　　　C. 0611　　　　　　D. 0622

14. 下面命令,(　　)可以用来修改文件的隐藏属性。

A. ls　　　　　　　B. ll　　　　　　　C. chattr　　　　　　D. lsattr

15. 文件/usr/bin/crontab 的权限用字母表示法为 rwsr-sr-x,用数字表示法为(　　　)。

A. 4755　　　　　　B. 2755　　　　　　C. 6755　　　　　　D. 6711

二、判断题

1. Linux 系统中文件类型有 7 种,分别是-、d、l、b、c、p 和 s。使用命令 ls -l 可以查看。

(　　)

2. Linux 系统中文件名是不区分大小写的。 (　　)

3. Linux 的文件系统采用分层结构。其顶层为根目录,用符号"/"表示,在根目录下是不同的子目录。 (　　)

4. 从资源管理角度来看,操作系统是计算机中软、硬件资源管理者。其中软件资源管理部分称为文件系统,主要负责信息的存储、检索、更新、共享和保护。 (　　)

5. Linux 系统中若文件名的第 1 个字符为".",表示该文件为隐藏文件。 (　　)

6. 删除链接文件时,系统会将链接文件和源文件本身一起删除。 (　　)

7. Linux 操作系统中的链接文件分为硬链接、软链接,软链接类似与 Windows 的快捷方式,表示的只是链接的路径。 (　　)

8. Linux 系统中的文件和 Windows 系统中的文件一样,也必须包括文件名和扩展名。

(　　)

9. Linux 文件系统中文件和目录的基本操作主要包括添加、修改、删除、查找、显示、归档/压缩等。 (　　)

10. 使用命令"ls -l"显示文件列表时,共显示 9 个部分,其中第一部分表示文件的类型和权限,而第 1 个字符代表文件的类型。 (　　)

11. 用命令 ln -s source_file softlink_file 可以生成一个硬链接。 (　　)

12. 目录是指包含许多文件项目的一类特殊文件。有子目录、父目录、工作目录、用户主目录(Home Directory)。 (　　)

13. 路径是由目录名和"/"做分隔符组成的字符串,用来表示文件或目录在文件系统中所处的层次的一种方法。路径又分绝对路径和相对路径。 (　　)

14. Linux 系统中,如果一个文件的后缀为.tar,表示该文件为打包但未压缩的文件,即tarfile。 (　　)

15. 在 Linux 系统中,后缀为.tar.gz(或者.tgz)表示该文件是用 gzip 压缩过的打包文件,这样的文件也被称为 tarball(tar 球)。 (　　)

16. 如果一个目录具有执行(x)的权限,指的是允许访问目录(即用 cd 命令进入该目录)
（　　）

17. 在 Linux 中,将文件访问权限分为 3 类用户进行设置:文件所有者(u)、和文件所有者同组的用户(g)和其他用户(o)。对于每一类用户,又可以设置读(r)、写(w)和执行(x) 3 种权限。这样 Linux 下对于任何文件或者目录的访问权限都有 3 组。
（　　）

18. 由于系统默认屏蔽的权限为 022,因此新创建的目录权限就为 777−022＝755,新创建的普通文件权限为 666−022＝644。
（　　）

19. 当为一个文件设置隐藏属性 i 之后,这个文件将只能追加数据,而不能删除该文件也不能修改数据,必须要为 root 才能设置这个属性。
（　　）

20. 为了保证系统安全性,Linux 文件系统对文件按目录建立了访问机制和磁盘配额管理。对文件和目录设置了访问权限,权限划分取决于文件的所有者、所属的组及其他用户的设置,权限的表示可以采用字符或数字,通过命令 chown、chmod、chgrp 或桌面环境等设定。
（　　）

三、简答题

1. 简述 Linux 操作系统下有几种文件类型,分别是什么。

2. 简述 Linux 操作系统支持的文件系统类型。

3. 简述 Linux 操作系统下文件和目录的权限是如何设置的。

4. 列举可以修改文件权限的命令。

5. 文件的特殊权限有哪些? 它们分别有什么作用?

项目 7 磁 盘 管 理

【本章学习目标】

(1) 掌握磁盘分区及格式化。

(2) 熟悉逻辑卷管理。

(3) 熟悉磁盘的检验。

(4) 掌握磁盘的手动挂载,自动挂载。

(5) 熟悉磁盘卸载及解决卸载故障的方法。

(6) 掌握磁盘配额。

磁盘是 Linux 系统中存储文件、数据的不可或缺的重要载体,良好的磁盘管理方式可节省磁盘存储空间、提高系统效能。

7.1 磁 盘 分 区

Linux 操作系统必须首先对磁盘进行分区,然后将分区格式化为不同的文件系统之后,才可以挂载使用。

1. 磁盘分区介绍

磁盘的分区分为主分区和扩展分区,而扩展分区又可以分成多个逻辑分区。一个磁盘最多可划分为 4 个主磁盘分区,此时不能再创建扩展分区。一个磁盘中最多只能创建一个扩展分区,扩展分区不能直接使用,必须在扩展分区中再划分出若干逻辑分区后才可以使用。逻辑分区则从 5 开始标识,每多一个逻辑分区,就在末尾的分区号上加 1,逻辑分区没有个数限制。因此,如果想拥有超过 4 个分区数,合理的分区结构应该是,先划分出不超过 3 个的主分区,然后创建一个扩展分区,再从扩展分区中划分出多个逻辑分区,如图 7-1 所示。

2. 磁盘标识

Linux 系统安装好后,整个磁盘和每个分区都被 Linux 表示为/dev 目录中的文件,磁盘类型不同标识也不同。有以下两种类型的磁盘。

图 7-1 主分区、扩展分区和逻辑分区关系图

1) IDE 磁盘

在 Linux 中,IDE 接口的设备被称为 hd,驱动器标识符为 hd[a-d] * ,"[ ]"中的字母为 a、b、c、d 中的一个,a 是基本盘,b 是从盘,c 是辅助主盘,d 是辅助从盘," * "指分区,即主分区和扩展分区。例如,hda1 代表第 1 块 IDE 磁盘上的第 1 个分区。hdb5 代表第 2 块 IDE 磁盘的第 1 个逻辑分区。

2) SCSI/SATA 磁盘

SCSI 和 SATA 接口的设备被称为 sd。驱动器标识符为 sd[a-p]＊。第 1 块硬盘被称为 sda，第 2 块硬盘被称作 sdb，以此类推。Linux 规定，同一块硬盘上只能存在 4 个主分区或者扩展分区，如磁盘 sda 上的主分区或扩展分区分别被命名为 sda1、sda2、sda3 和 sda4，而以/dev/sda5、/dev/sda6 等作为逻辑分区。

3) Grub 对磁盘分区的表示方式

多操作系统启动文件 Grub 并不区分 IDE、SCSI 抑或是 SATA 硬盘，所有的硬盘都被表示为"(hd♯)"的形式，其中"♯"是从 0 开始编号的。例如(hd0)表示第 1 块硬盘，(hd1)表示第 2 块硬盘，以此类推。

对于任意一块硬盘(hd♯)：(hd♯,0)、(hd♯,1)、(hd♯,2)、(hd♯,3)依次表示它的 4 个主分区，而随后的(hd♯,4)等则是逻辑分区。

3. 为新的磁盘分区

在 Linux 环境下，经常使用 fdisk 命令对磁盘进行分区。fdisk 命令的常用格式如下：

```
#fdisk <磁盘设备名>        ##进入 fdisk 命令的交互方式，对指定的磁盘进行分区操作
#fdisk -l <磁盘设备名>     ##显示指定磁盘的分区表信息
```

fdisk 的常用子命令如表 7-1 所示。

表 7-1 fdisk 的常用子命令

子命令	说　　明	子命令	说　　明
a	为分区设置可启动标志	p	列出硬盘分区表
d	删除一个硬盘分区	q	退出 fdisk，不保存更改
l	列出所有支持的分区类型	t	更改分区类型
m	列出所有命令说明	u	切换所显示的分区单位
n	创建一个新的分区	w	把设置写入硬盘分区表，然后退出
o	创建 DOS 类型的空分区表	g	创建 GPT 类型的空分区表

注：目前，fdisk 还不能完全支持 GUID 分区表，因此当创建大于 2TB 的分区时，应使用完全支持 GPT 的 gdisk 工具，gdisk 的使用方法和 fdisk 一致。

1) 查看系统中的新磁盘

在系统中添加一块 4GB 大小的 SCSI 磁盘后，重新启动计算机，即可在/dev 目录中看到新的磁盘设备文件。

执行

```
ls  -l /dev/sd*
```

命令后，可看到 3 块 sd 开头的磁盘，其中 sdc 是新添加的磁盘，如图 7-2 所示。

2) 查看分区

使用 fdisk 命令可以查看指定磁盘的分区情况，也可以对磁盘进行分区操作。执行带有-l 选项的 fdisk 命令后可查看指定磁盘的分区情况。

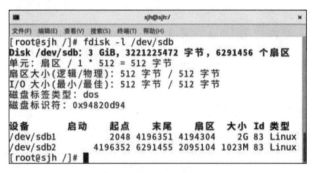

图 7-2　查看系统磁盘

分别对磁盘 sdb 和新增磁盘 sdc 使用带有-l 选项的 fdisk 命令查看分区情况,如图 7-3 和图 7-4 所示,可以看出 sdb 包含两个分区 sdb1 和 sdb2,而 sdc 的大小为 4GB,不包含任何分区。

图 7-3　查看分区/dev/sdb

图 7-4　查看分区/dev/sdc

3）创建主分区

创建主分区的步骤如下。

（1）输入

```
fdisk /dev/sdc
```

命令,进入分区界面,输入"m",可显示帮助信息。如图 7-5 所示。

（2）输入"n",增加一个新的分区。

（3）程序提示用户选择创建主分区还是扩展分区,这里我们先创建主分区,因此输入"p"或直接按 Enter 键采用默认值 p。

（4）输入分区编号 1 或直接回车采用默认值 1,建立第 1 个主分区。

（5）在新分区的起始柱面处输入 2048 或直接按 Enter 键,使用默认起始柱面 2048。

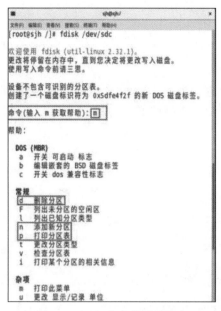

图 7-5　fdisk 命令的帮助信息

（6）在新分区的"上个扇区"处的末尾，输入"＋1G"，表示新建分区的大小为 1GB。

（7）创建好分区之后，输入"p"，可以查看分区表的情况，可看出 fdisk 命令新创建了一个大小为 1GB，名字为/dev/sdc1 的新分区。

以上步骤如图 7-6 所示。

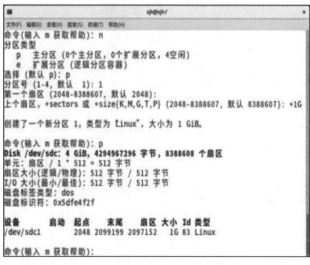

图 7-6　创建主分区

4）创建 swap 交换分区

主分区创建以后，一般还需要创建一个 swap 交换分区，用于当内存不够用时，使用交换分区暂时替代部分内存。交换分区的大小不能超过 2GB。交换分区无法直接创建，需要先创建一个主分区后，修改主分区的类型，使其成为 swap 交换分区。

在磁盘 sdc 上创建 swap 交换分区的步骤如下。

（1）输入"n"增加一个新的分区。

（2）程序提示用户选择创建主分区还是扩展分区，这里先创建主分区，因此输入"p"或直接按 Enter 键，采用默认值 p。

（3）输入分区编号 2 或直接按 Enter 键，采用默认值 2，建立第 2 个主分区。

（4）在新分区的起始柱面处直接按 Enter 键，使用默认起始柱面。

（5）在新分区的"上个扇区"处的末尾，输入"＋1G"，表示新建分区的大小为 1GB。

（6）创建好分区之后，输入"p"，可以查看分区表的情况，可看出 fdisk 命令新创建了一个大小为 1GB，名字为/dev/sdc2 的新分区。

以上步骤如图 7-7 所示。

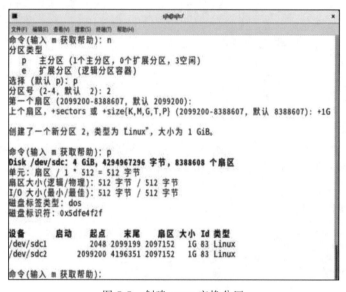

图 7-7　创建 swap 交换分区

此时要把主分区 2 的类型修改为 swap 分区，输入 type，设置需要修改的对象为主分区 2，在 Hex 代码一行输入：82（代表 swap 分区类型），最后输入"p"，查看当前分区设置。如图 7-8 所示，可以看到类型为 Linux swap，说明 swap 交换分区创建成功。

5）再创建一个主分区

按上述的方法再创建一个分区号为 3，大小为 500MB 的主分区/dev/sdc3，如图 7-9 所示。

6）创建扩展分区

在磁盘 sdc 上创建扩展分区，操作步骤如下。

（1）输入新建分区的命令"n"。

（2）输入字符"e"创建，表示要创建一个扩展分区。

（3）由于主分区最多 4 个，已经创建了 3 个主分区，故此时系统自动选择分区号 4。

（4）第一个扇区和上个扇区均直接回车采用默认值，让扩展分区占用所有的未分配空间。

图 7-8　swap 交换分区创建成功

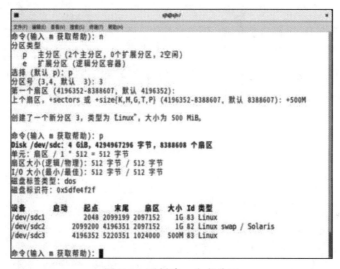

图 7-9　再创建一个主分区

（5）输入"p"，从分区情况可以看出/dev/sdc4 的分区类型为 Extended（扩展分区）。

具体步骤如图 7-10 所示。

7）创建逻辑分区

新建的扩展分区并不能直接使用，必须将其划分为逻辑分区。创建逻辑分区的步骤如下。

（1）输入"n"，按 Enter 键。

（2）逻辑分区号从 5 开始，此时系统直接选择 5。

（3）直接按 Enter 键，接受默认的第一个扇区号。

（4）在上个扇区一行输入"+600M"，创建一个编号为 5 的逻辑分区。

注意：第一个逻辑分区的编号从 5 开始，由于已经创建了 4 个主分区，此时不能再创建主分区了。

图 7-10 创建扩展分区

（5）用类似的方法再创建一个逻辑分区，该分区使用所有剩余的磁盘大小。最后输入"p"，查看分区的情况。

以上步骤如图 7-11 所示。

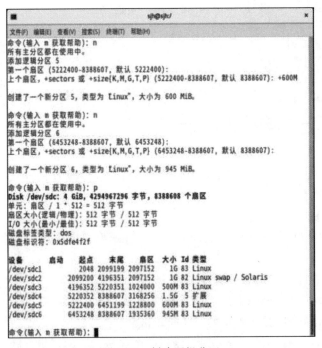

图 7-11 创建逻辑分区

扩展分区的设备名为/dev/sdc4，在该分区下包含两个逻辑分区。而逻辑分区的编号是从 5 开始的,所以 2 个逻辑分区的设备名分别为/dev/sdc5、/dev/sdc6。

8) 使用 delete 命令删除分区

如果某一个分区的大小或类型等不合适,可使用 delete 命令(缩写为 d)进行删除。如此处要删除分区号为 2 的/dev/sdc6 分区。具体步骤如下。

(1) 输入"d"后,按 Enter 键。

(2) 输入"6"后,按 Enter 键。

(3) 输入"p"后,查看现有的分区,发现/dev/sdc6 分区已删除。

以上步骤如图 7-12 所示。

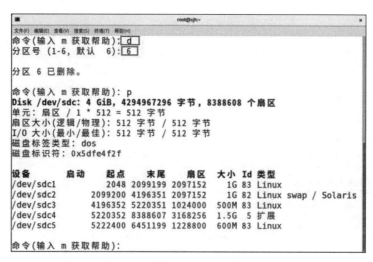

图 7-12　使用 delete 命令删除分区

9) write 命令把分区信息写入磁盘

上面的操作并没有把分区的信息写入磁盘/dev/sdc,需要使用 write 命令(缩写为 w),将分区的信息写入磁盘并退出 fdisk 程序,如图 7-13 所示。

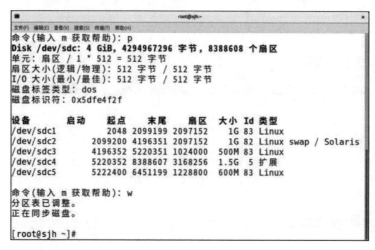

图 7-13　用 write 命令把分区信息写入磁盘

10）初始化并激活交换分区

创建后的 swap 交换分区必须初始化并激活以后才能使用。具体步骤如下。

（1）交换分区需要用命令

```
mkswap
```

初始化，该命令以分区的设备名为参数，此处为/dev/sdc2。

（2）使用命令

```
swapon
```

激活交换分区/dev/sdc2。

（3）使用命令

```
swapon -s
```

查看当前系统已存在的 swap 分区。可看到/dev/sdc2 已经激活。

具体步骤如图 7-14 所示。

图 7-14　初始化并激活交换分区

11）通知内核，分区表已更改，请求系统重读分区表

使用 partprobe 命令可通知内核重读分区表，使用 ls 命令查看磁盘/dev/sdc 上的分区，如图 7-15 所示。

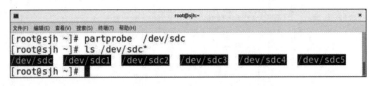

图 7-15　请求系统重读分区表

7.2　逻辑卷管理

7.2.1　静态分区的缺点

分区应设置为合适的大小，一旦当某个分区空间耗尽时，通常的解决方法如下。

（1）使用符号链接：但这会破坏 Linux 文件系统的标准结构。

（2）使用调整分区大小的工具，这样需停机一段时间。

（3）备份整个系统、清除硬盘、重新对硬盘分区，然后恢复数据到新的分区，也必须停机一段时间。

要从根本上解决某个分区空间耗尽的问题且不用停机的方法就是使用逻辑卷管理器。

7.2.2　逻辑卷管理器

管理员可通过逻辑卷管理器（Logical Volume Manager，LVM）将若干个磁盘分区链接为一个整块的卷组（Volume Group），形成一个存储池；管理员可通过 LVM 来调整卷组的大小，对磁盘存储按照组的方式进行命名、管理和分配，直接将一个文件系统跨越多个磁盘。

LVM 可将几块独立的硬盘组成"卷组"。"卷组"可再分为若干个"逻辑卷（像硬盘分区）"。"逻辑卷"的大小可从新装的硬盘扩充，也可由同属一个"卷组"的其他"逻辑卷"赞助。

1. LVM 的相关术语

1）物理存储介质

LVM 中的物理存储介质（The Physical Media）可以是磁盘分区、整个磁盘、RAID 阵列或 SAN 磁盘，设备必须初始化为 LVM 物理卷，才能与 LVM 结合使用。

2）物理卷

（1）物理卷是 LVM 的最底层，物理卷（Physical Volume，PV）可以是整个磁盘、磁盘上的分区或从逻辑上具有和磁盘分区同样功能的设备（如 RAID）。

（2）物理卷是 LVM 的基本存储逻辑块，但和基本的物理存储介质（如分区、磁盘等）比较，却包含有与 LVM 相关的管理参数。

3）卷组（Volume Group，VG）

（1）卷组（Volume Group，VG）建立在物理卷之上，由 $1\sim n$ 个物理卷组成。

（2）卷组创建以后，可以动态的添加物理卷到卷组中，在卷组上可以创建一个或多个 LVM 分区（逻辑卷）。

（3）一个 LVM 系统中可以包含多个卷组。

（4）LVM 系统中的卷组类似于非 LVM 系统中的物理磁盘。

注意：逻辑卷是动态的，不同于静态的逻辑分区。

4）逻辑卷

（1）逻辑卷（Logical Volume，LV）建立在卷组之上，是从卷组中"切出"的一块空间。

（2）逻辑卷创建后，其大小可伸缩。

（3）LVM 中的逻辑卷类似于非 LVM 系统中的磁盘分区，在逻辑卷之上可建立文件系统，如/home，/usr 等。

5）物理区域

（1）每一个物理卷被划分为基本的物理区域（Physical Extent，PE）。它具有唯一编号，是可以被 LVM 寻址的最小存储单元。

（2）物理区域的大小可根据需要，在创建物理卷时指定，默认为 4MB。

（3）物理区域的大小一旦确定将不能改变，同一个卷组中的所有物理卷物理区域的大小一致。

6）逻辑区域

（1）逻辑区域（Logical Extent，LE）划分为可被寻址的基本单位（称为 LE）。它是逻辑卷中可以分配的最小存储单元。

（2）在同一个卷组中，逻辑区域的大小和物理区域的大小是相同的，并一一对应。

注意：/boot 分区不能位于卷组中，因为引导装载程序无法从逻辑卷中读取。如果想把分区放在逻辑卷上，则必须创建一个与卷组分离的/boot 分区。

非 LVM 系统将包含分区信息的元数据（Metadata）保存在位于分区起始位置的分区表中。和它一样，逻辑卷以及卷组相关的元数据也是保存在位于物理卷起始处的卷组描述符区域（Volume Group Descriptor Area，VGDA）中。VGDA 包括 PV 描述符、VG 描述符、LV 描述符和一些 PE 描述符。图 7-16 描述了它们之间的关系。

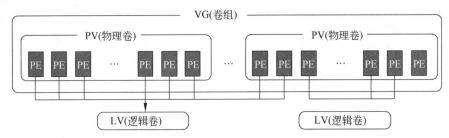

图 7-16　PV-VG-LV-PE 关系图

2. LVM 与文件系统之间的关系

图 7-17 描述了 LVM 与文件系统之间的关系。

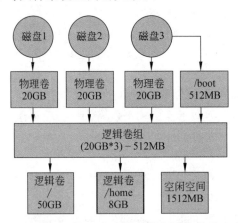

图 7-17　LVM 与文件系统之间的关系

3. PV - VG - LV 的设备名

PV - VG - LV 的含义及设备名如表 7-2 所示。

表 7-2　PV-VG-LV 的含义及设备名

名　　称	含　　义	设　备　名
PV	物理卷：磁盘或分区	/dev/sda?

名　　称	含　　义	设　备　名
VG	卷组：一组磁盘和/或分区	/dev/<VG name>/（目录）
LV	逻辑卷：LVM 分区	/dev/<VG name>/<LV name>

CentOS 通过一个名为 lvm2 的软件包提供一系列的 LVM 工具，其中 lvm 是一个交互式管理的命令行接口，但它同时也提供了非交互的管理命令，如表 7-3 所示。

表 7-3　LVM 常用的非交互命令

任　　务	PV	VG	LV
创建	pvcreate	vgcreate	lvcreate
删除	pvremove	vgremove	lvremove
扫描列表	pvscan	vgscan	lvscan
显示属性	pvdisplay	vgdisplay	lvdisplay
扩展		vgextend	lvextend
缩减		vgreduce	lvreduce
显示信息	pvs	vgs	vgs
改变属性	pvchange	vgchange	lvchange
重命名		vgrename	lvrename
改变容量	pvresize		lvresize
检查一致性	pvck	vgck	

可以通过下列命令来查看表 7-3 中命令的功能和使用方法：

```
＃lvm help          // 查看功能
＃pvcreate -h       //查看使用方法
```

7.2.3　逻辑卷管理器的操作

对 LVM 的管理一般包括创建卷、查看卷、调整卷等。

1. 创建卷

创建卷的命令如表 7-4 所示，包括创建物理卷、卷组和逻辑卷。

表 7-4　创建卷的 LVM 命令

功　　能	命　　令
创建物理卷	pvcreate <磁盘或分区设备名>
创建卷组	vgcreate<卷组名><物理卷设备名>[…]
创建逻辑卷	lvcreate<-L 逻辑卷大小> <-n 逻辑卷名><卷组名> lvcreate<-l PE 值> <-n 逻辑卷名><卷组名>

创建卷举例：

（1）创建两个物理卷。使用命令

```
pvcreate /dev/sdc1 /dev/sdc3
```

可创建两个物理卷。

（2）创建卷组。执行命令

```
vgcreate data /dev/sdc1 /dev/sdc3
```

使用已经创建的物理卷/dev/sdc1 和/dev/sdc3 创建卷组 data。

（3）在卷组中创建逻辑卷。在 data 卷组中分别执行命令

```
lvcreate -L 100M -n home data
lvcreate -L 200M -n www data
```

创建大小 100MB、200MB，名为 home、www 的逻辑卷。

以上步骤如图 7-18 所示。

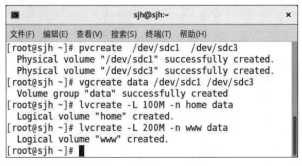

图 7-18　创建卷组

2. 查看卷

查看卷的命令如表 7-5 所示，包括查看物理卷、卷组和逻辑卷信息。

表 7-5　查看卷信息的 LVM 命令

功　能	命　令	说　明
查看物理卷	pvdisplay［＜物理设备名＞］	省略设备名将显示所有物理卷
	pvs［＜物理设备名＞］	不加物理设备名，查询所有物理设备
查看卷组信息	vgdisplay［＜卷组名＞］	省略卷组名将显示所有卷组
	vgs 卷组名	不加卷组名，查询所有卷组
查看逻辑卷信息	lvdisplay［＜逻辑卷设备名＞］	省略逻辑卷名将显示所有卷组
	lvs 逻辑卷设备名	不加逻辑设备名，查询所有逻辑设备

（1）查看物理卷。分别执行命令

```
pvs /dev/sdc1
pvdisplay /dev/sdc1
```

查看物理卷/dev/sdc1的信息,如图7-19所示。

图 7-19　查看物理卷

（2）查看卷组。分别执行命令

```
vgs data
vgdisplay data
```

查看卷组 data 的信息,如图 7-20 所示。

图 7-20　查看卷组

说明：如使用上述命令查看卷组报错（couldn't find device with uuid）时的解决方法：

```
#vgreduce --removemissing vgname          //vgname 是卷组的名字
#vgdisplay                                //重新查看。正常。
```

3. 调整卷

调整卷的命令如表 7-6 所示，包括扩展卷组、逻辑卷和缩减卷组、逻辑卷。

表 7-6 调整（扩展、缩减）卷（卷组、逻辑卷）的 LVM 命令

功　能	命　令	说　明
扩展卷组	vgextend<卷组名><物理设备名>[…]	将指定的物理卷添加到卷组中
缩减卷组	vgreduce<卷组名><物理设备名>[…]	将指定的物理卷从卷组中移除
扩展逻辑卷	lvextend<-L＋逻辑卷增量><逻辑卷设备名> lvextend<-l＋PE 值><逻辑卷设备名>	扩展逻辑卷之后才能扩展逻辑卷上的文件系统的大小
缩减逻辑卷	lvreduce<-L＋逻辑卷增量><逻辑卷设备名> lvreduce<-l - PE 值><逻辑卷设备名>	缩减逻辑卷之前一定要先缩减逻辑卷上的文件系统的大小

调整卷举例：

1）扩展卷组

（1）执行命令

```
vgextend data /dev/sda1 /dev/sda2
```

将两个物理卷/dev/sda1、/dev/sda2 扩展到已存在的卷组 data 中。

（2）执行命令

```
vgs data
```

查看卷组 data 的信息，发现 PV（物理卷）由原来的 2 变成了 4，说明扩展成功。

以上步骤如图 7-21 所示。

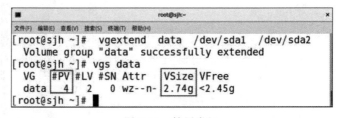

图 7-21 扩展卷组

2）扩展卷组中的逻辑卷容量

执行命令

```
lvextend -L +300M /dev/data/home
```

可为 data 卷组中的逻辑卷 home 扩展 300MB 的容量，如图 7-22 所示。

注意：

（1）调整文件系统容量之前必须进行完整备份（尤其是缩减系统时），以防磁盘故障。

（2）lvextend、lvreduce、lvresize 命令均支持-r｜resizefs 参数用于调整逻辑卷的同时调

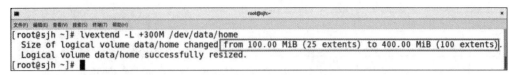

图 7-22　扩展卷组中的逻辑卷容量

整文件系统的尺寸。

（3）对 ext3/4 文件系统可单独使用 resize2fs 命令调整文件系统的大小。

（4）对于 xfs 文件系统,可单独使用 xfs_growfs 命令扩展文件系统的尺寸(当前 xfs 文件系统不支持缩减文件系统的尺寸)。

7.3　文件系统管理

7.3.1　创建文件系统

创建好分区以后,在/dev 目录中将看到对应分区的设备名称。刚建立的分区还不能使用,必须使用 mkfs 命令为该分区创建指定的文件系统以后才能使用。

创建文件系统的命令格式如下:

```
#mkfs.ext4  <设备名>
#mkfs.xfs  <设备名>
```

举例如下:

例 7.1　将分区格式化为 ext4 文件系统。

执行命令

```
mkfs.ext4 /dev/sdb1
```

可将分区/dev/sdb1 格式化为 ext4 文件系统,如图 7-23 所示。

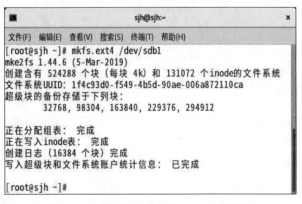

图 7-23　将分区格式化为 ext4 文件系统

例 7.2　将分区格式化为 xfs 文件系统。执行命令

```
mkfs.xfs /dev/sdc5
```

可将分区/dev/sdc5 格式化为 xfs 文件系统,如图 7-24 所示。

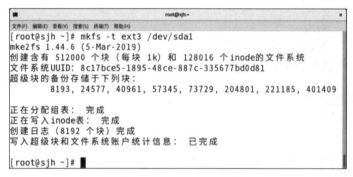

图 7-24 将分区格式化为 xfs 文件系统

也可使用带-t ＜fstype＞选项的 mkfs 命令创建各种类型的文件系统,如图 7-25 和图 7-26 所示。

图 7-25 创建 ext3 的文件系统

图 7-26 创建 vfat 的文件系统

7.3.2 查看文件系统的类型

当为分区创建好文件系统后,有时需要查看分区文件系统的类型。常用的查看分区文件系统的类型的命令有以下 8 个。

1. df -T［文件或设备］

文件系统类型在类型列(Type)输出。只可以查看已经挂载的分区和文件系统类型,如图 7-27 所示。

2. df -t ＜文件系统类型＞［文件或设备］

仅显示指定文件系统类型的磁盘信息,如图 7-28 所示。

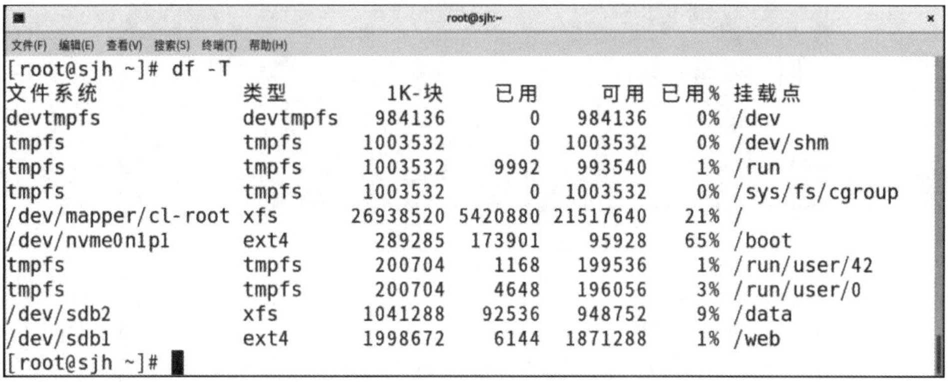

```
root@sjh:~
文件(F) 编辑(E) 查看(V) 搜索(S) 终端(T) 帮助(H)
[root@sjh ~]# df -T
文件系统              类型          1K-块     已用      可用 已用% 挂载点
devtmpfs             devtmpfs     984136        0    984136    0% /dev
tmpfs                tmpfs       1003532        0   1003532    0% /dev/shm
tmpfs                tmpfs       1003532     9992    993540    1% /run
tmpfs                tmpfs       1003532        0   1003532    0% /sys/fs/cgroup
/dev/mapper/cl-root xfs         26938520 5420880 21517640   21% /
/dev/nvme0n1p1       ext4         289285  173901     95928   65% /boot
tmpfs                tmpfs        200704     1168    199536    1% /run/user/42
tmpfs                tmpfs        200704     4648    196056    3% /run/user/0
/dev/sdb2            xfs         1041288    92536    948752    9% /data
/dev/sdb1            ext4        1998672     6144   1871288    1% /web
[root@sjh ~]#
```

图 7-27　查看文件系统的类型

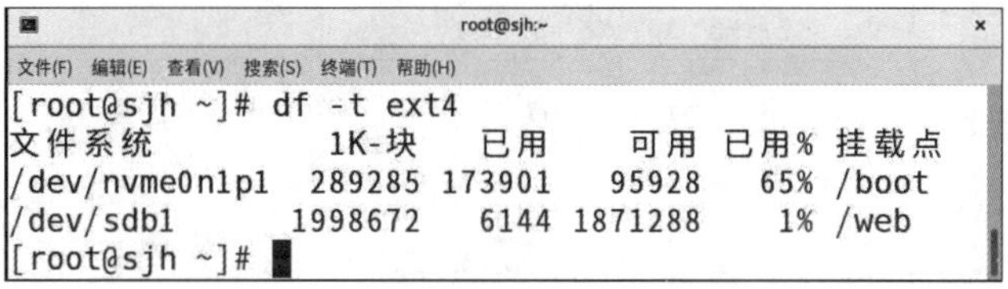

```
root@sjh:~
文件(F) 编辑(E) 查看(V) 搜索(S) 终端(T) 帮助(H)
[root@sjh ~]# df -t ext4
文件系统          1K-块   已用    可用 已用% 挂载点
/dev/nvme0n1p1   289285 173901   95928   65% /boot
/dev/sdb1       1998672   6144 1871288    1% /web
[root@sjh ~]#
```

图 7-28　显示指定文件系统类型的磁盘信息

3. df -x <文件系统类型>［文件或设备］

不显示指定文件系统类型的磁盘信息，如图 7-29 所示。

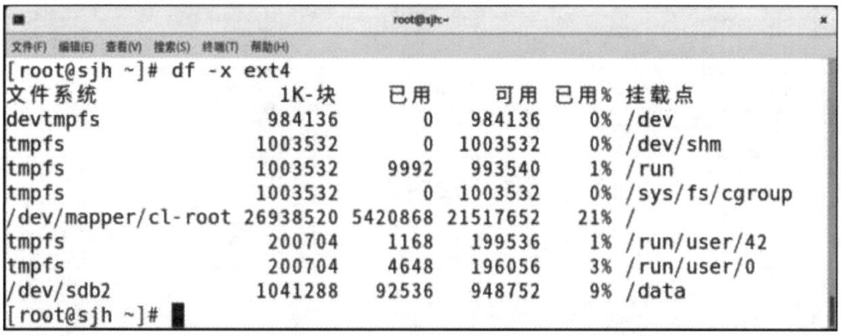

```
root@sjh:~
文件(F) 编辑(E) 查看(V) 搜索(S) 终端(T) 帮助(H)
[root@sjh ~]# df -x ext4
文件系统                 1K-块    已用      可用 已用% 挂载点
devtmpfs                984136       0    984136    0% /dev
tmpfs                  1003532       0   1003532    0% /dev/shm
tmpfs                  1003532    9992    993540    1% /run
tmpfs                  1003532       0   1003532    0% /sys/fs/cgroup
/dev/mapper/cl-root 26938520 5420868 21517652   21% /
tmpfs                   200704    1168    199536    1% /run/user/42
tmpfs                   200704    4648    196056    3% /run/user/0
/dev/sdb2              1041288   92536    948752    9% /data
[root@sjh ~]#
```

图 7-29　不显示指定文件系统类型的磁盘信息

4. parted -l 命令查看所有分区的类型

使用 parted -l 命令会输出文件系统类型(File system)，其中参数 l 表示列出所有设备的分区信息，如图 7-30 所示。

5. blkid 命令查看所有分区的类型

查看已格式化分区的 UUID 和文件系统。使用 blkid 可以输出分区或分区的文件系统类型，查看 TYPE 字段输出，如图 7-31 所示。

6. file -Ls［设备或文件］

file 命令会识别文件类型，使用-s 参数启用读取块设备或字符设备，-L 启用符号链接跟随。如查看分区/dev/sdb2 的文件系统类型的命令如图 7-32 所示。

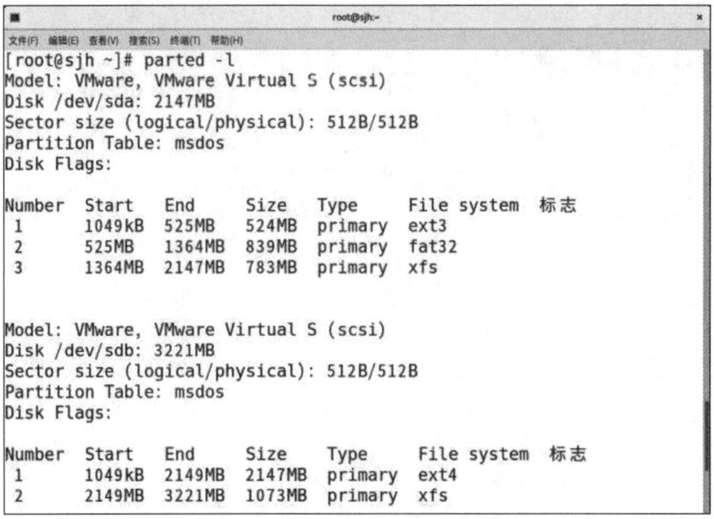

```
[root@sjh ~]# parted -l
Model: VMware, VMware Virtual S (scsi)
Disk /dev/sda: 2147MB
Sector size (logical/physical): 512B/512B
Partition Table: msdos
Disk Flags:

Number  Start   End     Size    Type     File system  标志
 1      1049kB  525MB   524MB   primary  ext3
 2      525MB   1364MB  839MB   primary  fat32
 3      1364MB  2147MB  783MB   primary  xfs


Model: VMware, VMware Virtual S (scsi)
Disk /dev/sdb: 3221MB
Sector size (logical/physical): 512B/512B
Partition Table: msdos
Disk Flags:

Number  Start   End     Size    Type     File system  标志
 1      1049kB  2149MB  2147MB  primary  ext4
 2      2149MB  3221MB  1073MB  primary  xfs
```

图 7-30　parted -l 命令查看所有分区的类型

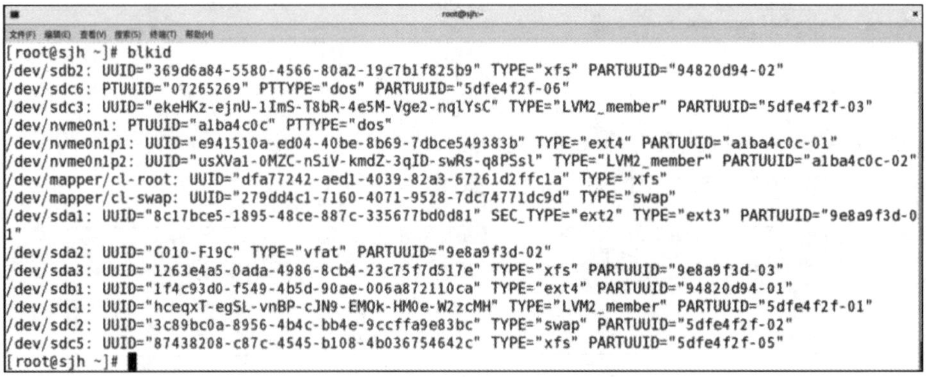

```
[root@sjh ~]# blkid
/dev/sdb2: UUID="369d6a84-5580-4566-80a2-19c7b1f825b9" TYPE="xfs" PARTUUID="94820d94-02"
/dev/sdc6: PTUUID="07265269" PTTYPE="dos" PARTUUID="5dfe4f2f-06"
/dev/sdc3: UUID="ekeHKz-ejnU-1ImS-T8bR-4e5M-Vge2-nqlYsC" TYPE="LVM2_member" PARTUUID="5dfe4f2f-03"
/dev/nvme0n1: PTUUID="a1ba4c0c" PTTYPE="dos"
/dev/nvme0n1p1: UUID="e941510a-ed04-40be-8b69-7dbce549383b" TYPE="ext4" PARTUUID="a1ba4c0c-01"
/dev/nvme0n1p2: UUID="usXVa1-0MZC-nSiV-kmdZ-3qID-swRs-q8PSsl" TYPE="LVM2_member" PARTUUID="a1ba4c0c-02"
/dev/mapper/cl-root: UUID="dfa77242-aed1-4039-82a3-67261d2ffc1a" TYPE="xfs"
/dev/mapper/cl-swap: UUID="279dd4c1-7160-4071-9528-7dc74771dc9d" TYPE="swap"
/dev/sda1: UUID="8c17bce5-1895-48ce-887c-335677bd0d81" SEC_TYPE="ext2" TYPE="ext3" PARTUUID="9e8a9f3d-0
1"
/dev/sda2: UUID="C010-F19C" TYPE="vfat" PARTUUID="9e8a9f3d-02"
/dev/sda3: UUID="1263e4a5-0ada-4986-8cb4-23c75f7d517e" TYPE="xfs" PARTUUID="9e8a9f3d-03"
/dev/sdb1: UUID="1f4c93d0-f549-4b5d-90ae-006a872110ca" TYPE="ext4" PARTUUID="94820d94-01"
/dev/sdc1: UUID="hceqxT-egSL-vnBP-cJN9-EMQk-HM0e-W2zcMH" TYPE="LVM2_member" PARTUUID="5dfe4f2f-01"
/dev/sdc2: UUID="3c89bc0a-8956-4b4c-bb4e-9ccffa9e83bc" TYPE="swap" PARTUUID="5dfe4f2f-02"
/dev/sdc5: UUID="87438208-c87c-4545-b108-4b036754642c" TYPE="xfs" PARTUUID="5dfe4f2f-05"
[root@sjh ~]#
```

图 7-31　blkid 命令查看所有分区的类型

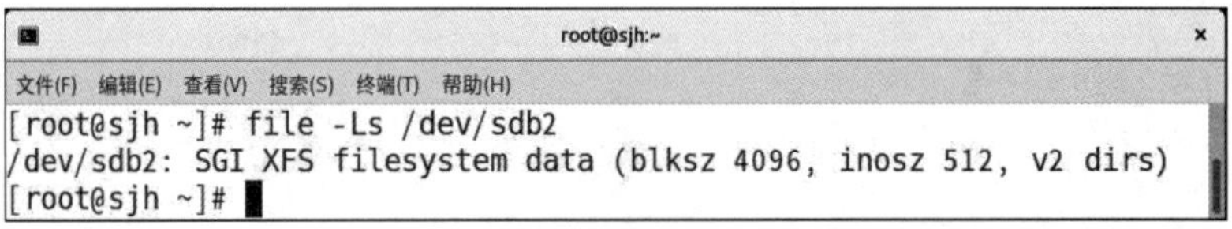

```
[root@sjh ~]# file -Ls /dev/sdb2
/dev/sdb2: SGI XFS filesystem data (blksz 4096, inosz 512, v2 dirs)
[root@sjh ~]#
```

图 7-32　file 命令查看指定分区的类型

7. findmnt［设备或文件］

findmnt 命令将列出所有已挂载的文件系统或者搜索出某个文件系统。findmnt 命令能够在 /etc/fstab、/etc/mtab 或 /proc/self/mountinfo 这几个文件中进行搜索。

findmnt 展示出了目标挂载点（TARGET）、源设备（SOURCE）、文件系统类型（FSTYPE）以及相关的挂载选项（OPTIONS），例如文件系统是否是可读可写或者只读的。例如，执行命令：

```
findmnt /dev/sdb2
```

结果如图 7-33 所示。

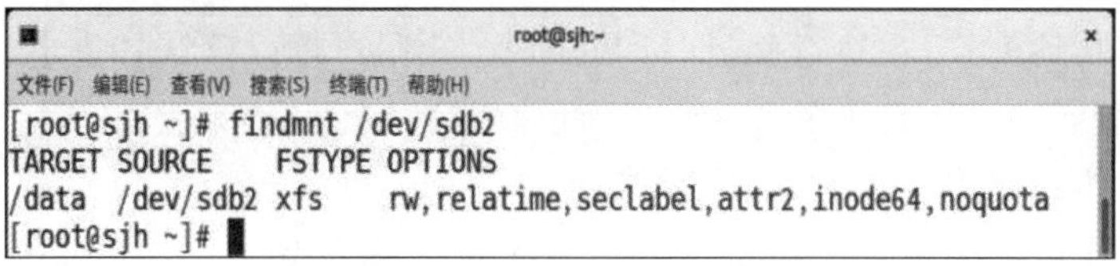

图 7-33　findmnt 命令列出指定的文件系统信息

8. lsblk -f 命令查看所有分区的类型

lsblk -f 命令查看所有分区的类型,如图 7-34 所示。

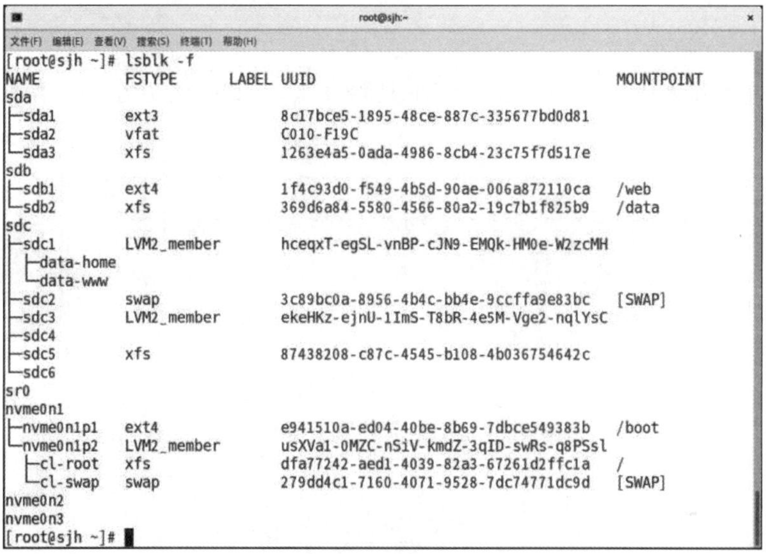

图 7-34　lsblk -f 命令查看所有分区的类型

　　有些系统可能没有这个命令,需要安装。注意,lsblk -f 也可以查看未挂载的文件系统类型。

7.3.3　磁盘检查命令

　　由于各种人为或自然的因素,磁盘有时会出现故障,此时就需要对磁盘进行检查。人们通常使用 fsck(file system check)、xfs_repair、badblocks 命令来检查磁盘。

1. fsck 命令

(1) fsck 命令用于检查文件系统并尝试修复错误。

语法格式如下:

```
fsck [-aANPrRsTV][-t <文件系统类型>][文件系统…]
```

其中参数含义如下。

* -a:自动修复文件系统,不询问任何问题。

- -A：依照/etc/fstab 配置文件的内容，检查文件内所列的全部文件系统。
- -N：不执行指令，仅列出实际执行会进行的动作。
- -P：当搭配"-A"参数使用时，则会同时检查所有的文件系统。
- -r：采用互动模式，在执行修复时询问问题，让用户得以确认并决定处理方式。
- -R：当搭配"-A"参数使用时，则会略过/目录的文件系统不予检查。
- -s：依序执行检查作业，而非同时执行。
- -t：＜文件系统类型＞　　指定要检查的文件系统类型。
- -T：执行 fsck 指令时，不显示标题信息。
- -V：显示指令执行过程。

（2）fsck 命令举例。

执行命令

```
fsck -t ext4 /dev/sdb1
```

检查 ext4 文件系统的磁盘分区/dev/sdb1 是否正常。显示该磁盘分区"没有问题"，如图 7-35 所示。

图 7-35　fsck 命令检查磁盘

2. xfs_repair 命令

执行命令

```
xfs_repair /dev/sdc5
```

检查/dev/sdc5 是否正常。图 7-36 说明磁盘分区/dev/sdc5 正常。

3 .badblocks 命令

badblocks 命令可以检查磁盘中有没有坏的扇区，执行命令

```
badblocks  /dev/sdb1
badblocks  /dev/sdc1
```

分别检查磁盘分区/dev/sdb1 和/dev/sdc1 上是否有损坏的扇区。如图 7-37 所示，说明两个分区都没有损坏的扇区。

7.3.4　挂载文件系统

当在硬盘上创建了一个分区并将其格式化成某一文件系统后，并不能直接将数据存储到该文件系统上。在使用该文件系统前，还必须先将这个分区挂载到 Linux 文件系统的某个目录上。

挂载的概念是，当要使用光盘或软盘等设备时，必须先将它们对应到 Linux 系统中的某

```
[root@sjh ~]# xfs_repair  /dev/sdc5
Phase 1 - find and verify superblock...
Phase 2 - using internal log
        - zero log...
        - scan filesystem freespace and inode maps...
        - found root inode chunk
Phase 3 - for each AG...
        - scan and clear agi unlinked lists...
        - process known inodes and perform inode discovery...
        - agno = 0
        - agno = 1
        - agno = 2
        - agno = 3
        - process newly discovered inodes...
Phase 4 - check for duplicate blocks...
        - setting up duplicate extent list...
        - check for inodes claiming duplicate blocks...
        - agno = 0
        - agno = 1
        - agno = 2
        - agno = 3
Phase 5 - rebuild AG headers and trees...
        - reset superblock...
Phase 6 - check inode connectivity...
        - resetting contents of realtime bitmap and summary inodes
        - traversing filesystem ...
        - traversal finished ...
        - moving disconnected inodes to lost+found ...
Phase 7 - verify and correct link counts...
done
[root@sjh ~]#
```

图 7-36　xfs_repair 命令检查磁盘

```
[root@sjh ~]# badblocks  /dev/sdb1
[root@sjh ~]# badblocks  /dev/sdc1
[root@sjh ~]#
```

图 7-37　badblocks 命令检查磁盘

个目录上，这个对应的目录就叫挂载点(Mount Point)。只有经过这样的对应操作之后，用户或程序才能访问到这些设备。

这个操作的过程就叫设备(文件系统)的挂载。硬盘的分区在使用之前也必须挂载，例如当使用格式化后的分区/dev/sdb1 时，就必须先将这个分区挂载到 Linux 系统上。

使用 mount 命令可以灵活地挂载系统可识别的所有文件系统。

mount 的命令格式有如下 3 种。

格式 1：

```
#mount [-t <文件系统类型>] [-o <挂载选项>] <设备名><挂载点>
```

这种格式用来挂载/etc/fstab 中未列出的文件系统，选项说明如下。

(1) 使用-t 选项可指定文件系统类型。

（2）省略-t 选项，mount 命令将依次试探/proc/filesystems 中不包含 nodev 的行。

（3）必须同时指定<设备名>和<挂载点>。

格式 2：

```
#mount [-o <挂载选项>] <设备名>或<挂载点>
```

这种格式用来挂载/etc/fstab 中已经列出的文件系统，选项说明如下：

（1）选择使用<设备名>或<挂载点>之一即可。

（2）若-o 省略，则使用/etc/fstab 中该文件系统的挂载选项。

格式 3：

```
#mount -a [-t <文件系统类型>] [-o <挂载选项>]
```

这种格式用来挂载/etc/fstab 中所有不包含 noauto（非自动挂载）挂载选项的文件系统，选项说明如下。

（1）选择使用<设备名>或 <挂载点>之一即可。

（2）-t：若只指定此参数，则只挂载/etc/fstab 中指定类型的文件系统。

（3）-o：用于指定挂载/etc/fstab 中包含指定挂载选项的文件系统。

（4）若同时指定-t 和-o，则为或者的关系。

如不指明文件系统类型，mount 会自动检测设备上的文件系统，并以相应的类型挂载。

说明：-o 挂载选项如表 7-7 所示。

表 7-7   option 选项表

option 参数	含　　义
auto	开机自动挂载
default，noauto	开机不自动挂载
nouser	只有 root 可挂载
ro	只读挂载
rw	可读写挂载
user	任何用户均可挂载
users	允许所有 users 组中的用户挂载文件系统
sync	I/O 同步进行
async	I/O 异步进行
dev	解析文件系统上的块特殊设备
nodev	不解析文件系统上的块特殊设备
suid	允许 suid 操作和设定 sgid 位。这一参数通常用于一些特殊任务，使一般用户运行程序时临时提升权限
nosuid	禁止 suid 操作和设定 sgid 位
noatime	不更新文件系统上 inode 访问记录，可以提升性能（参见 atime 参数）
nodiratime	不更新文件系统上的目录 inode 访问记录，可以提升性能（参见 atime 参数）

option 参数	含　　义
relatime	实时更新 inode access 记录。只有在记录中的访问时间早于当前访问才会被更新。（与 noatime 相似,但不会打断如 mutt 或其他程序探测文件在上次访问后是否被修改的进程),可以提升性能(参见 atime 参数)
flush	vfat 的选项,更频繁的刷新数据,复制对话框或进度条在全部数据都写入后才消失
defaults	使用文件系统的默认挂载参数,例如 ext4 的默认参数为 rw、suid、dev、exec、auto、nouser 或 async

注意:

(1) 挂载点就是文件系统的一个目录,必须把文件系统挂载在目录树中的某个目录中。

(2) 挂载点目录在实施挂载操作之前必须存在,如不存在则创建(mkdir)。

(3) 挂载点目录必须是空的,否则目录中原有的文件将被系统隐藏。

(4) 设备名也可以通过文件系统的 LABEL 或 UUID 来指定,即设备名可用 LABEL = <label>(-L <label>)或 UUID = <uuid> (-U <uuid>)替换。

下面给出使用 mount 命令挂载的例子。

1. 挂载磁盘分区

1) 用创建文件系统后的分区/dev/sda1 保存音乐文件

(1) 执行命令

```
mkdir  /music
```

创建/music 目录用于存储音乐文件。

(2) 执行命令

```
mount /dev/sda1 /music
```

将磁盘分区/dev/sda1 挂载到/music 目录。

执行完这两条命令后,即可以通过/usr/music 目录访问/dev/sdb3 分区中的内容。

2) 用创建文件系统后的分区/dev/sda3 保存视频文件

(1) 执行命令

```
mkdir /video
```

创建/video 目录用于存储音乐文件。

(2) 执行命令

```
blkid /dev/sda3
```

查看分区/dev/sda3 的 UUID 值和文件系统的类型。

(3) 执行命令

```
mount -t xfs -U "1263e4a5-0ada-4986-8cb4-23c75f7d517e"  /video
```

将 UUID 指定的设备挂载到/video 目录。

3）查看挂载结果

执行命令

```
df -hT /dev/sda1 /dev/sda3
```

查看挂载的结果。

以上步骤如图 7-38 所示。

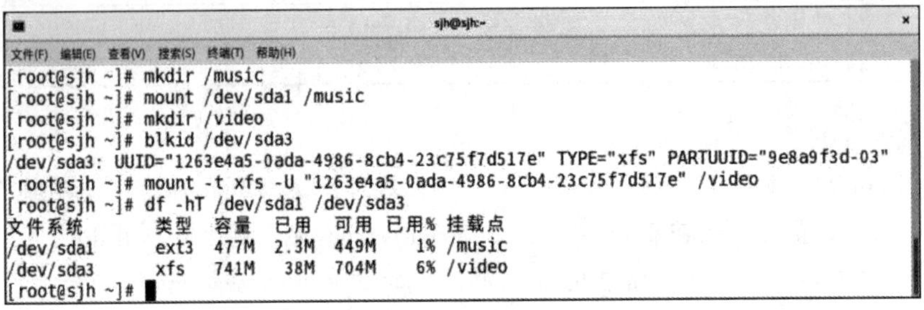

图 7-38　挂载磁盘

2. 挂载光盘

如果想使用光盘,必须将光盘挂载到文件系统中。通常情况下将光盘挂载到/mnt/cdrom 目录下,具体步骤如下。

（1）执行命令

```
mkdir /mnt/cdrom
```

创建挂载光盘的目录/mnt/cdrom。

（2）执行命令

```
mount /dev/cdrom /mnt/cdrom
```

将光盘挂载到目录/mnt/cdrom 下。

（3）执行命令

```
ls /mnt/cdrom
```

显示光盘中的文件。

以上步骤如图 7-39 所示。

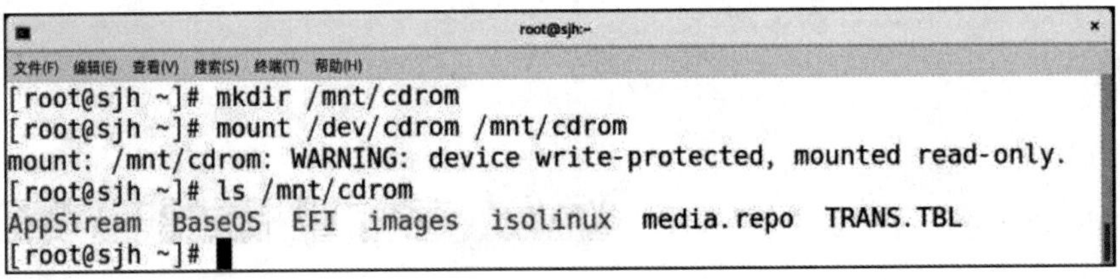

图 7-39　挂载光盘

3. 挂载 USB 设备

（1）执行命令

```
mkdir /mnt/usb
```

创建用于挂载 USB 设备的/mnt/usb 目录。

（2）执行命令

```
df -hT /dev/sdd*
```

查找 USB 设备的磁盘分区的名称（此处为/dev/sdd4）。

（3）执行命令

```
mount /dev/sdd4 /mnt/usb
```

将 USB 设备挂载到/mnt/usb 目录。

（4）执行命令

```
ls /mnt/usb
```

显示 USB 设备中的文件。

以上步骤如图 7-40 所示。

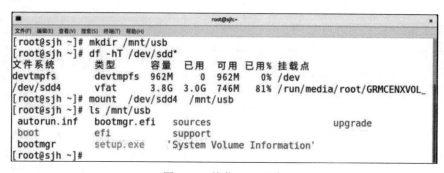

图 7-40　挂载 USB 设备

说明：使用 lsusb 命令可列出当前内核已发现的所有 USB 设备。

4. 挂载 Windows 下的 C 盘（FAT32 格式）

如果 C 盘对应的文件系统的名称为/dev/sda1，则执行命令

```
mkdir /mnt/winc
mount m-t vfat /dev/sda1 /mnt/winc
```

后，就可以使用命令

```
ls /mnt/winc
```

显示 C 盘中的文件。

注意：C 盘必须已经被格式化为 FAT32 格式。

5. 自动挂载文件系统

以上使用 mount 命令手动挂载的文件系统会在关机时被自动卸载，即系统重启后不会自动挂装这些手动挂载的文件系统。

如果要想在系统每次启动或重启时自动挂载文件系统，就必须通过修改系统挂载的配置文件/etc/fstab。系统启动所要挂载的文件系统、挂载点、文件系统的类型等都记录在

/etc/fstab 中。

在 Linux 系统中,/etc/fstab 文件存储了系统启动所要挂装的文件系统、挂装点、文件系统的类型等参数,若想要系统在每次启动时自动挂载指定的文件系统,则必须修改该文件中的参数。

例如:在系统启动时,将分区/dev/sdb1 中的 ext4 类型的文件系统自动挂载到目录/web 中,将分区/dev/sdb2 中的 xfs 类型的文件系统自动挂载到目录/data 中。

(1) 执行命令

```
vim /etc/fstab
```

打开配置文件/etc/fstab。

(2) 在/etc/fstab 中添加代码

```
/dev/sdb1 /web    ext4  defaults  1 1
```

和

```
/dev/sdb2 /data  xfs   defaults  1 1
```

结果如图 7-41 所示。

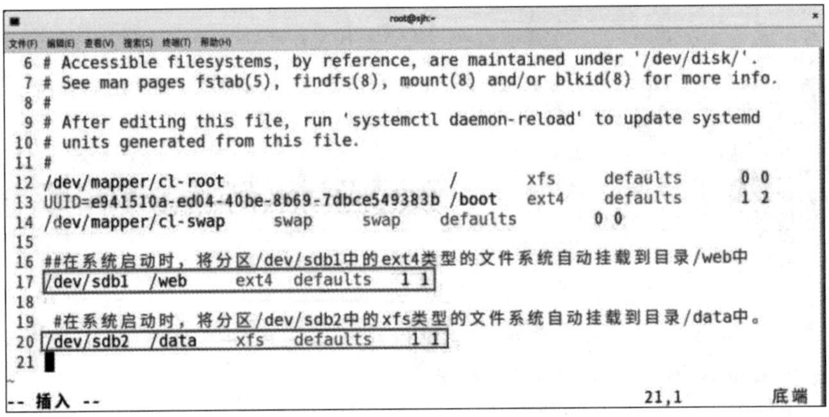

图 7-41　自动挂载文件系统

由图 7-41 显示的内容可以看出/etc/fstab 文件是由多行记录组成的,其中每一行代表一个自动挂载项。每条记录由表 7-8 中的 6 个字段组成。

表 7-8　fstab 文件栏位说明

字　　段	说　　明
file system	要挂载的设备,可以使用设备名,也可以通过 UUID=＜uuid＞或 LABEL=＜labe＞来指定
mount point	挂载点目录
type	挂载的文件系统类型
options	挂载选项。挂载设备时可以设置多选项,不同选项间用逗号隔开。使用 defaults 表示系统自动识别文件系统进行挂载

字　　段	说　　明
dump	使用 dump 命令备份文件系统的频率,空白或值为 0 时,不备份;值为 1 表示要备份
pass	开机时 fsck 命令会自动检查文件系统,pass 规定了检查的顺序。挂载到/分区的文件系统的对应值为 1,其他文件系统为 2,如果某文件系统在启动时不需要自检,则该字段的值为 0

在/etc/fatab 文件中添加第 17、20 行的代码后,每次系统重启时就会自动挂载/dev/sdb1 到目录/data 下,挂载/dev/sdb2 到目录/web 下。而不再需要通过 mount 命令手动挂载这两个磁盘分区。

注意:由于 fstab 文件非常重要,如果这个文件有错误,就可能会造成系统不能正常启动(此时只需将添加的代码删除或注释掉,即可正常启动)。因此向 fstab 文件中添加数据时应非常小心。

修改完该文件后务必使用命令 mount -a 测试有没有错误。

6. 显示系统内所有已经挂载的文件系统

执行不带任何参数执行 mount 命令,则会显示当前系统中已经挂载的所有的文件系统列表。

7. 系统救援模式

分区出问题或删除已在 fstab 中挂载的硬盘时,将无法正常进入系统,需进入救援模式。步骤如下。

提供 root 口令,以 root 身份登录系统。

使用 fsck 检查并试图修复受损的文件系统。

如问题依然存在,运行 mkfs 重新再分区时建立文件系统。

最差情况是,可能需要用 fdisk 重建分区表。

无论如何,总可通过删除 fstab 文件中对应的配置行(或给其注释掉)来临时解决系统无法正常启动的问题。

7.3.5　卸载设备

文件系统不用时可以使用 umount 命令卸载。该命令可以把文件系统从 Linux 的挂载点剥离。

命令格式如下:

```
umount <设备名或挂载点>
```

说明:卸载指定的设备,既可以使用设备名也可以使用挂载点名称来卸载。

(1) 执行命令

```
umount /dev/sda1
```

使用设备名/dev/sda1(对应的是/music 目录)卸载设备。

（2）执行命令

```
umount /video
```

使用挂载点名称"/video"卸载设备。

以上步骤如图 7-42 所示。

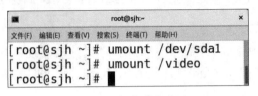

图 7-42　卸载磁盘分区

注意：如果一个文件系统处于 busy 状态，则无法卸载该文件系统。处于 busy 状态的可能情况如下。

- 文件系统中有打开但尚未关闭的文件。
- 某个进程的工作目录在该文件系统上。
- 文件系统上的缓存文件正在使用中。

最典型的错误是在挂装点目录下实施卸载操作，此文件系统处于 busy 状态。如卸载光盘前必须先退出光盘挂载的目录，否则系统提示设备忙，并拒绝卸载。

fuser 命令可根据文件（目录、设备）查找使用它的进程，同时也提供了杀死这些进程的方法。

使用 fuser 卸载文件系统的步骤如下。

（1）查看挂接点下有哪些进程需要杀掉，代码如下：

```
#fuser  -cu  /mount_point
```

（2）杀死这些进程

```
#fuser -ck /mount_point
```

（3）查看是否还有进程在访问挂接点，代码如下：

```
#fuser -c /mount_point
```

（4）卸载挂接点上的设备，代码如下：

```
#umount /mount_point
```

下面举一个使用 fuser 卸载文件系统的例子，具体过程如下：

（1）执行命令

```
umount /music
```

时，提示该挂载点/music 忙。

（2）执行命令

```
fuser -cu /music
```

· 236 ·

查看有哪些进程正在使用挂载点/music。

（3）执行命令

```
fuser -ck /music
```

杀死这些正在使用挂载点/music 的进程。

（4）执行命令

```
fuser -c /music
```

查看是否还有进程在访问挂接点，此时已无进程访问该挂载点。

（5）执行命令

```
umount /music
```

成功卸载/music 对应的文件系统。

以上步骤如图 7-43 所示。

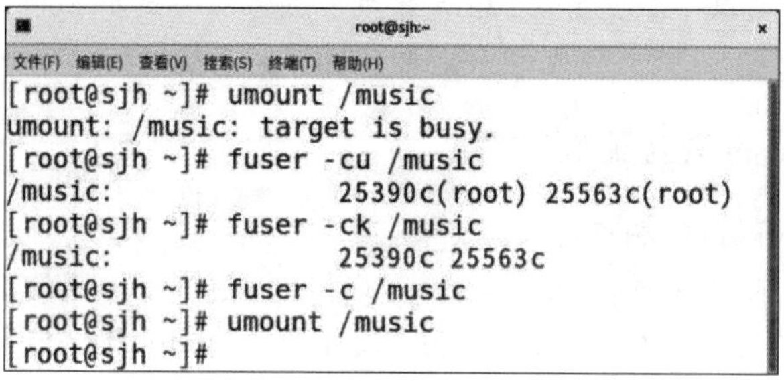

图 7-43　fuser 命令卸载 busy 的文件系统

7.4　磁 盘 配 额

7.4.1　磁盘配额基础

1. 什么是磁盘配额

在多用户的系统上，通过给用户分配磁盘配额（Quota）来限制用户的磁盘使用空间，用户只能使用设定的磁盘空间大小，超过该设定值之后就不能再存储文件。

磁盘配额是系统管理员用来监控和限制用户或组对磁盘空间的使用情况的工具。它可以保证所有用户都拥有自己独立的文件系统空间，确保用户使用系统空间的公平性和安全性。

2. 磁盘配额可从两方面限制

（1）限制用户或组可以拥有的 iNode 数（文件数）。

（2）限制分配给用户或组的磁盘块的数目（以千字节为单位）。

3. 磁盘配额在使用上的限制

磁盘配额在使用上也有一些限制，具体操作如下。

（1）仅针对整个分区：磁盘配额实际运行时，是针对"整个分区"进行限制的，例如，如

/dev/sdb5 载入在/home 下，那么在/home 下面的所有目录都会受到限制。

（2）只针对一般身份用户有效，对 root 用户无效。

（3）用户使用其他未设置配额的文件系统时，将不会受到限制。

（4）主要针对指定的用户账号、组账号进行限制，没有被设置配额的用户或组将不受影响。对组账号设置配额后，组内所有用户使用的磁盘容量的总和不能超过限制。

4. 磁盘配额的限制策略

（1）硬限制（Hard Limit）。超过此限定值不能继续存储新的文件。

（2）软限制（Soft Limit）。超过此限定值后仍旧可继续存储新的文件，同时系统发出警告信息，建议用户清理自己的文件，释放更多的空间。

（3）宽限期（Grace Period）。当用户使用的空间超过了软限制，却还没有达到硬限制时，那么在这个"宽限期"之内，就需要用户将使用的磁盘容量降低到软限制之下。而用户的磁盘的使用量超过软限制时，"宽限期"就会自动被启动，而在用户将磁盘的使用量降低到软限制之下，那么宽限期就会自动取消。宽限期为默认 7 天。

注意：磁盘配额是以每个使用者、每个文件系统为基础的。如使用者可在超过一个以上的文件系统上建立文件，则必须在每个文件系统上分别设定。

7.4.2　CentOS 8.1 的磁盘配额管理

1. CentOS 8.1 的磁盘配额支持

（1）CentOS 8.1 提供 vfsold(v1)、vfsv0(v2)和 xfs 这 3 种不同的磁盘配额支持。

（2）对于 ext3/4 文件系统，磁盘配额和查看工具由 quota 软件包提供。

（3）对于 xfs 文件系统，磁盘配额和查看工具由 xfsprogs 软件包的 xfs_quota 提供。

quota 提供的常用磁盘配额管理工具如表 7-9 所示。

表 7-9　quota 提供的常用磁盘配额管理工具

工　　具	说　　明
quota	查看磁盘的使用和限额
repquota	显示文件系统的磁盘配额汇总信息
quotacheck	从/etc/mtab 中扫描支持配额的文件系统，生成、检查、修复限额文件
edquota	使用编辑器编辑用户或组的限额
setquota	使用命令行设置用户或组的限额
quotaon	启用文件系统的磁盘配额
quotaoff	关闭文件系统的磁盘配额
convertquota	转换旧版的限额磁盘文件为新版格式
quotastats	显示内核的限额统计信息

2. 配置磁盘配额的步骤

在 CentOS 下配置磁盘配额需经过的步骤如表 7-10 所示。

表 7-10　磁盘配额的配置步骤

步骤	配　　置	ext3/4 文件系统	xfs 文件系统
1	编辑/etc/fstab 文件	usrquota	uquota
2	启用文件系统的 quota 挂载选项	grpquota	gquot
3	创建 quota 数据库文件	quotacheck -cmvug ＜文件系统＞	xfs 文件系统的 quota 结果信息包含在元数据和日志中,不需要此步操作
4	启用 quota	quotaon -avug	xfs 文件系统的 quota 结果信息包含在元数据和日志中,不需要此步操作
5	设置 quota	使用 setquota 或 edquota 配置	使用 xfs_quota 设置

3. 使用 setquota 命令设置磁盘配额

使用 setquota 命令设置磁盘配额如表 7-11 所示。

表 7-11　使用 setquota 命令设置磁盘配额

功　　能	命　　令
为指定用户设置配额	setquota[-u]＜用户名＞＜块软限制 块硬限制 inode 软限制 inode 硬限制＞ ＜-a｜文件系统＞
为指定组设置配额	setquota -g ＜组名＞＜块软限制 块硬限制 inode 软限制 inode 硬限制＞ ＜-a｜文件系统＞
将参考用户的限额配置复制给待设置的新用户	setquota[-u] -p ＜参考用户＞＜新用户＞＜a｜文件系统＞
将参考组的限额配置复制给待设置的新组	setquota -g -p ＜参考组＞＜新组＞＜a｜文件系统＞
为指定用户设置配额宽限期	setquota -t [-u]＜块宽限期 inode 宽限期＞ ＜a｜文件系统＞
为指定组设置配额宽限期	setquota -t -g ＜块宽限期 inode 宽限期＞ ＜a｜文件系统＞

4. 使用 edquota 命令设置磁盘配额

通过 edquota 命令可以对用户或者组群的磁盘配额进行设置。其语法格式如下:

```
#edquota [-p protoname] [-u | g] [username | groupname] [-t]
```

其中,参数说明如下。

(1)-u:设置用户磁盘配额,这是默认参数。

(2)-g:设置群组磁盘配额。

(3)-p:套用指定用户或者群组的磁盘配额限制。

(4)-t:设置宽限时间。

5. 使用 xfs_quota 命令设置磁盘配额

使用 xfs_quota 命令设置磁盘配额如表 7-12 所示。

表 7-12　使用 xfs_quota 命令设置磁盘配额

功　能	命　令
为指定用户设置配额	xfs_quota -x -c 'limit -u bsoft ＝ N bhard ＝ N isoft ＝ N ihard ＝ N ＜用户名＞' ＜文件系统＞
为指定组设置配额	xfs_quota -x -c 'limit -g bsoft ＝ N bhard ＝ N isoft ＝ N ihard ＝ N ＜组名＞' ＜文件系统＞
为指定用户设置宽限期	xfs_quota -x -c 'timer -u -b ＜块宽限期＞' ＜文件系统＞ xfs_quota -x -c 'timer -u -i ＜inode 宽限期＞' ＜文件系统＞
为指定组设置宽限期	xfs_quota -x -c 'timer -g -b ＜块宽限期＞' ＜文件系统＞ xfs_quota -x -c 'timer -g -i ＜inode 宽限期＞' ＜文件系统＞

6. 查看磁盘配额和限额汇总信息命令

查看磁盘配额和限额汇总信息命令如表 7-13 所示。

表 7-13　查看磁盘配额和限额汇总信息命令

功　能	ext3/4 文件系统	xfs 文件系统
查看指定用户的配额	quota -＜uv＞ ＜用户名＞	xfs_quota -c 'quota -bi -uv ＜用户名＞'＜文件系统＞
查看指定组的配额	quota -gv＞ ＜组名＞	xfs_quota -c 'quota -bi -gv ＜组名＞'＜文件系统＞
显示所有文件系统的磁盘配额汇总信息	repquota -a repquota -au repquota -ag	xfs_quota -x -c 'report -a' xfs_quota -x -c 'report -u -a' xfs_quota -x -c 'report -g -a'
显示指定文件系统的磁盘配额汇总信息	repquota ＜文件系统＞ repquota -u＜文件系统＞ repquota -g＜文件系统＞	xfs_quota -x -c　report ＜文件系统＞ xfs_quota -x -c　'report -u' ＜文件系统＞ xfs_quota -x -c　'report -g' ＜文件系统＞

7. 在 ext4 文件系统上设置磁盘配额举例

1）修改/etc/fstab 配置文件

执行命令

```
vim /etc/fstab
```

修改/etc/fstab 配置文件,在

```
/dev/sdb1  /web    ext4  defaults 1 1
```

中的 default 后面添加 usrquota, grpquota,即添加用户和组的配额属性,修改后的代码如图 7-44 所示。

2）重新挂载分区,并检查分区参数是否正确

执行命令

```
mount - o remount /web
```

重新挂载分区/dev/sdb1。而后执行命令

```
mount | grep /web
```

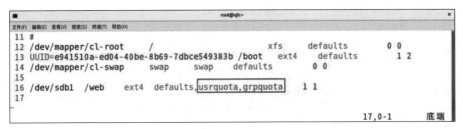

图 7-44　修改"/etc/fstab"配置文件

查看重新挂载后的分区/de/sdb1 的挂载选项中包含有"rw,usrquota,grpquota",说明 usrquota,grpquota 设置成功。

3) 扫描文件系统生成配额文件

执行命令

```
quotacheck -cugm /web
```

扫描挂入系统的分区,并在各分区的文件系统根目录下产生 quota.user 和 quota.group 文件,设置用户和群组的磁盘空间限制。

说明:quotacheck 命令用于检查磁盘的使用空间与限制,格式如下:

```
quotacheck [选项][文件系统…]
```

其中选项含义如下。

(1) -c:创建 quota.user 和 quota.group 文件。

(2) -u:扫描磁盘空间时,计算每个用户识别码所占用的目录和文件数目。

(3) -g:扫描磁盘空间时,计算每个群组识别码所占用的目录和文件数目。

(4) -m:如果重新挂载失败,则此强制以读写模式检查文件系统。

执行命令

```
ls /web
```

查看是否生成了 quota.user 和 quota.group 文件。

4) 针对指定用户(此处为用户 sjh)设置磁盘配额

执行命令

```
edquota -u sjh
```

为用户 sjh 设置针对分区/dev/sdb1 的磁盘配额:磁盘容量软限制 10KB,硬限制 20KB;文件数软限制 2 个,硬限制 4 个,如图 7-45 所示。

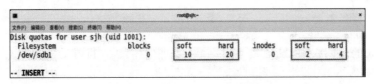

图 7-45　为用户 sjh 设置磁盘配额

图 7-45 中的字段说明如下。

- 文件系统(filesystem)。
- 磁盘容量(blocks)：当前磁盘使用大小，单位为千字节，不用管。
- soft：磁盘容量(block)的 soft 限制值，单位为千字节。
- hard：block 的 hard 限制值，单位千字节。
- 档案数量(inodes)：当前文件记录数，单位为个数，不用管。
- soft：inode 的 soft 限制值。
- hard：inode 的 hard 限制值。

5) 开启磁盘配额

执行命令

```
quotaon  /web
```

为/web(实际上是对应的/dev/sdb1)开启磁盘配额。

执行命令

```
quota -uv sjh
```

为用户 sjh 设置关于分区/dev/sdb1 的磁盘配额。

以上步骤如图 7-46 所示。

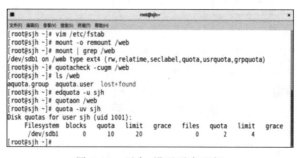

图 7-46　开启、设置磁盘配额

8. ext4 文件系统磁盘配额测试

1) 磁盘容量配额测试

(1) 执行命令

```
chmod o+w /web
```

为其他用户/组添加对/web 目录的写权限，即确保用户 sjh 对/web 目录有写权限。

(2) 执行命令

```
ll -d /web
```

查看/web 目录的访问权限，发现其他用户/组已拥有对/web 目录的写权限。

(3) 执行命令

```
su sjh
```

切换到用户 sjh。因为磁盘配额对于 root 用户是无效的。

（4）执行命令

```
cd  /web
```

进入/web 目录。

（5）执行命令

```
dd if=/dev/zero of=testfile bs=1k count=11
```

创建一个 11KB 的文件 testfile，由于文件 testfile 虽超过了 10KB 的软限制，但小于 20KB 硬限制，故虽然提出"sdb1：warning，user block quota exceeded."的警告，但允许创建该文件。

（6）执行命令

```
dd if=/dev/zero of=testfile2 bs=1k count=10
```

创建一个 10KB 的文件 testfile2。此时由于"11＋10 ＝ 21KB"超过了磁盘容量的硬限制 20KB。此时系统报错"dd：写入"testfile2" 出错：超出磁盘限额"。但系统依然会创建文件 testfile2，但该文件的大小不是声明的 10KB，而是 8KB(8192B)。

（7）执行命令

```
ll
```

发现用户 sjh 在/web 目录下创建了 2 个文件：11KB(11264B)的文件 testfile、8KB(8192B) 的文件 testfile2。

以上步骤如图 7-47 所示。

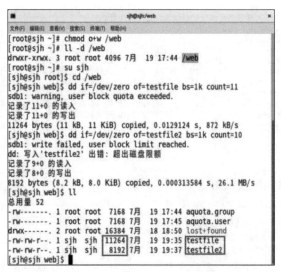

图 7-47　ext4 文件系统磁盘容量配额测试

2）磁盘文件数配额测试

（1）执行命令

```
touch testfile3
```

此时用户 sjh 创建了 3 个文件,超过了文件数为 2 的软限制,但未超过 4 个文件数的硬限制,故系统此时虽然提出"sdb1:warning, user file quota exceeded."的警告,但依然会创建 testfile3。

（2）执行命令

```
touch testfile4
```

继续创建文件 testfile4。因为用户 sjh 已经创建了 testfile、testfile2 和 testfile3 这 3 个文件,如再创建 testfile4,则达到但未超过文件数的硬限制 4,因此允许创建。

（3）执行命令

```
touch testfile5
```

如再创建 testfile5,则超过文件数的硬限制 4,因此不允许创建。系统报错"sdb1:write failed, user file limit reached."

（4）执行命令

```
ll
```

发现用户 sjh 在/web 目录下共创建了 testfile~testfile4 这 4 个文件。

以上步骤如图 7-48 所示。

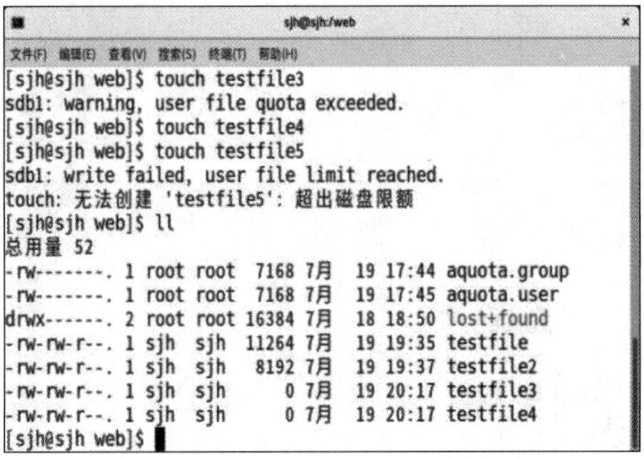

图 7-48　ext4 文件系统文件数配额测试

9. xfs 文件系统磁盘配额配置举例

（1）修改/etc/fstab 配置文件,在代码

```
/dev/sdb2  /data  xfs  defaults 1 1
```

中的 default 后面添加"usrquota,grpquota",即添加用户和组的配额属性,修改后的代码如图 7-49 所示。

建议修改后重启系统,避免在使用 xfs_quota 设置用户的磁盘配额时,出现"xfs_quota:cannot set limits:函数未实现"的错误。

（2）重新挂载文件系统。因为 xfs 文件系统只在首次挂载时才启用 quota。因此,在修改/etc/fatab 文件后需要重新挂载文件系统。

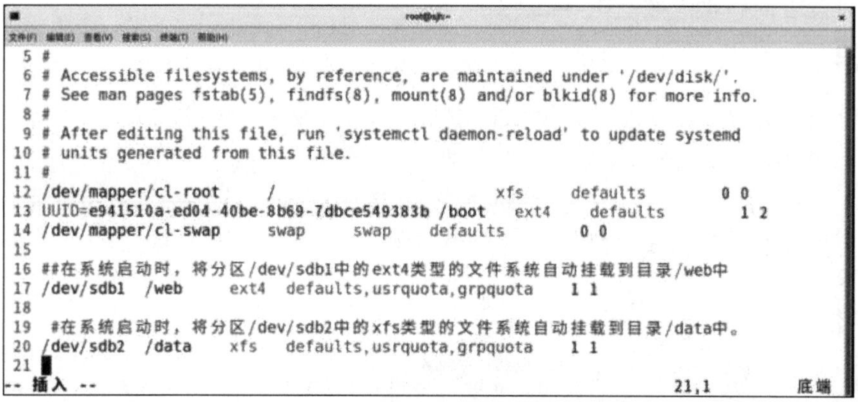

图 7-49　修改/etc/fstab 配置文件

注意：xfs 不能像上面的 ext4 那样使用 -o　remount 选项重新挂载。

（3）通过命令

```
# chmod 777 /data
```

来确保用户 sjh 和组 sjh 对目录/data 的使用权限，并使用命令

```
# ll -d /data
```

来查看/data 的使用权限。

（4）设置用户的磁盘配额命令格式。于 xfs 格式的文件系统，需要使用 xfs_quota 命令设置磁盘容量的软硬限制以及文件数量的软、硬限制等数值。

格式如下：

```
xfs_quota -x -c 'limit -u bsoft=N bhard=N isoft=N ihard=N 用户' 挂载点
```

其中参数说明如下。

① -x：表示启动专家模式。

② -c：表示直接调用管理命令，不加-c 命令会执行失败并切入 xfs_quota＞交互式工作模式。

③ bsoft＝N：磁盘容量软限制。

④ bhard＝N：磁盘容量硬限制。

⑤ isoft＝N：文件数量软限制。

⑥ ihard＝N：文件数量硬限制。

注意：如果设置的是 0，表示无限制。

（5）设置用户的磁盘配额。执行命令

```
# xfs_quota -x -c 'limit -u bsoft=50M bhard=60M isoft=3 ihard=5 sjh' /data
```

为用户 sjh 设置磁盘容量的软限制 50MB，硬限制 60MB；设置文件数软限制 3、文件数硬限制 5。

（6）设置组的磁盘配额。执行命令

```
#xfs_quota -x -c 'limit -g bsoft=70M bhard=80M isoft=20 ihard=30 sjh' /data
```

为组 sjh 设置磁盘容量的软限制 70MB，硬限制 80MB 文件数软限制 20、文件数硬限制 30。
以上步骤如图 7-50 所示。

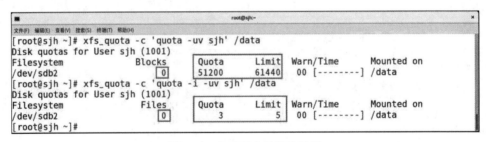

图 7-50　设置用户、组的磁盘配额

（7）查看为用户 sjh 设置的磁盘容量的软、硬限制和文件数的软、硬限制。
① 执行命令

```
#xfs_quota -c 'quota -uv sjh' /data
```

查看为用户 sjh 设置的磁盘容量的软、硬限制。
② 执行命令

```
#xfs_quota -c 'quota -uv sjh' /data
```

查看为用户 sjh 设置的文件数的软、硬限制，如图 7-51 所示。

图 7-51　查看用户的磁盘配额

（8）查看为组 sjh 设置的磁盘容量的软、硬限制和文件数的软、硬限制。
① 执行命令

```
#xfs_quota -c 'quota -gv sjh' /data
```

查看为组 sjh 设置的磁盘容量的软、硬限制。
② 执行命令

```
#xfs_quota -c 'quota -i -gv sjh' /data
```

查看为组 sjh 设置的文件数的软、硬限制，如图 7-52 所示。
（9）查看磁盘配额报告。

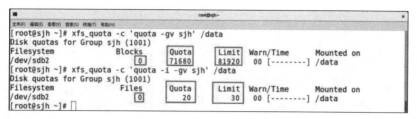

图 7-52　查看组的磁盘配额

① 执行命令

```
#xfs_quota -x -c 'report -ug' /data
```

查看用户 sjh 磁盘容量大小的磁盘限额报告。

② 执行命令

```
#xfs_quota -x -c 'report -i -ug' /data
```

查看组 sjh 的文件数的磁盘限额报告,如图 7-53 所示。

```
[root@sjh ~]# xfs_quota -x -c 'report -ug' /data
User quota on /data (/dev/sdb2)
                                Blocks
User ID           Used        Soft        Hard    Warn/Grace
----------     ---------   ---------   ---------  -----------
root                 0           0           0    00 [-------]
sjh                  0       51200       61440    00 [-------]

Group quota on /data (/dev/sdb2)
                                Blocks
Group ID          Used        Soft        Hard    Warn/Grace
----------     ---------   ---------   ---------  -----------
root                 0           0           0    00 [-------]
sjh                  0       71680       81920    00 [-------]

[root@sjh ~]# xfs_quota -x -c 'report -i -ug' /data
User quota on /data (/dev/sdb2)
                                Inodes
User ID           Used        Soft        Hard    Warn/ Grace
----------     ---------   ---------   ---------  -----------
root                 3           0           0    00 [-------]
sjh                  0           3           5    00 [-------]

Group quota on /data (/dev/sdb2)
                                Inodes
Group ID          Used        Soft        Hard    Warn/ Grace
----------     ---------   ---------   ---------  -----------
root                 3           0           0    00 [-------]
sjh                  0          20          30    00 [-------]

[root@sjh ~]#
```

图 7-53　查看磁盘配额报告

10. xfs 文件系统的磁盘配额测试

1) 磁盘容量配额测试

(1) 切换到用户 sjh,由于磁盘配额对 root 用户无效,因此需要从 root 用户切换到 sjh

用户。执行命令

```
#su  sjh
```

可切换到用户 sjh。

（2）执行命令

```
#cd /data
```

切换到/data 目录。

（3）执行命令

```
#dd if=/dev/zero of=t1 bs=1M count=51
```

创建大小为 51MB 的测试文件 t1。由于磁盘容量的软限制为 50MB，硬限制为 60MB，而 50＜51＜60MB，所以可以创建文件 t1。

（4）使用命令

```
#dd if=/dev/zero of=t2 bs=1M count=10
```

创建一个大小为 10MB 的文件 t2。由于 $51+10 = 61 > 60MB$ 的硬限制，所以此时虽然可以创建文件 t2，但文件 t2 的大小不可能是要求的 10MB，而只能是 9MB。

（5）查看目录/data。使用命令

```
#ls -lh
```

查看当前目录/data 下的内容及文件大小。发现创建了两个文件：51MB 的文件 t1 和 9MB 的文件 t2，两个文件大小总和为 60MB，不超过 60MB 的磁盘容量的硬限制。

以上步骤如图 7-54 所示。

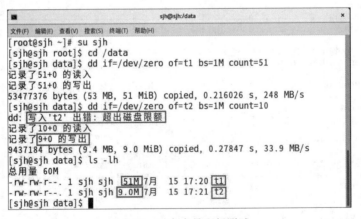

图 7-54　磁盘容量配额测试

2）对用户 sjh 做磁盘文件数配额测试

（1）执行命令

```
touch t3 t4
```

系统报错。错误的原因是，由前面的设置可知文件数的软限制 soft = 3，硬限制 hard = 5。

由于上面的 t1 和 t2 已经占用了所有的磁盘容量的限额 60M。所以此时执行命令

```
touch t3 t4
```

准备创建两个新文件 t3 和 t4。此时虽然总文件数为 4,不超过文件数的硬限制 5,但由于磁盘容量已耗尽,故无法创建这两个新文件 t3 和 t4。

（2）执行命令

```
rm -f y t2
```

删除文件 t2,此时只剩下一个文件 t1,使用命令

```
#ls -lh
```

可查看当前目录 data/下的内容及文件大小。

（3）使用命令

```
touch t2 t3 t4
```

创建文件 t2、t3、t4。此时共有 4 个文件,超过了文件数的软限制 3,但小于文件数的硬限制 5,因此,可以创建这 3 个新文件。

（4）然后再使用命令

```
#touch t5 t6
```

创建两个文件 t5 和 t6。由于文件个数的硬限制是 5,且已经有了 t1、t2、t3 和 t4 这 4 个文件,故此时最多只能再创建一个文件 t5,不能再创建 t6 了。

（5）最后再次使用命令

```
#ls -lh
```

可查看当前目录/data 下的内容及文件大小。

上述步骤如图 7-55 所示。

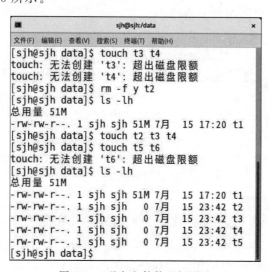

图 7-55　磁盘文件数配额测试

综合实践 7

本章的综合实践具体内容如下。

1. 在 Linux 系统中增加一块 SCSI 硬盘，重新启动计算机。

2. 在终端窗口中，将该硬盘分为 3 个主分区(每个主分区的大小为 1GB)，1 个扩展分区(大小为 10GB)，将扩展分区划出两个逻辑分区(每个逻辑分区的大小为 1GB)。

3. 将 3 个主分区格式化为 ext4 文件系统格式。

4. 将第二个逻辑分区格式化为 xfs 文件系统格式。

5. 将第一个主分区挂载在/usr/music 下面。

6. 将第二个主分区挂载在/tmp/sdb2 下面。

7. 将光驱挂载到/cdrom 下面。

8. 查看系统中已经挂载的分区情况。

9. 将第一个逻辑分区制作成 swap 分区，增加系统的虚拟内存，查看虚拟内存的变化，然后删除该虚拟内存。

10. 卸载刚才挂载的 3 个分区。

11. 将刚才添加的 SCSI 硬盘删除。

单元测验 7

一、单选题

1. 检查硬盘分区中的文件系统是否正确的命令是(　　)。

    A. mount   B. mkfs   C. fsck   D. fdisk

2. 下面选项中，(　　)是逻辑分区。

    A. /dev/sda1   B. /dev/sda2   C. /dev/sda3   D. /dev/sda6

3. 可以用来为硬盘分区的命令是(　　)。

    A. mount   B. fdisk   C. fsck   D. mkfs

4. 下面选项中，(　　)不是硬盘分区的正确方法。

    A. 1 个主分区＋1 个扩展分区   B. 3 个主分区＋1 个扩展分区

    C. 2 个主分区＋1 个扩展分区   D. 4 个主分区＋1 个扩展分区

5. 下列选项中，存储着 Linux 操作系统开机时自动挂载的磁盘分区信息的是(　　)。

    A. /etc/fstab   B. /etc/passwd   C. /etc/group   D. /etc/inittab

6. 将一个 Linux swap/Solaris 类型的分区制作成 swap 分区的命令是(　　)。

    A. mkfs   B. mkswap   C. swapon   D. swapoff

7. 关闭磁盘配额功能的命令是(　　)。

    A. quota   B. quotaon   C. quotaoff   D. quotawarn

8. 在 Linux 系统中第三块 SCSI 类型的硬盘上，划分了一个主分区，一个扩展分区，在扩展分区中划分了 3 个逻辑分区，第二个逻辑分区的名称是(　　)。

    A. /dev/sdc5   B. /dev/sda6   C. /dev/sdb6   D. /dev/sdc6

9.下面能扫描文件系统,生成 quota 日志文件 aquota.user 和 aquota.group 的命令是（   ）。

    A. warnquota   B. quota   C. quotacheck   D. quotaoff

10. Linux 系统中的 quota 功能对磁盘容量设置了几个限制参数,下面参数（   ）是用来限制时间的。

    A. grace time   B. hard limit   C. inode   D. soft limit

二、判断题

1.挂载硬盘分区的命令是 umount,卸载磁盘分区的命令是 mount。   （   ）

2.修改完/etc/fstab 文件后务必使用 mount -a 命令测试该文件有没有错误。（   ）

3.通过将硬盘中某一个可用分区的类型转换为 Linux swap/ Solaris 分区,然后制作成 swap 交换分区,就可以增加 Linux 系统内的虚拟内存。   （   ）

4.磁盘配额是系统管理员用来监控和限制用户或组对磁盘空间的使用情况的工具。

    （   ）

5.磁盘配额可以保证所有用户都拥有自己独立的文件系统空间,确保用户使用系统空间的公平性和安全性。   （   ）

三、简答题

1.列举出将一块磁盘进行分区的 4 种方案。

2.简述如何使用一块新硬盘的空间。

3.使用磁盘配额的好处有哪些?

4.配置磁盘配额时需要满足的前提条件有哪些?

5.简述磁盘配额的配置步骤。

项目 8　Shell 编程入门

【本章学习目标】

(1) 了解使用 Shell 编程的过程。

(2) 了解 Shell 的变量定义、输入输出方法。

(3) 掌握 Shell 进行条件测试的方法。

(4) 掌握 Shell 程序中流程控制的语句。

(5) 掌握函数定义和参数处理方法。

(6) 掌握 Shell 程序的调试方法。

在 Linux 中,Shell 不但能与用户进行逐个命令交互执行,也可以通过脚本语言进行编程。通过对 Shell 进行编程,可使大量任务自动化,对于系统管理、系统维护方面特别有用。本章将介绍 Shell 编程的入门知识,主要包括使用 Shell 编程的过程、Shell 的变量定义、输入输出方法、条件测试、流程控制、函数定义、参数处理和程序调试等。

8.1　创建 Shell 程序

与 MS-DOS 系统中的批处理文件类似,Linux 中的脚本(也即 Shell 程序)是一个文本文件,包含各类 Linux 的 Shell 命令。通过脚本文件将这些命令汇集在一起,可连续执行 Shell 命令。

8.1.1　编写 Shell 脚本程序

在 Linux 下编写 Shell 脚本程序之前,先来看一个 Windows 下的批处理文件,以有助于理解 Shell 脚本文件。该文件的名称为清除系统垃圾.bat,使用 Windows 记事本编写,其主要内容如下:

```
@ echo off
echo 正在清除系统垃圾文件,请稍等……
del /f /s /q %systemdrive%\*.tmp
del /f /s /q %systemdrive%\*._mp
del /f /s /q %systemdrive%\*.log
del /f /s /q %systemdrive%\*.gid
del /f /s /q %systemdrive%\*.chk
del /f /s /q %systemdrive%\*.old
del /f /s /q %systemdrive%\recycled\*.*
del /f /s /q %windir%\*.bak
del /f /s /q %windir%\prefetch\*.*
rd /s /q %windir%\temp & md %windir%\temp
del /f /q %userprofile%\cookies\*.*
```

```
del /f /q %userprofile%\recent\*.*
del /f /s /q "%userprofile%\Local Settings\Temporary Internet Files\*.*"
del /f /s /q "%userprofile%\Local Settings\Temp\*.*"
del /f /s /q "%userprofile%\recent\*.*"
echo 清除系统垃圾完成!
echo. & pause
```

编写完成并保存文件后,双击该文件,执行效果如图 8-1 所示,文件执行结束如图 8-2 所示,此时,按任意键将退出该程序。

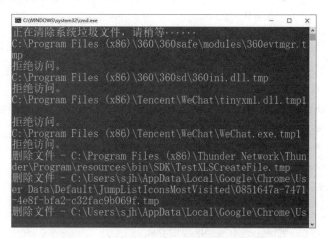

图 8-1　清除系统垃圾.bat 开始执行界面

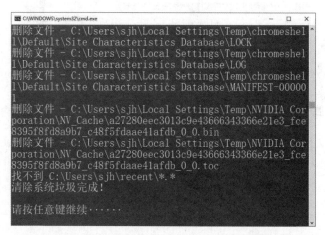

图 8-2　清除系统垃圾.bat 执行结束界面

下面以编写一个最简单的"Hello World!"程序为例,来说明 Shell 脚本程序的编写过程。具体步骤如下。

(1) 创建一个用于保存脚本文件的目录,可以使用命令 mkdir /usr/program。

(2) 进入/usr/program 目录并新建一个文本文件 first。先使用命令 cd /usr/program 进入该目录,然后可以使用命令

```
touch first
```

新建 first 文本文件。

（3）打开 first 文件，编辑内容，使其成为一个脚本文件。可以使用命令

```
vim  first
```

打开文件，然后在 first 文件中输入下面 3 行内容，注意输入时请去掉每行前面的数字和冒号，此处便于讲解，所以加上序号。

```
1: #! /bin/bash
2: var="Hello World!"
3: echo $var
```

在 first 文件中，第 1 行告诉系统，该文件后面的代码将用/bin/bash 来执行。这是一般 Shell 程序第 1 行中必须包含的内容。第 2 行为变量 var 定义了一个字符串值。第 3 行将变量 var 的值显示输出到终端。

输入完毕后保存文件，分别使用 cat 和 cat -n 打开 first 文件，其步骤和内容如图 8-3 所示。

图 8-3　编写 first 脚本程序

8.1.2　为 Shell 脚本程序设置可执行权限

创建好 first 文件后，使用 ll 命令可以看到文件的所有者对该文件只有读和写的权限，而同组用户和其他人只有读的权限，任何人都没有执行权限。

执行

```
chmod u+x /usr/program/first
```

为脚本文件设置所有者的执行权限。当然，也可以执行

```
chmod a+x /usr/program/first
```

设置所有用户都可以运行该脚本程序，如图 8-4 所示。

注意：与 DOS 或 Windows 中的批处理程序不同，Linux 中的脚本文件不是按扩展名来识别，而是通过为文件添加可执行权限来允许其执行，用户可以为脚本文件设置任意扩展名，为了方便其他用户识别脚本文件的类型，后续的所有脚本文件均以.sh 为扩展名。

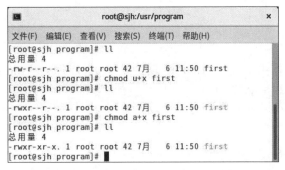

图 8-4　为 first 脚本程序设置可执行权限

8.1.3　执行 Shell 脚本程序

执行 Shell 脚本程序有以下两种方法。

（1）使用 Shell 执行。如输入命令

```
bash /usr/program/first
```

使用这种方法时，不需要设置脚本程序的可执行权限，也即可以跳过 8.1.2 节中的内容。

（2）直接执行。如输入命令

```
/usr/program/first
```

使用这种方法时，需首先设置该文件的执行权限。如果执行当前目录下的脚本文件，通常也应该使用一个点表示当前目录，如执行当前目录下的脚本文件 first，可使用命令

```
./first
```

执行 first 程序的结果如图 8-5 所示。

图 8-5　执行 first 脚本程序

想一想　此时，如果直接输入 first，为什么会报错说未找到命令？

8.2　Shell 的语法介绍

Shell 作为一种脚本编程语言，虽然没有高级语言的功能强大，但是也有自己独特的语法。本节从使用变量、输入输出命令、条件测试、流程控制语句、函数和处理参数等几方面对

Shell 的语法进行介绍。

8.2.1 使用变量

在 Shell 程序中,提供了说明和使用变量的功能。与高级编程语言不同,在 Shell 程序中所有变量保存的值都是字符串。

在 Linux 的 Shell 中,可以使用以下几种变量。

1. 环境变量

环境变量是指与 Shell 执行的环境相关的一些变量。Shell 环境变量在 Shell 启动时就已定义好,如 PATH,HOME,MAIL 等,这些变量用户还可以重新定义。可使用 set 命令查看系统中各环境变量的值。使用 echo 命令可以查看单个环境变量的值,如:

echo $PATH

使用 printenv 查看所有环境变量。

2. 用户自定义变量

用户自定义变量的格式如下:

变量名=变量值

注意:变量名前不需加"$",等号两边不能有空格,但是引用该变量时仍需在变量名前加上"$"。另外,由一个用户定义的变量必须使用 export 导出该变量后,其他用户才能使用。在图 8-6 中,root 账户定义了两个变量:name 和 sum,并导出了 sum 变量。如果切换账户为 sjh 的同时加上"-",把环境变量也一起切换,那么 sjh 将认不到 name 和 sum 这两个由 root 定义的变量。如果只是切换账户为 sjh,并不切换环境变量,sjh 账户将能认到由 root 账户定义并导出后的 sum 变量。

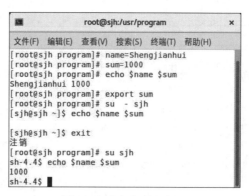

图 8-6　用户自定义变量

想一想　root 账户退出终端后再重新登录,name 和 sum 是否还存在?为什么?

3. 预定义变量(系统变量)

预定义变量也称系统变量,是那些用户不能修改,只能引用的变量。所有的预定义变量都是由"$"与另一个符号组成的,常用的 Shell 预定义变量及说明如表 8-1 所示。

表 8-1　Shell 预定义变量及说明

预定义变量	说　明
$#	传递到脚本或函数的参数数量
$*	传递到脚本或函数的全部参数
$?	前一个命令执行情况,返回 0 表示成功,其他值表示失败
$$	当前正在运行的进程的 ID(PID)
$!	后台运行的最后一个进程的 ID(PID)
$0	当前脚本的名称

4. 位置变量

位置变量是指在执行脚本程序时,传入到脚本程序中对应脚本位置的变量,如 $1 表示第一个位置上的变量,$2 表示第二个位置上的变量。

5.标准变量

标准变量也是环境变量,在 bash 环境建立时生成,可使用 printenv 命令查看。

为了便于同学们理解上述变量的用法,下面举一个例子。该实例预定义脚本名称为 variable.sh,程序的具体内容如图 8-7 所示,执行后的结果如图 8-8 所示。

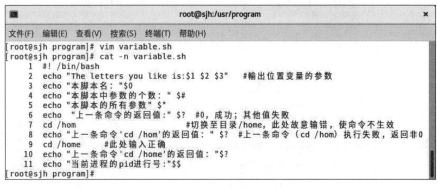

图 8-7　variable.sh 脚本程序内容

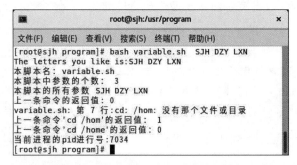

图 8-8　variable.sh 脚本程序执行结果

8.2.2　输入输出命令

在 Shell 脚本程序中,用于输出的命令是 echo,用于输入的命令是 read。

下面以 contact.sh 脚本程序为例进行说明,该程序提示用户输入姓名和电话号码,然后将用户输入的姓名和电话号码显示在终端上,最后将用户输入的信息保存到 contact.txt 文件中。程序的具体内容如图 8-9 所示,执行后的结果如图 8-10 所示。

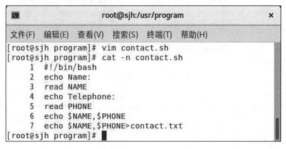

图 8-9　contact.sh 脚本程序内容

图 8-10　contact.sh 脚本程序运行结果

想一想　如果要让每次运行 contact.sh 程序时输入的姓名和电话号码都保存在 contact.txt 文件中,而不是覆盖掉原来输入的信息,需要如何修改 contact.sh 程序?

8.2.3　条件测试

在 Shell 脚本语言中,支持对前一条命令执行的状态、文件状态、数据值、字符串和逻辑运算的结果等进行测试,下面一一进行介绍。

1. 测试命令执行结果

执行任何 Linux 命令都可能存在正确或错误这两种状态。若前一条命令正确执行,则返回状态值为 0,返回值为任何非 0 值都表示执行命令出错。

使用预定义变量"$?"可返回命令执行后的状态,在程序中可根据预定义变量"$?"的值来判断前一条命令的执行是否正确,"$?"的使用方法可参见 8.2.1 节中的 varabile.sh 脚本程序。

2. 测试文件状态

要测试一个文件的状态,可以使用的格式如下:

[测试表达式]

注意："[]"与测试表达式之间必须有一个空格来分隔。

测试文件状态可使用的参数及说明如表 8-2 所示。

表 8-2　测试文件状态可使用的参数及说明

测试文件状态可用的参数	说　　明
-e 文件名	若文件存在,返回真
-r 文件名	若文件可读,返回真
-w 文件名	若文件可写,返回真
-x 文件名	若文件可执行,返回真
-s 文件名	若文件类型为套接字文件,返回真
-d 文件名	若文件类型为目录文件,返回真
-f 文件名	若文件类型为普通文件,返回真
-c 文件名	若文件类型为字符设备文件,返回真
-b 文件名	若文件类型为块设备文件,返回真
-s 文件名	若文件类型为套接字文件,返回真
-p 文件名	若文件类型为命令管道文件,返回真
-l 文件名	若文件类型为符号链接文件,返回真

测试一个文件是否是一个目录,可以使用如图 8-11 所示的 isdir.sh 脚本程序,程序执行结果如图 8-12 所示,测试结果表明 dir1 文件是一个目录,first 文件不是目录。

图 8-11　isdir.sh 脚本程序内容　　　　图 8-12　isdir.sh 脚本程序运行结果

3. 测试数据值

要比较两个数据值的大小,可以使用的格式如下:

[测试表达式]

注意："[]"与测试表达式之间必须有一个空格来分隔。

测试数据值大小可使用的参数及说明如表 8-3 所示。

表 8-3　测试数据值大小可使用的参数及说明

测试数据值大小可用的参数	说　　明
number1 -eq number2	若 number1 等于 number2，返回真
number1 -ne number2	若 number1 不等于 number2，返回真
number1 -lt number2	若 number1 小于 number2，返回真
number1 -le number2	若 number1 小于或等于 number2，返回真
number1 -gt number2	若 number1 大于 number2，返回真
number1 -ge number2	若 number1 大于或等于 number2，返回真

测试两个数据值的大小，可以使用如图 8-13 所示的 compare_number.sh 脚本程序，程序执行结果如图 8-14 所示。

```
[root@sjh program]# vim compare_number.sh
[root@sjh program]# cat -n compare_number.sh
     1  #! /bin/bash
     2  number1=5
     3  number2=10
     4  number3=5
     5  if [ $number1 -eq $number3 ];
     6  then
     7      echo "number1 is equal to number3"
     8  else
     9      echo "number1 is not equal to number3"
    10  fi
    11
    12  if [ $number1 -ne $number2 ];
    13  then
    14      echo "number1 is not equal to number2"
    15  else
    16      echo "number1 is equal to number2"
    17  fi
    18
    19  if [ $number1 -ge $number3 ];
    20  then
    21      echo "number1 is greater than or equal to number3"
    22  else
    23      echo "number1 is not greater than or equal to number3"
    24  fi
[root@sjh program]#
```

图 8-13　compare_number.sh 脚本程序内容

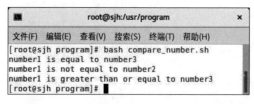

```
[root@sjh program]# bash compare_number.sh
number1 is equal to number3
number1 is not equal to number2
number1 is greater than or equal to number3
[root@sjh program]#
```

图 8-14　compare_number.sh 脚本程序执行结果

4. 测试字符串

要比较两个字符串是否相等或者判断某个字符串是否为空，可以使用的格式如下：

[测试表达式]

注意:"[]"与测试表达式之间必须有一个空格来分隔。

字符串测试表达式及说明如表 8-4 所示。

表 8-4 字符串测试表达式及说明

字符串测试表达式	说　明
string1 = string2	若 string1 等于 string2,返回真
string1 != string2	若 string1 不等于 string2,返回真
-z string1	若 string1 的长度为 0,返回真
-n string1	若 string1 的长度不为 0,返回真
string1	若 string1 非空,返回真

在如图 8-15 所示的 compare_string.sh 脚本程序中,比较 string1 和 string2 是否相等,string1 是否非空,string2 的长度是否不为 0,程序执行结果如图 8-16 所示。

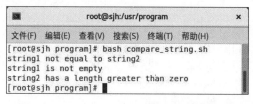

图 8-15 compare_string.sh 脚本程序内容

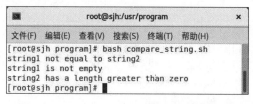

图 8-16 compare_string.sh 脚本程序执行结果

5. 逻辑操作符

逻辑操作符有!(非),-a(与),-o(或)3 个。其使用方法和意义如表 8-5 所示。

表 8-5　逻辑操作符及说明

逻辑操作符	说　　明
! 条件表达式	对条件表达式的值取反
条件表达式 1 -a 条件表达式 2	若条件表达式 1 和条件表达式 2 均为真,结果返回真
条件表达式 1 -o 条件表达式 2	若条件表达式 1 或者条件表达式 2 为真,结果返回真

逻辑与和逻辑或的使用如图 8-17 所示。在如图 8-17 所示的 andor.sh 脚本程序中,先判断输入的是否既不是"YES"也不是"yes",否则判断输入的是否是"YES"或者"yes",程序执行结果如图 8-18 所示。

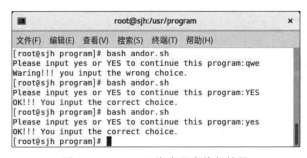

图 8-17　andor.sh 脚本程序内容

图 8-18　andor.sh 脚本程序执行结果

8.2.4　流程控制语句

除了顺序执行每条命令的顺序结构为,Shell 脚本程序还可以使用 if 和 case 语句实现分支结构,使用 for、while 和 until 语句实现循环结构。

1. if 条件语句

if 语句的格式如图 8-19 所示,由关键字 if、then、else、elif 和 fi 等组成。如果条件命令测试串的结果为真,则执行 then 后的命令,如果为假,则执行 else 后的命令。当然在 if 命令中还可以使用 elif 进行嵌套。

if 语句的举例如图 8-20 所示,程序中判断用户输入的是"Y"、是"N"还是其他的任何字符,然后分别给用户以不同的提示。

```
if    条件测试命令串
then
    条件为真时执行的命令
else
    条件为假时执行的命令
fi
```

图 8-19   if 语句格式

```
                        root@sjh:/usr/program                    ×
文件(F)  编辑(E)  查看(V)  搜索(S)  终端(T)  帮助(H)
[root@sjh program]# vim if.sh
[root@sjh program]# cat -n if.sh
     1  #! /bin/bash
     2  ######################if语句示例##############
     3  echo "请输入var的值(Y或者N): "
     4  read var
     5  if [ $var = "Y" ]
     6   then
     7       echo "Value is Y"
     8  elif [ $var = "N" ]
     9   then
    10       echo "Value is N"
    11  else
    12       echo "Invalid value"
    13  fi
[root@sjh program]# bash if.sh
请输入var的值(Y或者N):
Y
Value is Y
[root@sjh program]# bash if.sh
请输入var的值(Y或者N):
n
Invalid value
[root@sjh program]#
```

图 8-20   if 语句举例

2. case 条件语句

case 语句的格式如图 8-21 所示,由关键字 case、in、esac 等组成,如果条件测试命令串的结果满足表达式 1 就执行分支 1 中的命令,如果条件测试命令串的结果满足表达式 2 就执行分支 2 中的命令,以此类推,如果不满足任何表达式,则执行其他命令。

```
case     条件测试命令串     in
表达式1)
  分支1执行的命令
  ;;
表达式2)
  分支2执行的命令
  ;;
  … …
*)
  其他命令
esac
```

图 8-21   case 语句格式

case 语句的举例如图 8-22 所示,程序中判断用户输入的第一个参数是否是 1～12 的月份值,如果是则打印出相对应的月份,如果不是则提示无效的参数。

```
root@sjh:/usr/program                          ×
文件(F)  编辑(E)  查看(V)  搜索(S)  终端(T)  帮助(H)
[root@sjh program]# vim case.sh
[root@sjh program]# cat -n case.sh
     1  #! /bin/bash
     2  case $1 in
     3          01|1)   echo "Month is January" ;;
     4          02|2)   echo "Month is February" ;;
     5          03|3)   echo "Month is March" ;;
     6          04|4)   echo "Month is April" ;;
     7          05|5)   echo "Month is May" ;;
     8          06|6)   echo "Month is June" ;;
     9          07|7)   echo "Month is July" ;;
    10          08|8)   echo "Month is August" ;;
    11          09|9)   echo "Month is September" ;;
    12          10)     echo "Month is October" ;;
    13          11)       echo "Month is November" ;;
    14          12)       echo "Month is December" ;;
    15          *)         echo "Invalid Parameter " ;;
    16  esac
[root@sjh program]# bash case.sh
Invalid Parameter
[root@sjh program]# bash case.sh  5
Month is May
[root@sjh program]# bash case.sh  14
Invalid Parameter
[root@sjh program]# bash case.sh  11
Month is November
[root@sjh program]#
```

图 8-22   case 语句举例

3. for 循环语句

for 循环语句的格式如图 8-23 所示,由关键字 for、do、done 等组成,如果 for 后的条件为真,则执行 do 和 done 之间的循环体,如果为假则退出循环。当然,for 语句也可以嵌套用来实现多重循环。

```
for    变量名
    [in  数值列表]
do
    循环执行的命令串
done
```

图 8-23   for 语句格式

for 语句的举例一如图 8-24 所示,该程序将执行 ls 命令后所显示的内容重新遍历一遍,将每一项遍历的内容分行输出在屏幕上,此处需要注意 ls 命令使用反撇""而不是单引号"'"括起来,使用反撇将一个命令括起来代表要执行其中的命令。

for 语句的举例二如图 8-25 所示,该程序将当前目录中的所有文件全部复制到其父目录下的 backup 目录中,如果复制某个文件时失败将会报错。此处需要注意的是 backup 目录需要事先创建好。

4. while 循环语句

while 循环语句的格式如图 8-26 所示,由关键字 while、do、done 等组成,如果 while 后的循环条件为真,则执行 do 和 done 之间的循环体,直到循环条件为假时退出循环。

图 8-24　for 语句举例一

图 8-25　for 语句举例二

图 8-26　while 语句格式

while 语句的举例如图 8-27 所示，该程序中 var 初值为 1，当 var 小于或等于 9 时执行循环体，共执行 9 遍。

图 8-27　while 语句举例

5. until 循环语句

until 循环语句的格式如图 8-28 所示，由关键字 until、do、done 等组成，如果 until 后的循环条件为真,则退出循环。

until 语句的举例如图 8-29 所示,该程序中 var 初值为 1,当 var 大于 9 时退出循环,共执行 9 遍,程序执行结果和 while 语句举例的结果完全相同。

图 8-28　until 语句格式

图 8-29　until 语句举例

8.2.5　函数

在 Shell 脚本语言中,用户可以自己定义函数,以便于后期调用。函数的格式如图 8-30 所示,由函数名和函数体组成,函数体使用"{ }"将命令串括起来。调用函数时可以不带任何参数,也可以带上参数,函数参数将在 8.2.6 节中介绍。

图 8-30　函数的格式

函数举例的内容如图 8-31 所示,主程序中先定义了函数 power(),然后在主程序的最后一行,通过调用该函数来输出 1~9 的平方值,本例中调用函数时并不需要参数。

8.2.6　处理参数

在 Shell 脚本语言中,无论是执行主程序还是调用函数时,都可以带上参数,参数分为位置参数和函数参数。

1. 位置参数

当在命令行中执行 Shell 主程序时,除了输入 Shell 程序名之外,还可以在后面跟上多个参数,这些参数与在命令行中的位置有关,因此称为位置参数。各位置参数之间用空格分隔,用 \$1 表示第 1 个参数,\$2 表示第 2 个参数,以此类推。而 \$0 是一个特殊的变量,其

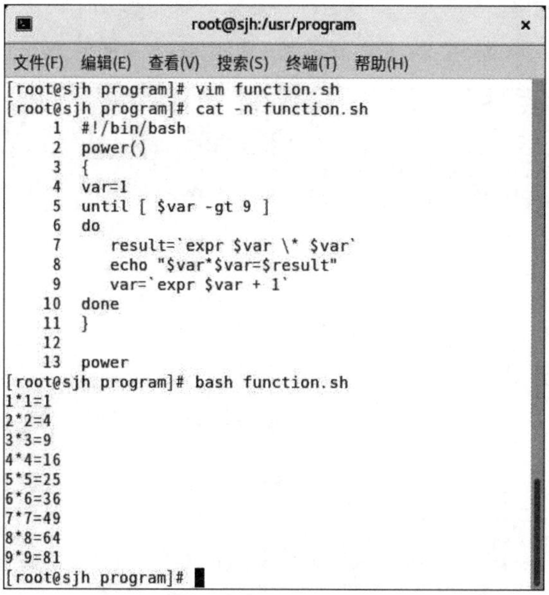

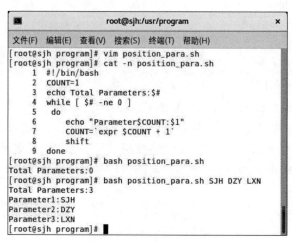

图 8-31　函数举例

内容是当前 Shell 程序的文件名。

位置参数举例如图 8-32 所示,当执行脚本程序 position_para.sh 时,如果在程序名称后面没有输入参数,$♯ 的值为 0,不进入循环。如果在程序名称后面输入了参数,$♯ 的值不为 0,进入循环体,将每一个参数的值显示出来。此处需要注意命令 shift 的作用,它每执行一次,就将位置参数中的第一个参数删除,所以 $♯ 就减去 1,$1 也按顺序依次变成紧跟着的第一个参数。

图 8-32　位置参数举例

2. 函数参数

向函数传递参数与向一般脚本传递参数一样,应使用预定义变量 $1～$9 来传递。函数取得所传参数后,将原始参数传回 Shell 脚本。

函数参数举例如图 8-33 所示，如果用户输入了数字参数，则主程序调用函数 sum 后，把这些函数参数的值相加求和，然后输出总和，如果用户没有输入任何参数，则总和为 0。

```
root@sjh:/usr/program                                    ×
文件(F)  编辑(E)  查看(V)  搜索(S)  终端(T)  帮助(H)
[root@sjh program]# vim functon_para.sh
[root@sjh program]# cat -n functon_para.sh
     1  #!/bin/bash
     2  sum()
     3  {
     4  TOTAL=0
     5  while [ $# -ne 0 ]
     6  do
     7      TOTAL=`expr $TOTAL + $1`
     8    shift
     9  done
    10  echo "SUM=$TOTAL"
    11  }
    12  echo "Please Input Some Numbers:"
    13  read NUM
    14  sum $NUM
[root@sjh program]# bash functon_para.sh
Please Input Some Numbers:
12 34 56 78
SUM=180
[root@sjh program]# bash functon_para.sh
Please Input Some Numbers:

SUM=0
[root@sjh program]#
```

图 8-33　函数参数举例

8.3　调试 Shell 程序

在 Shell 脚本程序的编写过程中难免会出现这样或那样的错误，错误是在所难免的，主要是要学会快速查找和改正错误。本节介绍的是 Shell 脚本编写过程中的一般错误和程序的调试与跟踪方法。

8.3.1　一般错误

在编写 Shell 脚本程序的过程中，经常会出现的一般性错误大致可以归纳为以下 3 种。

（1）输入错误。例如输入了错误的关键字、成对的符号漏掉一半等。

（2）字符大小写。在 Linux 中，对大小写字符是严格区分的，输入时需要注意。所有关键字都是使用小写字母来表示的，建议变量名使用大写字母组合来表示。

（3）循环错误。由于 Shell 中的循环控制语句与一般高级程序设计语言有所不同，输入结构时容易出错。

8.3.2　调试跟踪

执行 Shell 脚本程序时如果出现错误，可以使用 bash 命令的以下 3 种选项来进行程序的调试和跟踪：

（1）-n：使 Shell 不执行脚本，仅检查脚本中的语法问题。

（2）-v：使 Shell 在执行程序过程中，将读入的每一个命令行都原样输出到终端。

（3）-x：使 Shell 在执行程序过程中，把执行的每一个命令在行首用一个"＋"加上对应的命令显示在终端上,并把每一个变量和该变量的值也显示出来。使用该选项可以更方便跟踪程序的执行过程。

分别使用-n、-v 和-x 选项执行程序 contact 的效果如图 8-34 所示。

图 8-34　使用选项调试 contact 程序

8.4　Shell 程序设计实例

本节将通过 3 个 Shell 脚本程序实例来增强对 Shell 脚本程序的理解和认识。

8.4.1　增加用户账户

编写一个 Shell 程序 addaccount.sh,在系统中增加 4 个账户,同时设定它们的初始密码为 123456,主组群为 wl15。

具体步骤如下:

(1)在增加 4 个用户账户之前使用命令

```
tail -10 /etc/passwd
```

查看下系统中已经存在的用户账户列表,如图 8-35 所示。

(2)使用 vim addaccount.sh 命令新建文件,并按照图 8-36 所示输入程序内容后保存退出。

(3)输入命令

```
bash addaccount.sh
```

执行 addaccount.sh 脚本程序,如图 8-37 所示。

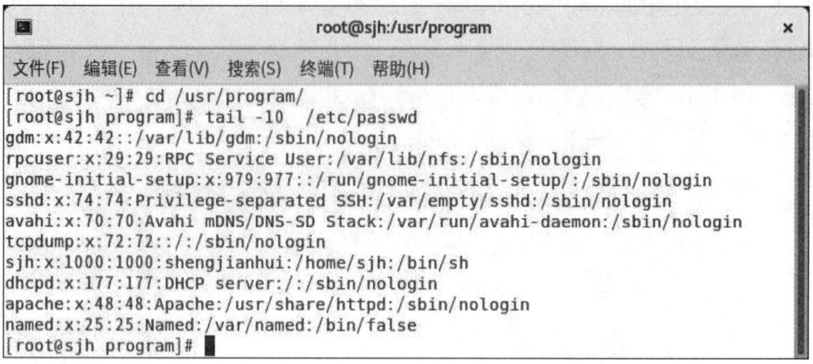

图 8-35 增加 4 个账户前系统已有用户列表

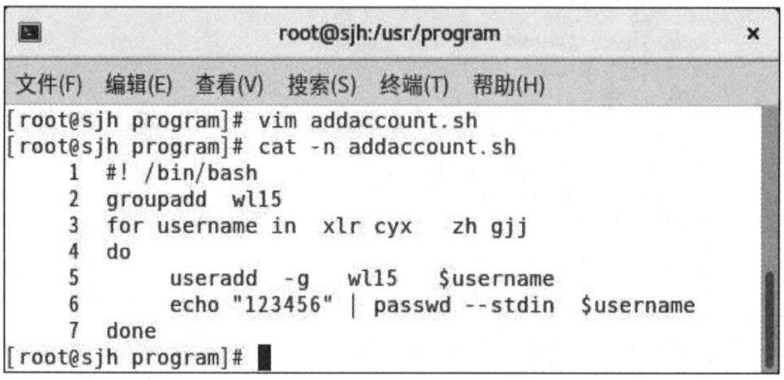

图 8-36 addaccount.sh 程序内容

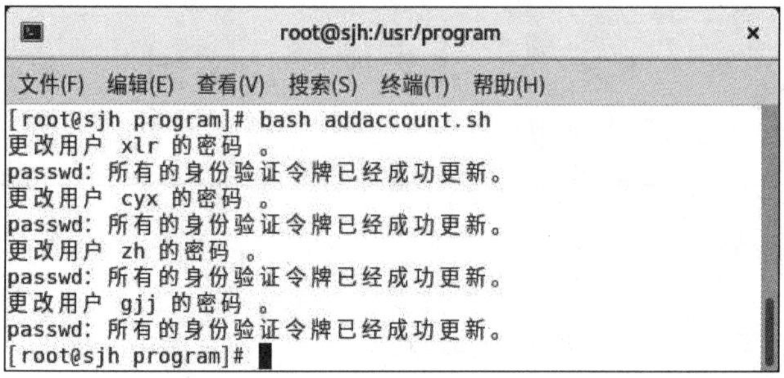

图 8-37 执行 addaccount.sh 脚本程序

（4）输入

```
tail -10 /etc/passwd
```

命令查看系统中新增加的账户信息，使用 groups xlr cyx gjj zh 命令验证新增用户所属组，如图 8-38 所示。

8.4.2 统计当前目录中子目录和文件数量

编写一个 Shell 程序 count.sh，统计当前目录中子目录以及文件的数量。具体步骤如下。

（1）使用 vim count.sh 命令新建文件并按照图 8-39 所示输入程序内容后保存退出。

```
root@sjh:/usr/program                              ×

文件(F)  编辑(E)  查看(V)  搜索(S)  终端(T)  帮助(H)
[root@sjh program]# tail -10 /etc/passwd
avahi:x:70:70:Avahi mDNS/DNS-SD Stack:/var/run/avahi-daemon:/sbin/nologin
tcpdump:x:72:72::/:/sbin/nologin
sjh:x:1000:1000:shengjianhui:/home/sjh:/bin/sh
dhcpd:x:177:177:DHCP server:/:/sbin/nologin
apache:x:48:48:Apache:/usr/share/httpd:/sbin/nologin
named:x:25:25:Named:/var/named:/bin/false
xlr:x:1001:1001::/home/xlr:/bin/bash
cyx:x:1002:1001::/home/cyx:/bin/bash
zh:x:1003:1001::/home/zh:/bin/bash
gjj:x:1004:1001::/home/gjj:/bin/bash
[root@sjh program]# groups xlr cyx gjj zh
xlr : wl15
cyx : wl15
gjj : wl15
zh : wl15
[root@sjh program]#
```

图 8-38　查看系统中增加的新用户信息

```
root@sjh:/usr/program                      ×

文件(F)  编辑(E)  查看(V)  搜索(S)  终端(T)  帮助(H)
[root@sjh program]# vim count.sh
[root@sjh program]# cat -n count.sh
     1  #!/bin/bash
     2  FNUM=0
     3  DNUM=0
     4  COUNT=0
     5  ls
     6  for filename in `ls`
     7  do
     8   if [ -d $filename ]
     9   then
    10        DNUM=`expr $DNUM + 1`
    11    else
    12         FNUM=`expr $FNUM + 1`
    13    fi
    14     COUNT=`expr $COUNT + 1`
    15  done
    16  echo Directory:$DNUM
    17  echo File:$FNUM
    18  echo Total:$COUNT
[root@sjh program]#
```

图 8-39　count.sh 程序内容

（2）使用 bash count.sh 命令执行该程序，效果如图 8-40 所示，从图可以看出，有 dir1
和 dir 2 个子目录，普通文件 26 个，子目录和文件共计 28 个。

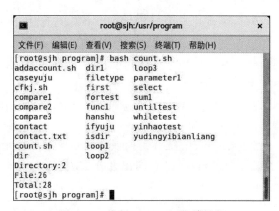

图 8-40　执行 count.sh 脚本程序

8.4.3 九九乘法表

编写一个乘法口诀脚本程序,名称为 cfkj.sh,打印出九九乘法表。具体步骤如下。

(1) 使用 vim cfkj.sh 命令新建文件并按照图 8-41 所示输入程序内容后保存退出。

```
root@sjh:/usr/program                              ×
文件(F)  编辑(E)  查看(V)  搜索(S)  终端(T)  帮助(H)
[root@sjh program]# vim cfkj.sh
[root@sjh program]# cat cfkj.sh
#!/bin/bash
for((ROW=1;ROW<10;ROW++))
do
    for((COL=1;COL<=$ROW;COL++))
        do
            echo -ne "$ROW*$COL="`expr $ROW \* $COL`"   "
        done

        echo
done
[root@sjh program]#
```

图 8-41 cfkj.sh 程序内容

(2) 使用 bash cfkj.sh 命令执行该程序,效果如图 8-42 所示。

```
root@sjh:~/桌面/program                        _  □  ×
文件(F)  编辑(E)  查看(V)  搜索(S)  终端(T)  帮助(H)
[root@sjh program]# bash cfkj.sh
1*1=1
2*1=2   2*2=4
3*1=3   3*2=6   3*3=9
4*1=4   4*2=8   4*3=12  4*4=16
5*1=5   5*2=10  5*3=15  5*4=20  5*5=25
6*1=6   6*2=12  6*3=18  6*4=24  6*5=30  6*6=36
7*1=7   7*2=14  7*3=21  7*4=28  7*5=35  7*6=42  7*7=49
8*1=8   8*2=16  8*3=24  8*4=32  8*5=40  8*6=48  8*7=56  8*8=64
9*1=9   9*2=18  9*3=27  9*4=36  9*5=45  9*6=54  9*7=63  9*8=72  9*9=81
[root@sjh program]#
```

图 8-42 执行 cfkj.sh 脚本程序

综合实践 8

本章的综合实践具体内容如下。

(1) 编写一个存储联系人姓名和电话号码的 contact.sh 程序,要求每次运行程序时输入的联系人信息都保存在 contact.txt 文件中,永不丢失。

(2) 编写一个 Shell 程序 addaccount.sh,在系统中增加 4 个账户,同时设定它们的初始密码为 123456,主组群为 dashuju19。

(3) 编写一个 Shell 程序 delaccount.sh,将上面题目中新建的 4 个账户逐一删除(包括家目录和邮箱),然后删除主组群 dashuju19。

(4) 编写一个 Shell 程序 count.sh,统计当前或指定目录中子目录以及文件的数量。

(5) 使用 Shell 脚本编写程序 cfkj.sh,打印出九九乘法表。

单元测验 8

一、单选题

1. 查看 Linux 系统中环境变量 SHELL 的值,使用的命令是( )。
   A. echo SHELL   B. echo $SHELL   C. echo $shell   D. echo shell

2. Linux 中的脚本(Shell 程序)是一个文本文件,其中含有各类 Linux 的 Shell 命令。Linux 中的脚本文件和 Windows 中的( )文件类似。
   A. .exe   B. .bat   C. .cmd   D. .txt

3. 下面选项中,( )不是 Shell 中的环境变量。
   A. PATH   B. SHELL   C. HOME   D. $?

4. 下面表达式中,( )可以测试文件 sjh.txt 是否存在。
   A. [-e sjh.txt]   B. [sjh.txt]   C. [-f sjh.txt]   D. [-r sjh.txt]

5. 下面表达式中,( )可以测试文件 sjh.txt 是否具有可读权限。
   A. [-e sjh.txt]   B. [sjh.txt]   C. [-r sjh.txt]   D. [-w sjh.txt]

6. 下面系统变量中,( )的内容是当前 Shell 程序的文件名。
   A. $1   B. $2   C. $0   D. $!

7. Linux 系统中 Shell 脚本编写时用于键盘输入的命令是( )。
   A. read   B. wirte   C. echo   D. $!

8. Linux 系统中 Shell 脚本编写时用于在显示器上输出的命令是( )。
   A. read   B. wirte   C. echo   D. $!

9. bash 命令的( )使 Shell 在执行程序过程中,将读入的每一个命令行都原样输出到终端。
   A. -v   B. -n   C. -x   D. -y

10. 在编写 Shell 脚本程序时,第一行应该写的是( )。
    A. /bin/sh   B. /bin/bash   C. ♯!/bin/sh   D. ♯$/bin/sh

二、多选题

1. 在/usr/program 中有 Linux 脚本文件 first,该文件的权限为 755,在 Shell 命令行中,当前的工作目录是/usr/program,那么在 Shell 中可以执行 first 文件的命令有( )。
   A. first
   C. /usr/program/first
   B. ./first
   D. bash first

2. 下面选项中,( )是 Shell 预定义变量。
   A. PATH   B. SHELL   C. $$ D. $?

3. 下面语句中正确的是( )。
   A. 在 Linux 中,对大小写字符是严格区分的,Shell 中所有环境变量都是使用小写字母来表示的
   B. Linux 系统中的预定义变量又称为系统变量,用户不能修改,只能引用这些变量。所有的预定义变量都是由 $ 符号与另一个符号组成的
   C. Linux 系统中 Shell 脚本编写时用于在显示器输出的命令是 write

D. bash 命令的-n 选项使 Shell 在执行程序过程中,把执行的每一个命令在行首用一个"＋"号加上对应的命令显示在终端上,并把每一个变量和该变量的值也显示出来

三、判断题

1. 在 Linux 中,Shell 不但能与用户进行逐个命令交互执行,也可以通过脚本语言进行编程。 （　　）

2. 通过对 Shell 进行编程,可使大量任务自动化,对于系统管理、系统维护方面特别有用。 （　　）

3. 与 MS-DOS 系统中的批处理文件类似,Linux 中的脚本(Shell 程序)是一个文本文件,包含各类 Linux 的 Shell 命令。通过脚本文件将这些命令汇集在一起,可连续执行 Shell 命令。 （　　）

4. 用＄1 表示第 1 个参数,＄2 表示第 2 个参数,以此类推。而＄0 是一个特殊的变量,其内容是当前 Shell 程序的文件名。 （　　）

5. 在 Linux 中,对大小写字符是严格区分的,Shell 中所有关键字都是使用大写字母来表示的。 （　　）

6. 由于 Shell 中的循环控制语句与一般高级程序设计语言有所不同,输入结构时容易出错。 （　　）

参 考 文 献

［1］ 李世明.跟阿铭学 Linux［M］.北京：人民邮电出版社,2017.

［2］ 於岳.Linux 实用教程［M］.3 版.北京：人民邮电出版社,2017.

［3］ 苗凤君,夏冰.局域网技术与组网工程［M］.2 版.北京：清华大学出版社,2018.

［4］ 鸟哥.鸟哥的 Linux 基础学习实训教程［M］.北京：清华大学出版社,2018.

［5］ 许成林,张荣臻.Linux 企业级应用实战、运维和调优［M］.北京：电子工业出版社,2020.

［6］ 耿朝阳,肖锋.Linux 系统应用及编程［M］.北京：清华大学出版社,2019.

［7］ 徐钦桂,徐治根,黄培灿,等.Linux 编程［M］.北京：清华大学出版社,2019.

［8］ 凌菁,毕国锋.Linux 操作系统实用教程［M］.北京：电子工业出版社,2020.

［9］ 黑马程序员.Linux 系统管理与自动化运维［M］.北京：清华大学出版社,2018.

［10］ 夏辉,杨伟吉,金鑫.Linux 系统与大数据应用［M］.北京：机械工业出版社,2019.

［11］ 赵尔丹.Linux 系统与网络管理［M］.北京：机械工业出版社 2020.

［12］ 李志杰.Linux 服务器配置与管理［M］.北京：电子工业出版社,2020.

［13］ 鸟哥.鸟哥的 Linux 私房菜(基础学习篇)［M］.3 版.北京：人民邮电出版社,2010.

［14］ 鸟哥.鸟哥的 Linux 私房菜(服务器架设篇)［M］.3 版.北京：机械工业出版社,2012.

［15］ 苗凤君,盛剑会,潘磊,等.网络操作系统及配置管理［M］.北京：清华大学出版社,2012.

［16］ 陈建辉.Linux 网络配置与应用［M］.北京：人民邮电出版社,2012.

［17］ 周奇.Linux 网络服务器配置、管理与实践教程［M］.北京：清华大学出版社,2011.

附录 A　单元测验答案

单元测验 1

一、1. B　　　2. A　　　3. D　　　4. B　　　5. A　　　6. C

二、1. ✓　　　2. ✓　　　3. ✗　　　4. ✓　　　5. ✓　　　6. ✓

三、〈略〉

单元测验 2

一、1. B　　　2. D　　　3. B　　　4. A　　　5. A　　　6. C

　　7. D　　　8. C　　　9. D　　　10. A　　　11. B　　　12. D

　　13. A　　14. C　　15. C

二、1. ✓　　　2. ✓　　　3. ✗　　　4. ✗　　　5. ✓　　　6. ✓

三、〈略〉

单元测验 3

一、1. A　　　2. B　　　3. D　　　4. D　　　5. A

二、1. ✗　　　2. ✓　　　3. ✓　　　4. ✓　　　5. ✓　　　6. ✗

　　7. ✓　　　8. ✓　　　9. ✓　　　10. ✓

三、〈略〉

单元测验 4

一、1. A　　　2. B　　　3. C　　　4. D　　　5. B　　　6. D

　　7. D　　　8. B　　　9. B　　　10. A

二、1. AB　　2. CD　　3. ABC

三、1. ✓　　　2. ✗　　　3. ✓　　　4. ✓　　　5. ✓　　　6. ✓

　　7. ✗　　　8. ✗

四、1. 0　　2. passwd　　3. userdel　　4. usermod　　5. groupadd　　6. useradd

单元测验 5

一、1. B　　　2. B　　　3. D　　　4. A　　　5. D　　　6. A

　　7. C　　　8. A　　　9. C　　　10. C　　　11. D　　　12. A

二、1. ✓　　　2. ✓　　　3. ✓　　　4. ✓　　　5. ✗　　　6. ✓

　　7. ✓　　　8. ✗

三、〈略〉

单元测验 6

一、1. A　　　2. C　　　3. B　　　4. D　　　5. B　　　6. C

　　7. C　　　8. B　　　9. B　　　10. B　　　11. D　　　12. A

　　13. D　　14. C　　15. C

二、1. ✓　　　2. ✗　　　3. ✓　　　4. ✓　　　5. ✓　　　6. ✗

　　7. ✓　　　8. ✗　　　9. ✓　　　10. ✓　　　11. ✗　　　12. ✓

13. ✓   14. ✓   15. ✓   16. ✓   17. ✓   18. ✓

19. ✗   20. ✓

三、＜略＞

单元测验 7

一、1. C   2. D   3. B   4. D   5. A   6. B

7. C   8. D   9. C   10. A

二、1. ✗   2. ✓   3. ✓   4. ✓   5. ✓

三、＜略＞

单元测验 8

一、1. B   2. B   3. D   4. A   5. C   6. C

7. A   8. C   9. A   10. C

二、1. ABCD   2. CD   3. AB

三、1. ✓   2. ✓   3. ✓   4. ✓   5. ✗   6. ✓